田村悠 著

AI-Driven Development
AI駆動開発
完全入門

ソフトウェア開発を自動化する
LLMツールの操り方

インプレス

●本書のサポート情報について

・本書で作成する内容について、エラーや想定外の動作が発生して解決できない場合は、以下の GitHub リポジトリを参照してください。サポート情報などを随時更新しています。
https://github.com/harukaxq/ai-driven-development-book-code

●生成 AI を利用するにあたっての注意点

・生成 AI によって生成されたコンテンツは第三者の著作権等を侵害するおそれがあります。本書で作成するアプリケーションは個人で楽しむことを前提にしたものです。
・本書で作成するアプリケーションは LLM を使って生成するので、不正な操作が可能な脆弱性が発生する場合があります。生成したソースコードの意味や危険性がわからない場合は作成したアプリケーションをインターネットに公開することは避けましょう。

●免責事項

・本書に掲載された情報は 2024 年 12 月時点のものです。ご利用時点では取り扱っているサービスやソフトウェアなどがアップデートしている場合があります。
・本書に掲載された内容を運用して生じたいかなる損害も著者および出版社は責任を負いません。
・本書で提供しているサンプルファイルは、各サービスの有料プランで生成したものです。

はじめに

2022年11月、ChatGPTの登場はシステム開発の在り方を大きく変えました。ソースコードのレビューやバグ調査といった、エンジニアにとって骨の折れる作業が、たった1行の問いかけで完了してしまう——そんな光景を初めて目にしたときの驚きは、今でも鮮明に思い出せます。そこからAIにはとてつもない進化が起き、これまで先輩や同僚に尋ね、試行錯誤を重ねながら身につけていったような知識がテキストボックスへ質問を打ち込むだけで瞬時に得られるようになりました。

このような変化は、まさに「誰もが開発できる時代」の到来を告げています。特別な勉強や深い知識がなくとも、ChatGPTに必要な要件を尋ねることで、ある程度のアプリケーションを構築できてしまうのです。とはいえ、エンジニアたちがこれまで培ってきたエンジニアリングの知見が無駄になるわけではまったくありません。むしろ、今まで学び身につけた知識を柔軟に活用し、AIを使いこなすことで、これまでになかったスピードと効率で開発を進められるようになります。「何を作るのか」「どの技術を選択するのか」といった根幹の判断は、人間のエンジニアが行い、その選択を支え、加速させてくれる強力なツールとしてAIは存在します。

こうしたAI活用によるシステム開発は、今や欠かせない存在へと進化しつつあります。その結果、開発の生産性は、工夫次第でこれまでの何十倍、あるいは百倍以上に跳ね上がる可能性すらあります。本書では、これまでの開発手法から大きく逸脱せず、既存のワークフローに自然にAIを組み込みやすい方法を紹介していきます。読者の皆様がこの本で得る知識は、近い将来にさらなる進化を遂げるであろう「AI駆動開発」を理解するうえでの基礎となり、今後登場する新たなツールやフレームワークを手早く理解するための出発点となるはずです。

ものを作ることが好きな方にとって、AI駆動開発はアイデアを実現するための新たな武器となります。作りたいものが明確なとき、これまで何日、何週間とかかっていた作業があっという間に形になっていく——そんな時代がすでに訪れつつあります。

本書は、AIを用いたシステム開発が日々活発化していく中で、今から始められる実践的な知識を紹介します。ぜひ、この本を通じて、AI駆動開発を始めてみましょう。

2024年12月　田村 悠

CONTENTS

CHAPTER 4 基礎編　シンプルなアプリケーションを実装する

CHAPTER 5 実践編　Webアプリケーション開発①
仕様策定～テーブル設計

APPENDIX　AI駆動開発に役立つ情報

CHAPTER 1

システム開発の新常識「AI駆動開発」

#AI駆動開発とは ／ #多様なAI活用の可能性 ／ #AI業界の急速な進化

AI駆動開発とは何か

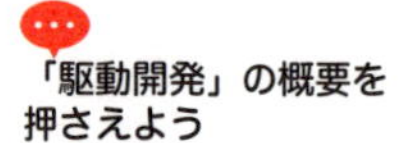

「駆動開発」の概要を押さえよう

AI駆動開発は、AIを活用してシステム開発の速度とクオリティを飛躍的に向上させる新しい開発手法です。CHAPTER 1ではAI駆動開発の概要を説明し、その可能性と今後の展望について探ります。

ChatGPTとシステム開発

2022年11月、OpenAIは「ChatGPT」というAIを公開しました。このAIは、人間とほとんど区別がつかないほど自然な会話ができる能力を持っており、多くの人を驚かせました。

ChatGPTの登場により、システム開発の分野でも新たな可能性が広がりました。この高度なAIをどのように活用できるか、開発者たちはさまざまな方法を探り始めました。たとえば、プログラミングの手助けやコードのチェック、さらにはアイデア出しなど、開発プロセスのあらゆる場面でAIの力を借りることが考えられるようになったのです。

図 1-1-1　OpenAIのChatGPT

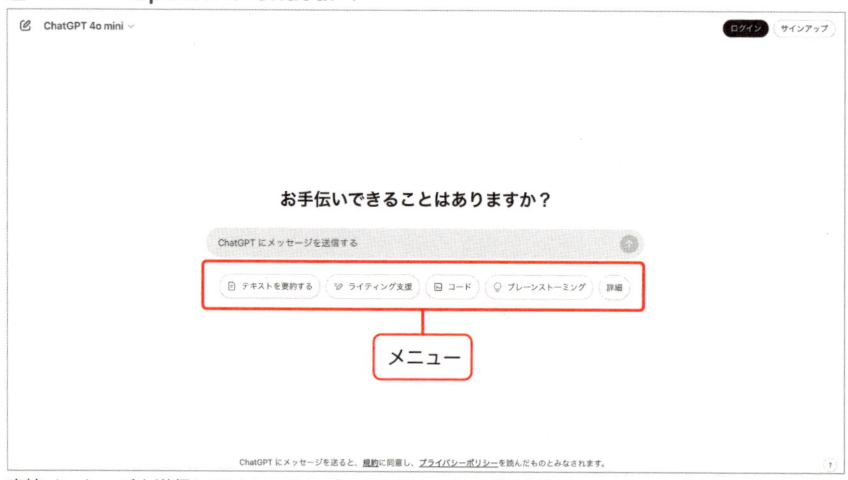

直接メッセージを送信してリクエストができるほか、入力欄の下にあるメニューをクリックして対話を始めることもできる

図 1-1-2 ChatGPT で対話を行う

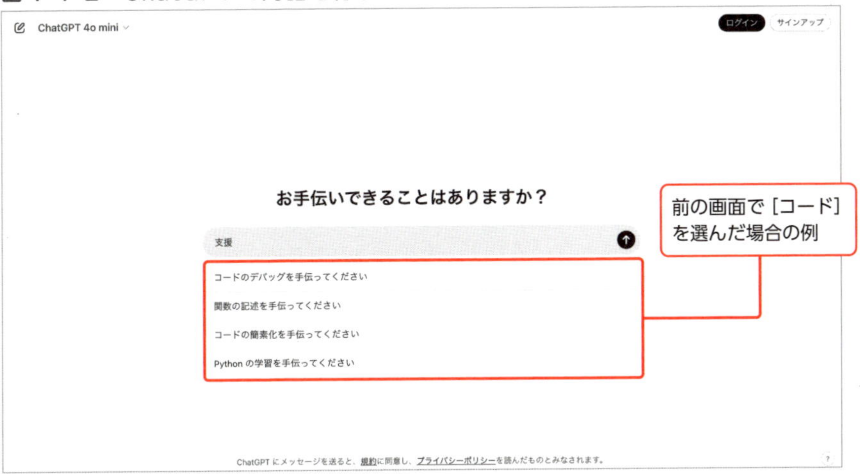

前の画面でメニューを選んだ場合、そこから想定されるリクエストが表示される

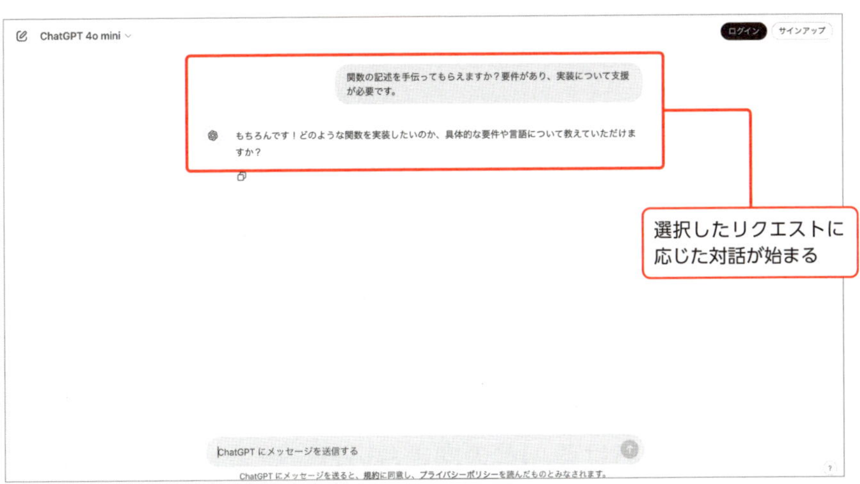

前の画面で表示されたリクエストを選ぶと、ChatGPTから質問されるので、それに答える形でタスクをこなせる

システム開発にAIを活用しようという試みは「AI駆動開発」(AI-Driven Development、AIDD) として以前から存在していたものです。今回のChatGPTのような高性能なAIの登場により、AI駆動開発の可能性と実現性が現実味を帯び、大きく注目されるようになりました。

そのように注目されているAI駆動開発ですが、明確な定義は現在のところ確立されていません。本書ではAI駆動開発を、「AIを使ってシステム開発の**速度とクオリティ**の向上を図ること」と定義し、これを実現するための方法を紹介します。

そもそも駆動開発とは？

システム開発においては、プログラムを効率的に作成し、高品質な成果物を生み出すためにさまざまな手法が用いられています。その中でも、特定の目的や視点に焦点を当てて開発を進める方法を「駆動開発」と呼びます。駆動開発には、テスト駆動開発（TDD）やドメイン駆動開発（DDD）など、いくつかの種類があります。

テスト駆動開発（TDD）は、**テスト**に焦点を当て、プログラムの設計と実装を行う前に、まずテストコードを書くことから始める手法です。

テストコードとは、プログラムが意図した通りに動作するかどうかを確認するための小さなプログラムのことです。開発者は、このテストコードをもとにプログラムを設計し、実装していきます。テストコードを先に書くことで、プログラムの仕様や動作を明確に定義でき、バグの発生を未然に防ぐことができます。また、テストコードがあれば、プログラムを修正したあとも、既存の機能が正しく動作するかどうかを簡単に確認できます。こうした利点から、テスト駆動開発は高品質なシステムを効率的に開発するための有効な手法として知られています。

AI駆動開発では、**AI**を開発プロセスに積極的に取り入れることで、システム開発の効率化と品質向上を図ります。具体的には、AIを使用して、人間の指示や要求から直接ソースコードを生成したり、仕様書からテーブル設計をしたりするほか、ソースコードからテストコードの生成も可能にします。このようにAI駆動開発は、人間とAIが協調することで、従来の開発手法では実現が難しかった高い生産性と品質を実現する可能性を秘めています。

AI駆動開発におけるAIとの向き合い方

AI駆動開発には、テスト駆動開発など従来の開発手法にはない特徴があります。それは、AI駆動開発で使用する「AI」や「AIを活用したツール」は日々進化しており、AI駆動開発においてベストとなる方法も変わっていく点です（図1-1-3）。そのため、AI駆動開発を効果的に行うには、常に最新の情報を学び、適切にツールを選択・運用していく必要があります。

AI駆動開発ではChatGPTなどのLLMを活用していきます。LLMについてはCHAPTER 2で詳しく解説しますが、LLMは大量のテキストデータから学習し、人間のように自然な文章を生成するAIのことを指します。LLMの性能向上も目覚ましいものがあります。以前は難しかったタスクもLLMの性能向上により、可能になることは珍しくありません。

図 1-1-3　ChatGPTがリリースされて1年間のアップデート

年月日	リリース	概要
2022年		
11月30日	ChatGPT	OpenAIが対話型AI「ChatGPT」を一般公開。GPT-3.5をベースに開発され、自然な会話や質問応答、文章生成などが可能。
2023年		
2月1日	ChatGPT Plus	ChatGPTの有料プラン「ChatGPT Plus」提供開始。月額$20で優先アクセス、高速応答、新機能の優先利用などの特典あり。
3月1日	ChatGPT API・Whisper API	ChatGPTとWhisperのAPIを公開。開発者がアプリやサービスにChatGPTの機能を組み込めるようになる。
3月14日	GPT-4	マルチモーダルAIモデル「GPT-4」を発表。テキストだけでなく画像入力にも対応。ChatGPTやBingにも順次導入。
3月23日	ChatGPT plugins	ChatGPTにプラグイン機能を追加。ほかのサービスとの連携やアプリの組み込みが容易に。
8月28日	ChatGPT Enterprise	企業向けプラン「ChatGPT Enterprise」発表。セキュリティ強化、大規模利用向けの管理機能などを提供。
9月25日	GPT-4V	音声入力と画像入力に対応した「GPT-4V」を公開。ChatGPT Plusユーザーが利用可能に。

ChatGPTがリリースされてからおよそ1年の間だけで以上のようなさまざまなアップデートがされています。

また、ChatGPTと連携してシステム開発に活用できるようなツールも日々リリースされています。

本書で紹介する方法は、今後登場するであろうAIを使った開発手法をキャッチアップし、理解するための知識としても役立つはずです。本書では具体的な開発手法だけでなく、キャッチアップ方法も紹介するのでぜひ役立ててください。

＃AI駆動開発の実践　／＃AIによるコンテンツ生成

section 02

本書で開発するアプリケーション

本書ではAI駆動開発の手法を、すぐに活用できるいくつかのアプリケーション開発を通して学びます。ここでは、開発するアプリケーションの概要を紹介します。

オセロ

図 1-2-1　本書で開発するオセロアプリのイメージ

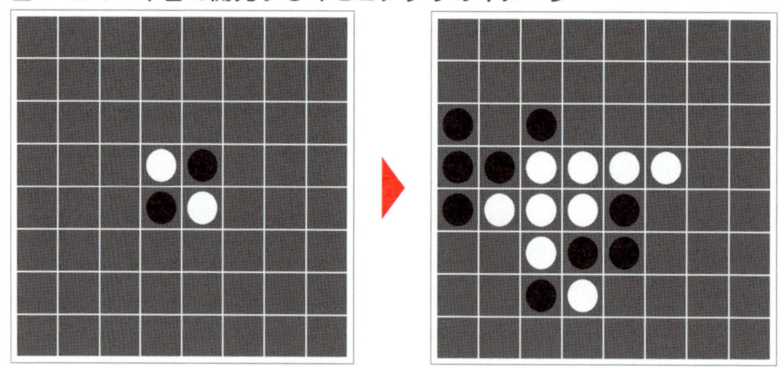

オセロは、8×8のマス目の盤面で黒と白の石を交互に置いていき、相手の石を挟んで裏返すことができるゲームです。石を置く場所がなくなるとゲームが終了し、最終的に石の数が多い方が勝利となります。

シンプルなルールのゲームですが、実装する際にはいくつか注意すべきポイントがあります。たとえば、現在のターンがどちらなのかを管理したり、石を置ける位置の判定や、置いた際に裏返す処理を正確に行ったりする必要があります。また、ゲーム終了の判定やスコア計算も必要になります。

本書のCHAPTER 4では、これらの実装をAIの力を借りて効率的に行う方法を学びます。本書を通じて、オセロのようなゲームアプリケーションをAIと協力して開発するプロセスをしっかり学べます。

2048

図 1-2-2　本書で開発する 2048 のイメージ

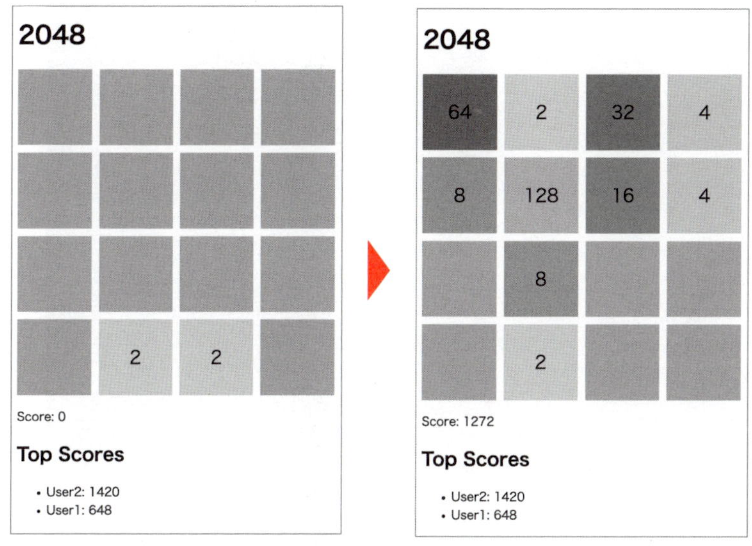

2048は、シンプルなパズルゲームです。4×4のグリッド上で、同じ数字のタイルを合体させて、「2048」のタイルを作ることが目的です。プレイヤーはキーボードの矢印キーを使って、すべてのタイルを上下左右のいずれかの方向に動かします。動かした方向にあるタイル同士がぶつかるまで移動します。移動中に同じ数字のタイルがぶつかると、それらは合体して数字が2倍になります。たとえば、「2」のタイルが合体すると「4」になり、「4」が合体すると「8」になります。

毎ターン、ランダムな位置に「2」または「4」のタイルが1つ出現します。グリッドがタイルでいっぱいになり、どの方向に動かしても合体できなくなったらゲームオーバーです。

2048の実装で肝となるのは、タイルの移動と合体のロジックです。プレイヤーの入力に応じて、タイルを適切に移動させ、同じ数字のタイルが隣り合ったときには合体させる必要があります。また、毎ターンランダムにタイルを追加する処理や、ゲームオーバー条件の判定なども大切です。

本書では、こうしたゲームロジックをシンプルかつバグのないコードで表現する方法を学んでいきます。

音楽配信アプリ

図 1-2-3　本書で開発する音楽配信アプリのイメージ

Spotifyのような音楽配信アプリを実際のWeb開発の流れに沿ってAIによる開発支援を受けながら実装していきます。

このアプリではデータベースとの連携やファイルのアップロードにも対応した管理画面からコンテンツの追加が行えるようになっており、より実践的なAI駆動開発を学べます。

また、オセロや2048は単一ページで完結する簡易的なアプリケーションでした。それに対してここで制作する音楽配信アプリでは複数のページやコンポーネントを持ち、プレイリスト管理など、実際の音楽配信アプリケーションに必要な機能が実装されます。

AI駆動開発と直接は関係ありませんが、今回はアプリケーションで再生する音楽コンテンツもAIを使って生成します。アーティスト名、歌詞、音楽、カバーアートまで、すべてAIを活用して生成することで、オリジナルの音楽コンテンツを用意します。

#AI駆動開発の効果 ／ #開発者の生産性向上 ／ #モチベーションアップ

AI駆動開発が注目されるのはなぜか

AI駆動開発は従来の開発手法と比べて大幅な開発速度と品質の向上が可能です。しかし、AI駆動開発の効果はそれだけではありません。

開発速度、品質の向上だけでない効果

AI駆動開発でよく使われるGitHub Copilotは、AIの力を借りて開発者のコーディング作業を支援するツールです。GitHubが行った調査によると、このツールを使うことで、タスクの完了速度が55%も向上したそうです。なお、GitHub Copilotについては77ページも参照してください。

GitHub Copilotの効果はそれだけではありません。同じ調査によると、60〜75%の開発者が、GitHub Copilotを使うことで仕事の充実感が増し、コーディングのフラストレーションが減り、より満足度の高い仕事に集中できるようになったと回答しています。

またGitHub Copilotは、反復的なタスクにおける精神的な負担を軽減することにも役立ちます。プログラミングには、同じようなコードを何度も書く必要があるなど単調な作業が多く存在します。これらの作業は、開発者にとって大きな精神的ストレスになることがあります。しかし、GitHub Copilotを使えば、そうした反復的なタスクを自動化できるようになります。調査では、87%の開発者が精神的労力を節約できたと回答しています。

さらに、GitHub Copilotは開発者の集中力の維持にも効果を発揮します。プログラミングでは、しばしば複雑な問題に直面します。そうした問題に取り組む際、集中力を切らさずに作業を続けることが重要です。GitHub Copilotは、開発者が問題解決に専念できるよう、コーディングを支援してくれます。73%の開発者がGitHub Copilotを使うことで、集中力を維持しやすくなったと回答しています。

以上のように、GitHub Copilotに代表されるAI駆動開発は、単なる開発速度の向上だけでなく、開発者のモチベーションや生産性にも好影響を与えることがわかります。これからのシステム開発において、AIの活用はますます重要になっていくでしょう。

さまざまな企業、団体で導入されている

AI駆動開発でよく使われるGitHub CopilotはChatGPTより以前にリリースされており、さまざまな企業がすでに導入し、実績を公開しています。たとえばクラウドサービスによる業務支援を行う株式会社ラクスでは、GitHub Copilotを全社的に導入しており、その効果と課題をレポートしています。それによれば多くのエンジニアがコーディング時間短縮の恩恵に預かり、生産性の向上を実感できたとのことです。また、AIによる支援によって業務品質も上がり、エンジニアの充実感アップにも貢献したそうです。

そのほかの例としては、GitHub Copilotの導入によって約3万5,000行分のコーディング時間を削減することができたGMOペパボ株式会社、開発者の95%が開発を楽しめるようになったと回答し、自動テストの成功率が84%向上したアクセンチュア株式会社などを挙げておきます。このように、GitHub Copilotは開発者の生産性向上だけでなく、仕事のやりがいやモチベーションアップ、コード品質の改善にも大きく貢献していることがわかります。今後、さらに多くの企業でAI駆動開発が導入され、その効果が実証されていくことでしょう。

開発が進むAIエディタ

AIをプログラミングに活用するツールには、GitHub Copilot以外にもさまざまなものがあり、現在進行形で多くの企業が開発を進めています。これらのツールについてはCHAPTER 2でも詳しく解説しますが、本書ではAIを活用したエディタであるCursorを用いてAI駆動開発を進めます。

AI駆動開発自体はCursor以外のエディタでも実践できます。しかし本書は入門層向けであるため、比較的安価に利用でき、操作がわかりやすく、既存の開発方法とも組み合わせがしやすいという理由からCursorを使います。

CHAPTER 2

AIで開発を行うための基礎知識

#LLMとは ／ #ChatGPT ／ #プロンプト

LLMの基本

AI駆動開発の中心となるLLMは従来のAIと比べて何が違うのでしょうか？ ここではLLMの特徴や従来のLLMとの違い、使い方について見ていきましょう。

AIとLLM

AI駆動開発の中心となるのが、ChatGPTに代表される大規模言語モデル（Large Language Models、LLM）です。LLMとは、インターネット上に存在するテキストデータを含めた膨大な量の情報を学習することで、人間のような自然言語処理能力を獲得したAIモデルのことを指します。CHAPTER 1でも触れたように、2022年11月にリリースされたChatGPTは、驚異的な性能と汎用性から一躍脚光を浴びAI分野以外の業界にも衝撃を与えました。

図 2-1-1　LLMの成り立ち

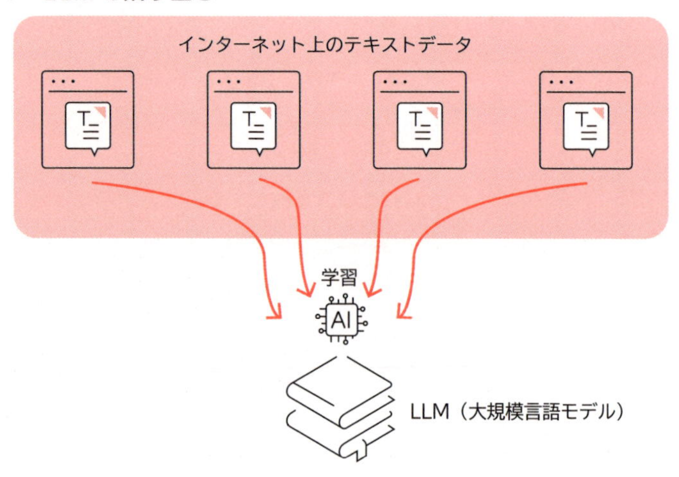

ChatGPTの登場以前にもAIは存在していましたが、従来のAIとLLMの大きな違いは、その汎用性と性能です。従来のAIは、特定のタスクに特化した個別のモデル、いわば「専門AI」として開発されていました。たとえば、翻訳サービスのDeepLは翻訳に特化したAIモデルであり、迷惑メールフィルターは迷惑メールの判別に特化したAIモデルです。これらのAIは、それぞれの目的に合わせて個別に設計・訓練され

ており、ほかのタスクへの応用は限定的でした。

従来のAIとは対照的に、LLMは与えられた指示に応じて、翻訳、文章生成、要約、質問応答など、さまざまなタスクをこなすことができます。つまり、1つのLLMがさまざまな専門AIの役割を担えるのです。たとえば、ChatGPTに「英語の文章を日本語に翻訳してください」と指示すれば翻訳タスクをこなせます。「この文章の要約を作成してください」と指示すれば要約タスクをこなせます。AIで重要な精度についても専門AIと同等かそれ以上になる場合もあります。

図 2-1-2　専門 AI と LLM

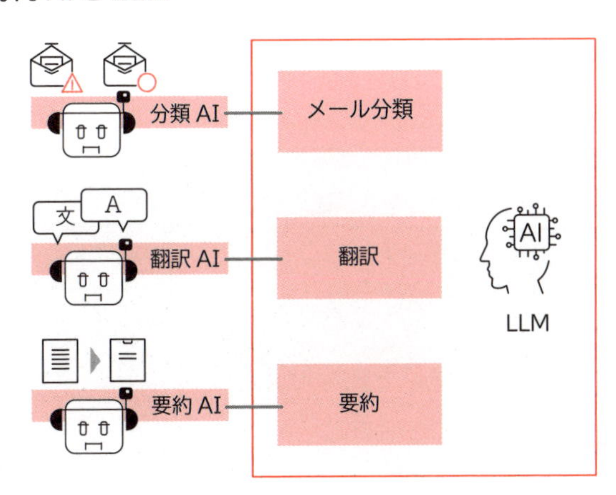

このような人間が日常的に使っている言語（自然言語）をコンピュータに処理させる一連の技術は自然言語処理と呼ばれ、ChatGPTのようなLLMは、自然言語処理だけでなくプログラミングに関するタスクについても高い精度でこなすことができます。たとえば、「Pythonで奇数かを判定するプログラムを作成してください」と指示をすれば、ChatGPTは以下のようなコードを生成します。

```
# 奇数かを判定する関数
def is_odd(number):
    if number % 2 != 0:
        return True
    else:
        return False

# 数字を入力して判定
num = int(input("数字を入力してください: "))
```

```
if is_odd(num):
    print(f"{num} は奇数です。")
else:
    print(f"{num} は偶数です。")
```

このように、LLMはプログラミングに関するタスクも高い精度でこなすことができます。

図 2-1-3　ChatGPT で Python のコードを生成

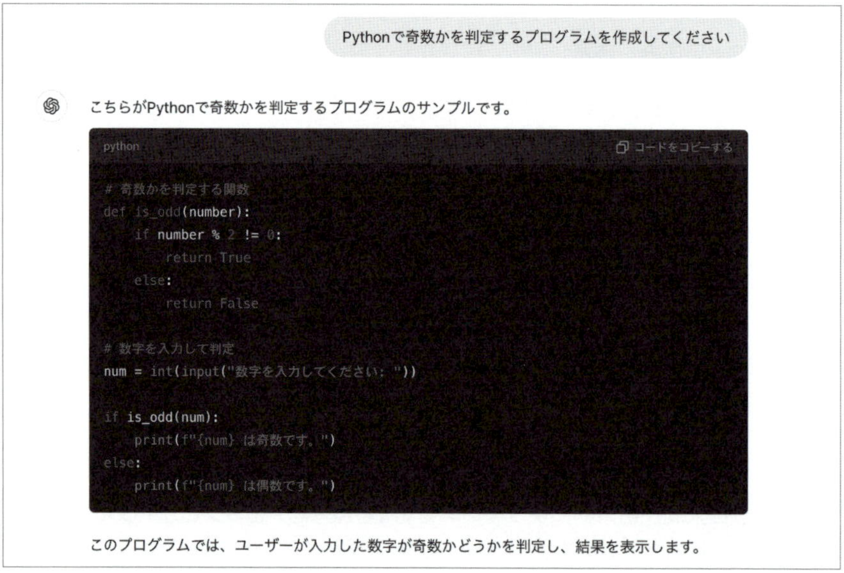

Pythonで奇数かを判定するプログラムを作成してください

こちらがPythonで奇数かを判定するプログラムのサンプルです。

python　　コードをコピーする

```python
# 奇数かを判定する関数
def is_odd(number):
    if number % 2 != 0:
        return True
    else:
        return False

# 数字を入力して判定
num = int(input("数字を入力してください: "))

if is_odd(num):
    print(f"{num} は奇数です。")
else:
    print(f"{num} は偶数です。")
```

このプログラムでは、ユーザーが入力した数字が奇数かどうかを判定し、結果を表示します。

LLMが高い性能を発揮できる理由の1つは、学習データの質と量にあります。LLMはインターネット上の膨大な文章データを学習することで、幅広い知識を獲得しています。これには、書籍、記事、Webページなど、あらゆるジャンルのテキストが含まれます。さらに、GitHubのようなソフトウェア開発プラットフォームのデータも学習しているため、プログラミングやソフトウェア開発に関する高度な知識が必要なタスクをこなすことも可能です。コードの書き方、プログラミング言語の文法、開発ベストプラクティスなど、質の高いデータで訓練されたLLMは、ソフトウェア開発においても優れた能力を発揮します。

このようなLLMのソフトウェア開発に関する豊富な知識を実際の開発に応用し、ソフトウェアの開発速度向上、品質向上を目指すのが**AI駆動開発**です。

そもそもLLMができることは？

LLMは基本的には文章を受け取り、文章を出力するAIモデルです。人間が自然言語で指示や質問を入力すると、それに応じたテキストを生成します。これは、膨大なテキストデータから学習したパターンに基づいて、最も適切な単語や文章を予測し、つなぎ合わせて出力することで実現されています。

図 2-1-4　LLMの基本的な処理

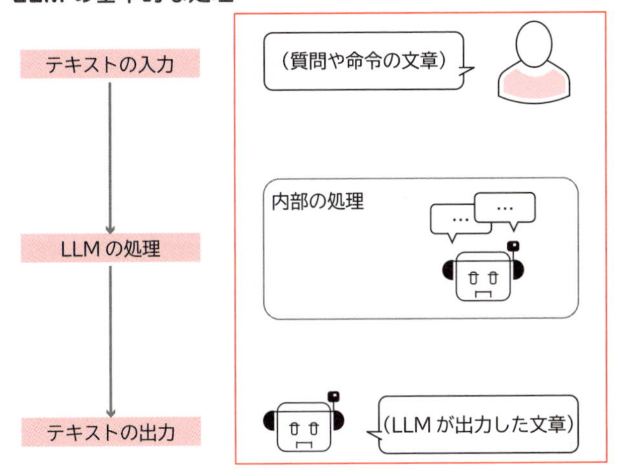

従来のLLMは基本的にテキストの処理に特化していました。文章生成、翻訳、質疑応答、要約、文章校正など、テキストベースのタスクが中心でした。このAIモデルは単体では入力されたテキスト情報に基づいて処理を行うため、外部の情報にアクセスしたり、画像を生成したりすることはできません。たとえば、テキスト以外の画像を入力としたりWeb検索をして情報を取得したり、画像を生成したりすることはLLM単体では不可能です。

図 2-1-5　LLM にできること・できないこと

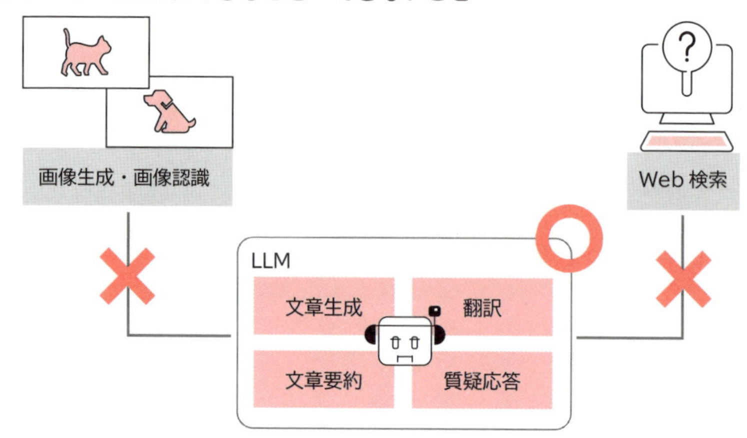

しかし、Webブラウザやアプリから利用できるChatGPTなどはこれらのタスクが可能になっています。これはなぜでしょうか。

LLMと外部システムの連携で可能になること

LLMは単体でも、人間のような自然な文章を生成したり、翻訳を行ったりと、さまざまなことができます。そして、LLMはほかのAIやシステムと連携することで、さらに多くの複雑なタスクをこなせるようになります。

図 2-1-6　外部サービスを介してテキスト以外の処理ができる

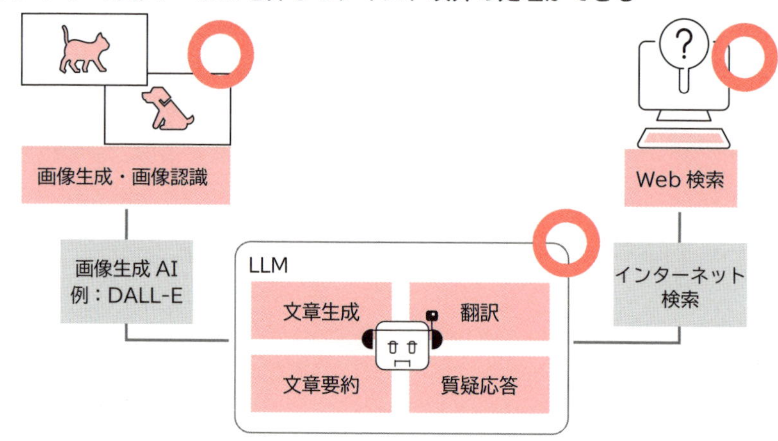

その一方で、LLMの知識には「カットオフ」という限界があります。これは、LLMの学習が行われた時点までの情報しか持っておらず、学習が行われたあとに登場した概念や情報についてLLMが答えることはできないということです。しかし皆さんが普段利用しているであろうブラウザやアプリケーションからアクセスできるChatGPTはこれが一部可能になっています。

ChatGPTは「最新のiOSバージョンは？」という質問に対して、最新の情報をインターネット上から取得し、正しいバージョン番号を答えることができます。

図2-1-7　インターネット検索や画像生成AIと連携して回答を生成

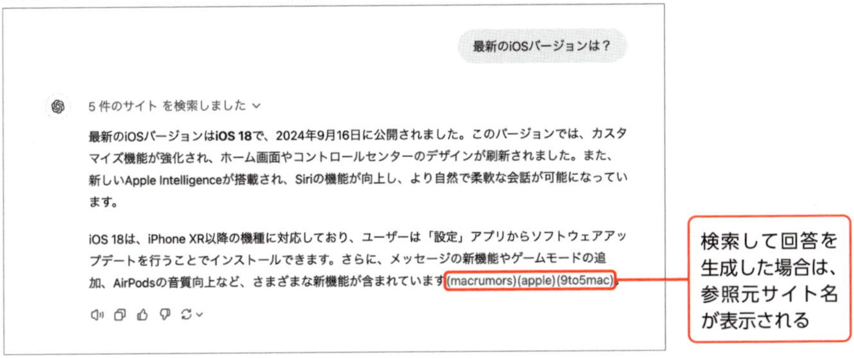

これは、ChatGPTが単独で動作しているのではなく、インターネット検索という外部システムと連携し、最新の情報に基づいて回答を生成しているためです。つまり、ChatGPTはLLMとしての能力に加えて、外部の情報源にアクセスし、その情報を活用する能力も持ち合わせているのです。

また、ChatGPTに「きれいな海の画像を生成して」と入力すると、美しい海の画像を生成してくれます。これは、OpenAIがChatGPTとは別に開発しているDALL-Eという画像生成AIと連携しているためです。ChatGPTは、ユーザーの要求を理解し、それに最適な画像を生成するために、DALL-Eという別のAIシステムに指示を出し、その結果を受け取ってユーザーに提示しているのです。

ほかの例も紹介しましょう。Googleが開発したLLMであるGeminiは、Gmailと連携することで、「メールボックスの中で返信が必要そうなメールは来ている？」といった質問に回答できます。これは、GeminiがGmailのデータにアクセスし、メールの内容や送信元などを分析することで実現しています。

このように、各企業はLLMの性能向上だけでなく、別のAIやLLM以外のシステムと連携することで、ユーザーがより便利に、そして多様なタスクに対応できるように日々AIの開発を進めています。

LLMに入力する文章をプロンプトと呼ぶ

プロンプトとは、LLMに入力する文章や指示のことです。LLMは膨大な量のテキストデータを学習することで、高い精度で人間のような自然な文章を生成し、また指示に従った処理を行えます。しかし、LLMが生成する文章の質は、入力されるプロンプトに大きく左右されます。

たとえば、「犬の飼い方を教えて」というプロンプトを入力すると一般的な説明をしますが、この説明中にほしい答えがあるとは限りません。一方、「初めて子犬を飼う際に注意すべきことや、必要な準備を教えて」というプロンプトを入力すると、LLMはより適切に回答できるはずです。このように、適切なプロンプトを入力することで、LLMから期待する回答を得ることができます。

このように、プロンプトを工夫して回答の精度を上げるなどLLM単体でできないことをできるようにする技術を、**プロンプトエンジニアリング**と呼びます。プロンプトエンジニアリングにはさまざまな手法が存在し、それらを駆使することでLLMの能力を最大限に引き出せます。

図2-1-8　プロンプトを工夫してLLMの回答精度を上げるプロンプトエンジニアリング

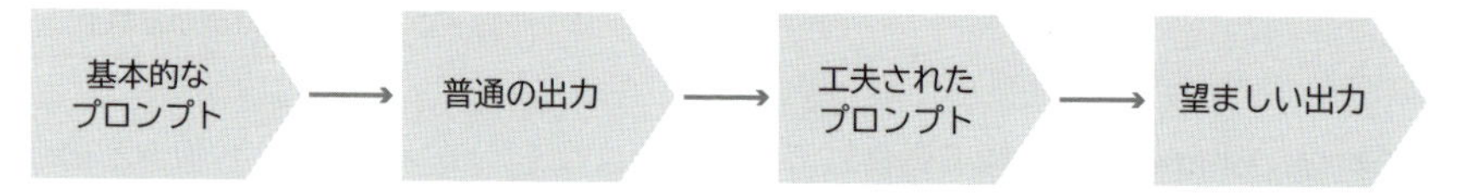

本書ではこのようなプロンプトエンジニアリング手法をAI駆動開発を実践しながらいくつか紹介します。

LLMの得意分野と苦手分野を知り、上手に向き合う

AI駆動開発の中核を担うLLMですが、万能ではありません。LLMには得意な分野と苦手な分野が存在します。LLMは、大量のテキストデータから学習し、人間が使う自然言語を理解し、生成することに特化しています。そのため、基本的には文章を扱うことが得意です。

いくつかのタスクごとに、得意分野か苦手分野かを探りましょう。

文章生成

小説、詩、記事、要約など、さまざまな種類の文章を生成できます。これは、LLMが学習した膨大なテキストデータから、与えられた条件に合った文章を生成できるためです。たとえば、「春の陽気をテーマにした短い詩を書いて」と指示すれば、それに沿った詩を生成します。

翻訳

ある言語から別の言語への翻訳も得意です。これは、LLMが複数の言語で書かれた大量のテキストデータを学習しているため、異なる言語間の関係性を理解しているためです。たとえば、日本語の文章を英語に翻訳したり、逆に英語の文章を日本語に翻訳したりできます。

コーディング支援

プログラムコードの生成やデバッグの補助なども得意としています。これは、LLMがプログラミング言語で書かれたコードを大量に学習しているため、与えられた指示に対して適切なコードを生成したり、エラーの原因を特定したりできるためです。たとえば、「Pythonで画像を読み込む関数」と指示すれば、それに対応するPythonコードを生成します。

アイデア出し

新しいアイデアを生み出すことも得意です。これは、LLMが学習した膨大なデータから、既存のアイデアを組み合わせたり、新しい視点を加えたりすることで、斬新なアイデアを提案することができるためです。たとえば「新しいマーケティング戦略のアイデアを出して」と指示すれば、今までにないような斬新なアイデアを提案してくれるかもしれません。

このように、LLMは文章を扱うさまざまなタスクにおいて高い能力を発揮します。一方で、LLMは以下のような分野が苦手です。

視覚や聴覚に関わるタスク

たとえば、画像の内容を理解したり、音声から感情を読み取ったりすることは苦手です。これは、LLMが主にテキストデータを扱うため、文字起こしAIなどほかのAIと組み合わせる必要があるためです。ただし、最近のLLMは画像や音声を入力できるようになってきており、これらの分野の能力も向上しつつあります。

最新の情報や事実に関する質問

LLMの学習データは常に最新のものであるとは限らないため、最新の情報や事実に基づいた質問への回答は苦手です。たとえば、最新のニュースや出来事について質問しても、正確な回答を得られない可能性があります。

専門性の高い分野の深い知識

LLMは広範な知識を持っていますが、特定の専門分野における深い知識は持ち合わせていません。そのため、専門家レベルの回答を求める質問には適切に対応できません。

主観的な意見や感情表現

LLMは倫理的に問題となる可能性を避けるため、主観的な意見や感情表現を避けるように設計されています。そのため、「美味しいレストランは？」のような主観的な質問に対しては、具体的なレストラン名を挙げるのではなく、「人によって好みは異なります」といった一般的な回答を返すことが多い傾向があります。

複雑な推論や計算

LLMは論理的な思考や計算は苦手です。そのため、複雑な論理パズルを解いたり、高度な数学の問題を解いたりすることはできません。

これらの得意不得意は、LLM単体で見た場合のものです。LLMは、日々進化を続けています。特に、動画や画像、音声も入力できるマルチモーダルと呼ばれるLLMが登場しており、LLM単体では苦手としていた分野においても、その能力は向上しつつあります。

LLMの得意分野と苦手分野を理解したうえで、適切なタスクに利用することが重要です。得意分野ではLLMの能力を最大限に活かし、苦手分野ではほかの技術と組み合わせるなど、工夫することで、より効果的にLLMを活用できます。

#ChatGPT ／ #Claude ／ #Gemini

代表的なLLM

ChatGPT以外にもさまざまなLLMがあります

ChatGPTに代表されるLLMは、さまざまな企業や団体が開発しています。ここでは代表的なLLMにはどのようなものがあるのか見ていきましょう。

OpenAIが開発するChatGPT

ChatGPTは、2022年11月にOpenAIがリリースしたLLMで、サービス名でもあります。ChatGPTは、GPT（Generative Pre-trained Transformer）と呼ばれる言語モデルをもとに開発されました。公開当初から高い対話能力とさまざまなタスクを高度に実現する能力を発揮し、世界中で大きな注目を集めました。

OpenAIはLLM以外にも文字起こしAIであるWhisper、画像生成AIのDALL-E、入力されたテキストを読み上げるAIなど、さまざまなAIを開発しています。これらを統合することでChatGPTはLLM単体ではできないタスクをこなせるという特徴があります。

図 2-2-1　ChatGPT のイメージ

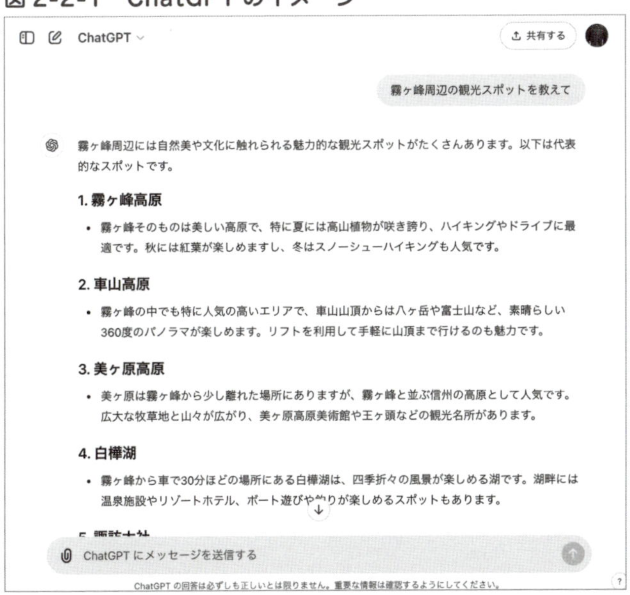

Anthropicが開発するClaude

Anthropicは、安全性と透明性を重視したAI開発を行っているアメリカのスタートアップ企業です。

Anthropicが開発するClaudeは、ChatGPTと同様に高い対話能力を持ち、幅広いタスクをこなすことができます。

図 2-2-2　Claude のイメージ

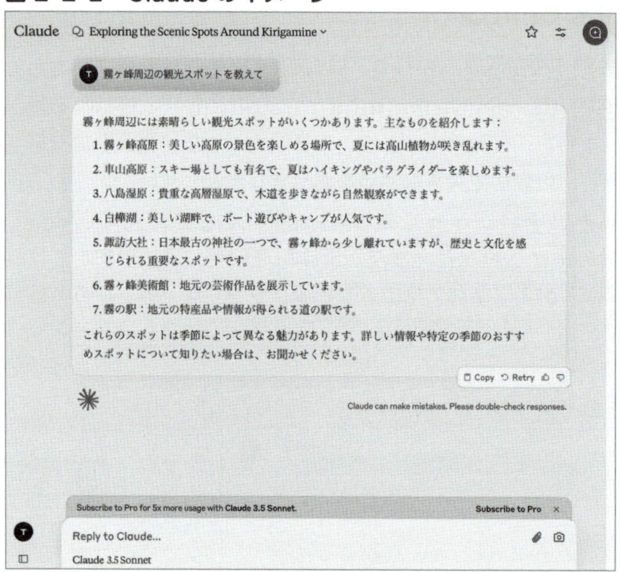

Googleが開発するGemini

GeminiはGoogleが開発しているLLMです。大きな特徴は、GmailやGoogle Map、Googleフライトなどのほかのgoogleサービスと連携できることです。これにより、届いたメールに関する回答や、位置情報に基づいた質問への回答や、地図と関連付けた情報の提供など、ほかのLLMにはできない独自のタスクを実行できます。

たとえば「霧ヶ峰周辺の観光スポットを教えて」と質問すると、周辺地図と共に複数の観光スポットを提案してくれます。

図 2-2-3　Geminiのイメージ

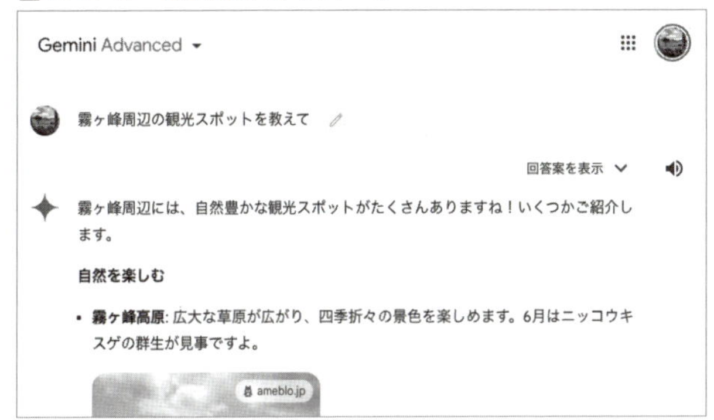

ほかにもあるLLM

Llama

LlamaはMetaが開発するLLMです。Llamaの最大の特徴は、オープン化されている点です。オープン化されていることにより、AIのモデルを自分のPCにダウンロードして情報を外部に送信することなくLLMを利用できます。

それだけでなく、ダウンロードしたモデルを開発者や研究者が改変し、特定のタスクに特化した独自のモデルを開発できます。実際にさまざまな派生モデルが登場しており、日本語の精度を上げたものや、より長い文章を入力できるようにしたものなどさまざまなモデルが登場しています。

このようなLLMをオープンLLMと呼びます。一方、ChatGPTのようなAPIやブラウザ経由でしか利用できないLLMをクローズドLLMと呼びます。オープンLLMはライセンスで許された範囲内では利用料がかからないため、クローズドLLMではできないような使い方も可能です（次ページ参照）。

Command R

Command Rは、Cohere Inc.が開発するLLMです。Cohere Inc.は2019年に設立されたカナダの多国籍テクノロジー企業で、企業向け人工知能に注力しています。同社はOpenAIのライバル企業と目され、Oracle、NVIDIA、Salesforce Venturesなど多くの大手企業から出資を受けており、高い技術力と将来性が期待されています。

Command Rは英語、フランス語、スペイン語、イタリア語、ドイツ語、ポルトガル語、日本語、韓国語、アラビア語、中国語の10言語に対応しています。

さらに、Command Rは最大128,000トークンの長いコンテキストを処理できるため、長文の翻訳や要約など、大規模なタスクにも適しています。企業は膨大な量のテキストデータを効率的に処理し、価値ある情報を抽出することができ、意思決定の質の向上につながります。

Llamaと同様に、Command Rのモデルをダウンロードして自分のPCでも利用できます。

オープンLLMとクローズドLLM

オープンLLMとクローズドLLMにはそれぞれ特徴があり、一長一短があります。

オープンLLMの最大の利点は、ライセンスの範囲内で誰でも自由に使用、変更、配布できることです。これにより、ユースケースに合わせてモデルをカスタマイズしたり、特定のドメインに特化させたりできます。また、オープン開発の特性上、多くの開発者が参加することで開発スピードが速くなる傾向にあります。さらに、オープンLLMは透明性が高く、モデルの内部動作を理解・制御しやすいという利点もあります。

一方で、執筆時点ではクローズドLLMと比較して性能が低い傾向にあります。たとえば、オープンLLMは特定の技術文書の要約や専門分野の翻訳などのタスクで有効な例がありますが、一般的な会話や複雑な推論が必要なタスクでは、クローズドLLMに劣ることがあります。また、パフォーマンス評価の難しさや、リソース不足による開発の継続性や寿命への不安、著作権や非公開データの扱いなどの課題も存在します。

これに対して、クローズドLLMは、現時点ではオープンLLMよりも高い性能を示す傾向にあります。たとえば、ChatGPTやClaudeといったクローズドLLMは、一般的な質問応答や文章生成において非常に高いパフォーマンスを発揮しています。これは、商業的な目標を持ち、大規模なデータセットと計算リソースを活用できるためです。また、確立されたインターフェイスに準拠しているため、ほかのシステムとの統合が容易で、ビジネス用途においても広く利用されています。

ただし、クローズドLLMには柔軟性が欠けるというデメリットがあります。モデルの内部構造や学習データが公開されていないため、カスタマイズが難しく、特定のユースケースに特化することが困難です。また、影響力が一部の企業に集中するという懸念もあります。

どちらを選択すべきか？

それぞれの特徴を理解したうえで、用途や目的に応じて適切なLLMを選択することが重要ですが、執筆時点では**オープンLLMを使いこなしてクローズドLLMの性能や使い勝手を超えるのは容易ではない**ので1つの参考としてください。

オープンLLMの選択を検討すべきケースは以下です。

・**データの秘匿性が必要な場合**：機密情報を含むデータを扱う場合、外部のクローズドLLMにデータを送信することはリスクを伴います。このような場合、オープンLLMを用いて社内で独自のモデルを運用することが推奨されます。
・**カスタマイズ性が求められる場合**：特定の業務フローに最適化されたモデルを作成したい場合、オープンLLMの柔軟性が役立ちます。たとえば、特定の技術文書を処理するために、専用のトレーニングデータを用いてモデルを再学習させることが可能です。

一方、クローズドLLMを選択するケースは以下です。

・**商業的なアプリケーションや高いパフォーマンスが求められる場合**: クローズドLLMは大規模データを活用できるため、高い精度を必要とするアプリケーションに適しています。たとえば、企業向けのカスタマーサポートチャットボットや、複雑なデータ分析タスクには、クローズドLLMの性能が役立ちます。
・**インテグレーションの簡便性が必要な場合**: クローズドLLMは確立されたAPIやインターフェイスを持ち、ほかのシステムとの統合が容易で、導入や管理がシンプルです。

リスクと課題

オープンLLM、クローズドLLMのいずれを選択する場合でも、いくつかのリスクと課題に注意する必要があります。

・**オープンLLMの課題**: リソース不足や開発の継続性に関する懸念。たとえば、計算リソースが限られている場合、モデルの訓練や大規模データの処理が困難です。また、著作権やデータプライバシーに関する問題も慎重に対処する必要があります。
・**クローズドLLMの課題**: モデルのカスタマイズ性の低さや、企業によるデータ・技術の独占。特定の機能やパフォーマンスを変更したい場合でも、モデルの内部構造が非公開であるため、柔軟な対応が難しい場合があります。

オープンLLMとクローズドLLMのいずれを選択するかは、ユースケースやプロジェクトの目標に依存します。透明性やデータの秘匿性、カスタマイズ性が求められる場合にはオープンLLMが向いており、汎用的なタスクや商業的なアプリケーションにはクローズドLLMが適しています。

LLMの性能を評価するChatbot Arena

AI駆動開発においては、可能な限り性能のよいLLMを使うことが生成されるコードの品質を向上させるために非常に重要です。ここまでに説明した通りLLMにはさまざまな種類があり、リリースのタイミングにより性能も異なります。どのLLMの性能がよいかをキャッチアップすることは効率的にAI駆動開発を進めるために重要です。そんなときに活用したいサービスがChatbot Arenaです。これは大規模言語モデル（LLM）の性能を人間の好みに基づいて評価するプラットフォームで、LLMの性能をキャッチアップする参考にできます。

図 2-2-4　Chatbot Arena

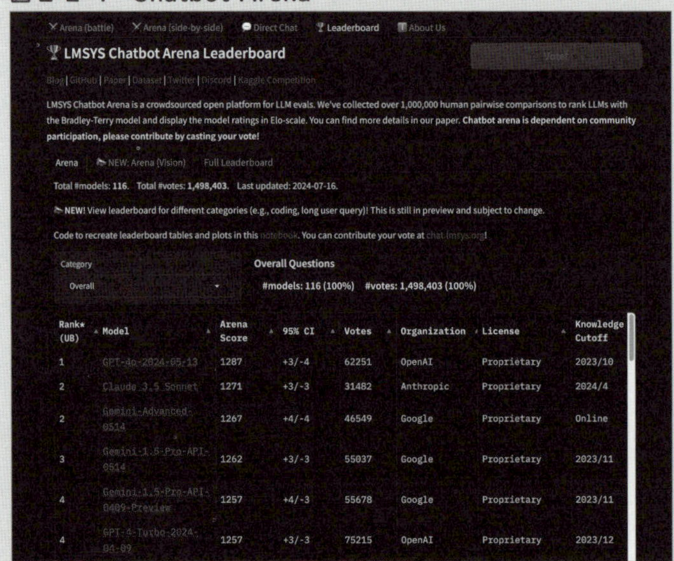

上の画面は、上部メニューの［Leaderboard］を開いたところです。Leaderboardでは評価をもとに各LLMのランキングを確認できます。

ただし、Chatbot Arenaで最も性能のよいLLMが、必ずしも今やりたいタスクに対して最適とは限りません。たとえば、専門的な知識を要するタスクでは、その分野に特化したLLMのほうが優れた性能を発揮する可能性があります。したがって、タスクの目的や要件に応じて、適切なLLMを選択することが重要です。本書の生成に限らず、生成がうまくいかない場合はほかのLLMを試すことも重要です。プロンプトを工夫してもうまく生成されない場合はChatbot Arenaを見て、ほかのLLMを使うことも検討してみましょう。

＃AI駆動開発の準備 ／ ＃ChatGPTに登録／ ＃リポジトリを確認

AI駆動開発の準備

ここからパソコンを使って操作していきます

本書ではAIとAIを活用したツールを使ってソフトウェア開発を効率化する方法を紹介します。ここではAI駆動開発を始めるための準備を行いましょう。

GitHubリポジトリの設定

ここでは、AI駆動開発を始めるための準備について解説します。本書で作成するソースコード、使用するプロンプトやテンプレートを以下のGitHubリポジトリで公開しています。

以下の手順に従い準備をしましょう。

Windows PowerShellを開く（Windowsの場合）

Windowsの場合は検索ボックスで「powershell」と入力し、表示された［Windows PowerShell］をクリックしてください。

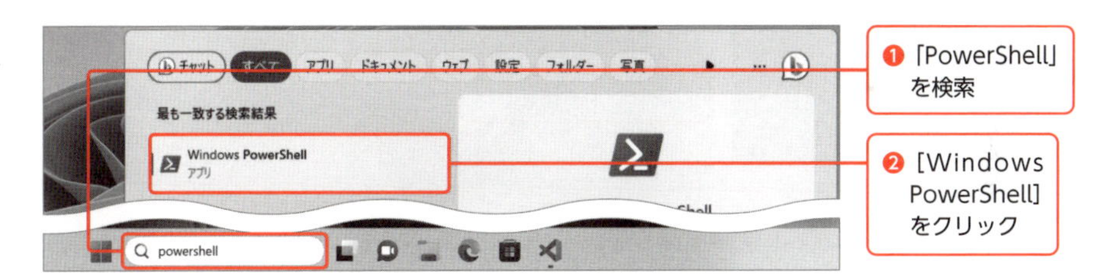

ターミナルを開く（macOSの場合）

macOSの場合はFinderを開き、［アプリケーション］の［ユーティリティ］から［ターミナル］を開きます。

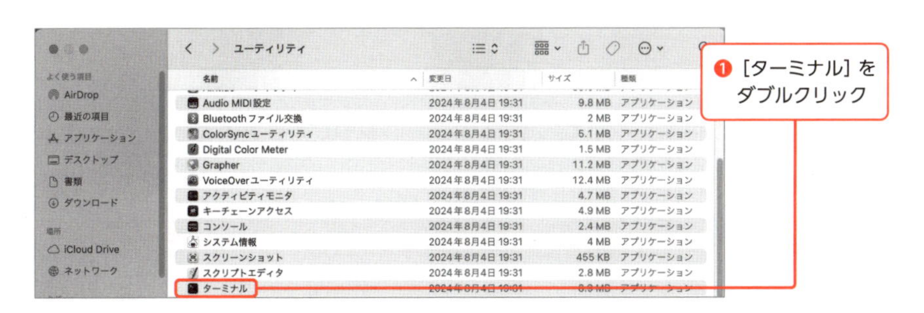

リポジトリをクローンする

ソフトウェア開発では、プロジェクトで利用するソースコードのひとまとまりを「リポジトリ」として管理します。本書では開発に必要なファイルやテンプレートをリポジトリとしてまとめています。ここでは、このリポジトリをクローン（ダウンロード）し、開発の準備をしましょう。

1. カレントディレクトリの確認

pwdコマンドを実行し、現在の作業ディレクトリを確認します。カレントディレクトリとは、コンピューター上で作業している「現在の場所」や「現在のフォルダ」のことを指します。pwdコマンドは現在のカレントディレクトリを表示するコマンドです。以下のように入力して Enter キーを押します。

```
pwd
```

すると以下のように現在のカレントディレクトリが表示されます。下の例では、Usersフォルダにあるhalフォルダが現在の作業ディレクトリであることを示しています。

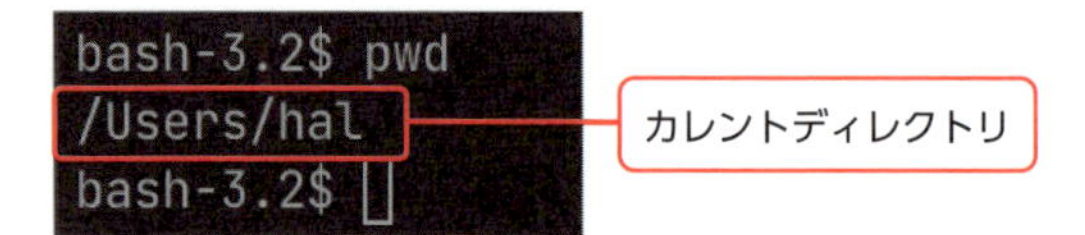

2. カレントディレクトリをデスクトップに変更する

以下のコマンドを実行し、作業ディレクトリをデスクトップに変更します。cdはchange directoryの略で、カレントディレクトリ（フォルダ）を変更するコマンドです。特にエラーなく文字が入力できる状態になればカレントディレクトリの変更ができています。

```
cd Desktop
```

次にpwdコマンドを実行して、カレントディレクトリが変更されたか確認してみましょう。

```
pwd
```

すると以下のようにディレクトリが変更されたのがわかります。

```
bash-3.2$ pwd
/Users/hal
bash-3.2$ cd Desktop
bash-3.2$ pwd
/Users/hal/Desktop
bash-3.2$ 
```

現在のディレクトリがデスクトップになっていることが確認できる

3. リポジトリのクローン

git cloneコマンドを使ってリポジトリをクローンします。次のコマンドを入力して実行してください。

```
git clone https://github.com/harukaxq/ai-driven-development-
book-code
```

git cloneコマンドは、既存のGitリポジトリのコピーを作成するためのコマンドです。git cloneコマンドを実行すると、指定したURLのリポジトリがローカルマシンにダウンロードされ、新しいディレクトリが作成されます。

クローンが完了すると、デスクトップに「ai-driven-development-book-code」ディレクトリが作成されます。

「command not found」と表示された場合

gitコマンド実行時に「command not found」というメッセージが表示される場合にはgitがインストールされていません。gitをインストールしましょう。

Windowsの場合

Windowsの場合は「https://git-scm.com/」にアクセスし、ダウンロードリンクをクリックしてください（次ページの画面参照）。

画面の説明に従い「64-bit Git for Windows Setup.」をクリックしてインストールファイルをダウンロードしてください。

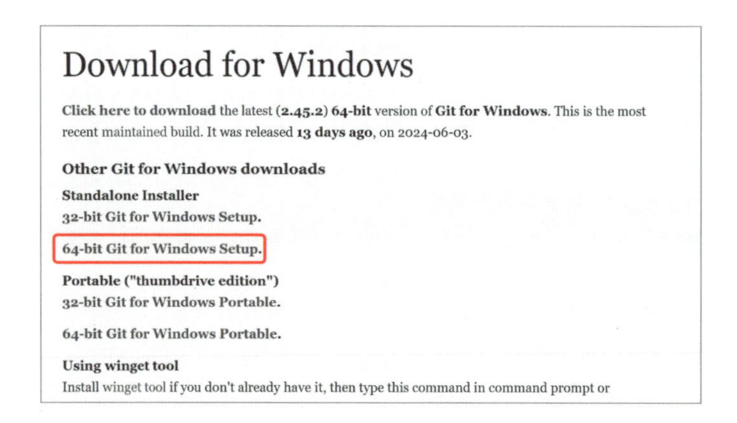

macOS の場合

macOSの場合はターミナルで以下のコマンドを実行してコマンドラインデベロッパツールをダウンロードしましょう。

```
xcode-select --install
```

コマンドラインデベロッパツールとはmacOS上でソフトウェア開発をするための一連の機能です。このツールをインストールすることでgitやそのほかのソフトウェア開発に必要な言語やツールを使用できるようになります。

コマンドを実行すると「"xcode-select"コマンドを実行するには、コマンドラインデベロッパツールが必要です。」というメッセージが表示されるので、画面の指示に従いインストールを行いましょう。

インストールが完了すると、gitコマンドが利用できるようになっています。39ページの「3. リポジトリのクローン」の手順を再度行い、リポジトリをクローンしましょう。

リポジトリの内容を確認する

本書で使用するプロンプトやファイルは、すべてこのリポジトリに格納されています。

リポジトリのルートディレクトリにはREADME.mdファイルがあり、リポジトリの使い方や更新情報などが記載されています。

本書を読み進める前に、まずは**README.mdを必ず確認しましょう**。README.mdには本書を読むうえで重要な情報が含まれています。本書で扱うAIやツールは日々進歩しており、本書に記載されている手順ではうまく動作しなくなる場合があります。そのような場合もこちらを更新します。これからの手順を進める前に確認しましょう。

また、projectsディレクトリには、本書で作成するアプリケーションの完成コードが保存されています。othelloディレクトリと2048ディレクトリにはCHAPTER 4で作成するアプリケーションが、music_appディレクトリにはCHAPTER 5とCHAPTER 6で作成する音楽配信アプリケーションが格納されています（music_app_5ディレクトリはCHAPTER 5を完了時点の状態）。アプリケーションの全体像を把握したり、つまずいたときに解決策を見つけたりするのに活用してください。

さらに、templatesディレクトリには、CHAPTER 4で作成するアプリケーションのテンプレートが保存されています。テンプレートには、アプリケーションを動かすために必要な設定ファイルなどが含まれています。読者の環境によってバージョンの差異が生じ、トラブルが発生する場合があるため、本書ではテンプレートの利用を前提として解説をします。

開発環境の準備

本書では、主にJavaScriptを使用してアプリケーションの実装を進めていきます。JavaScriptの実行環境はさまざまなものがありますが、今回はbunを使用します。bunは非常に高速にJavaScriptを実行できるランタイムです。

bunをインストールするには、以下の手順を実行します。

1. https://bun.sh/ を開き、インストールコマンドをコピーする

2. PowerShell／ターミナルを開き、コピーしたコマンドを貼り付けて実行する

URLを開けない場合や、インストールコマンドが表示されない場合は、以下のコマンドを実行してください。

・Windowsの場合：

```
powershell -c "irm bun.sh/install.ps1 | iex"
```

・macOSの場合：

```
curl -fsSL https://bun.sh/install | bash
```

これらのコマンドを実行することで、bunがシステムにインストールされます。インストールが完了したら、PowerShell／ターミナルで bun --version と入力し、バージョン情報が表示されることを確認してください。これで、JavaScriptの開発環境が整いました。

各LLMに登録する

LLMは日々進化しており、開発競争が繰り広げられています。そのため、どのLLMがどのタスクに最も適しているか、どの企業が最も優れたLLMを開発しているかは、時間の経過とともに変化していく可能性があります。

さらに、それぞれのLLMの違いを実感するために執筆時点で代表的なChatGPT、Claude、Geminiの3つすべてに登録し、実際に使ってみることをおすすめします。

本書では、基本的にChatGPTを使用してAI駆動開発を学んでいくので、最低限ChatGPTのアカウント登録を行いましょう。なお、本書ではGoogleアカウントを使う前提で登録手順を説明します。

ChatGPTに登録する

AI駆動開発を進めるためにOpenAIが提供しているChatGPTに登録しましょう。

まずは、ChatGPTを利用するためのアカウント登録を行います。Webブラウザを開き、以下のURLにアクセスします。サイトが表示されたら、画面右上にある［サインアップ］というリンクをクリックしましょう。

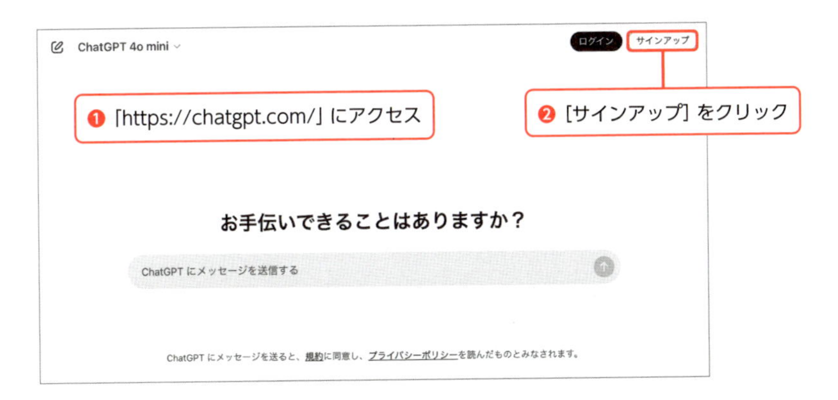

次に、メールアドレス、Googleなどのアカウントで登録を進められるので画面の指示に従い登録を進めましょう。

Claudeに登録する

ChatGPTと同様に、AnthropicのClaudeもAI駆動開発に活用できるLLMです。ClaudeはChatGPTと同等かそれ以上の性能を持っており、タスクによってはClaudeのほうがより適切な回答を得られることがあります。

本書では基本的にChatGPTを使った説明をしますが、ChatGPTでは適切な回答が得られなかった場合は、Claudeにも質問してみることをおすすめします。ここでは、Claudeの登録方法を簡単に紹介します。

まず、Webブラウザで以下のWebサイトにアクセスして、Googleアカウントでログインします。

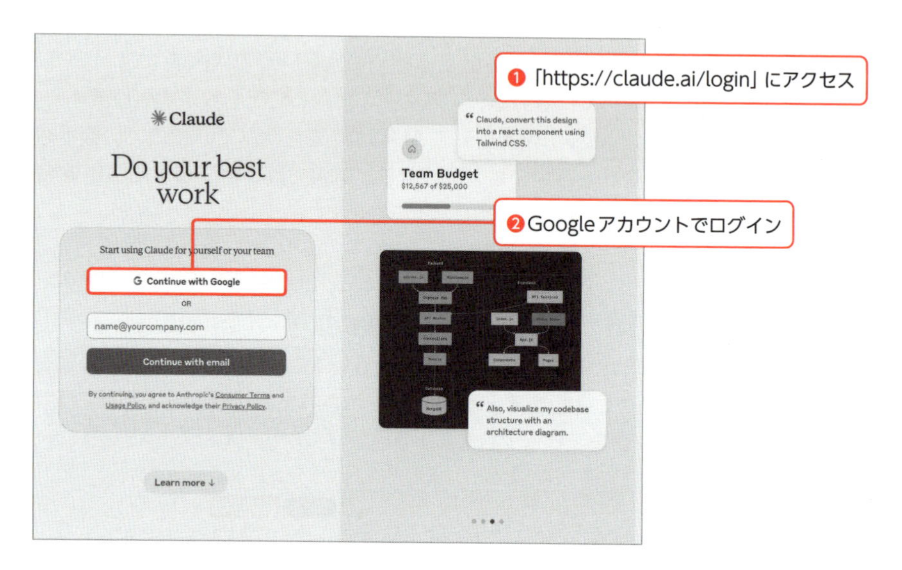

次にSMS認証画面が表示されます。セレクトボックスで日本を選択し、電話番号を入力しましょう。また、Claudeの利用は18歳以上であることが必要です。年齢を確認したらチェックボックスをクリックして、[Send Verification Code] をクリックします。

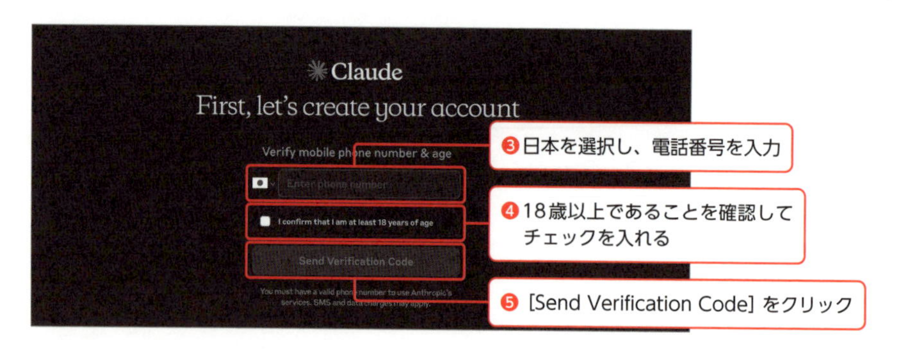

しばらくすると入力した電話番号宛にSMSが届くので、そこに記載された認証番号を入力しましょう。

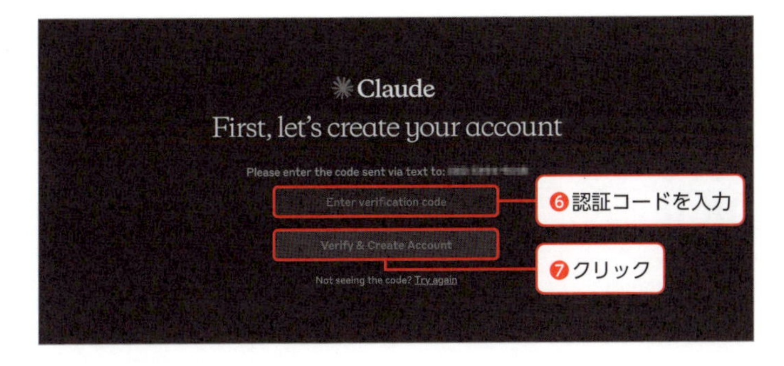

次に名前を入力しましょう。

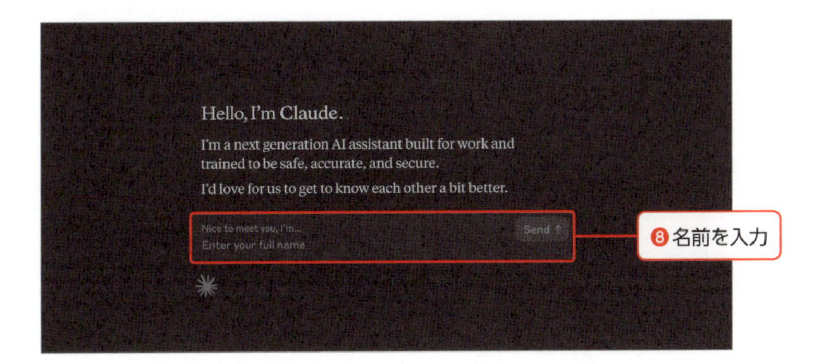

あとはフローを進めればChatGPTと同様にチャットを入力できる画面が表示されます。これでClaudeの登録は完了です。

Geminiに登録する

Googleが提供する生成AIサービスである Geminiも利用できるようにしましょう。GeminiはGoogleが開発した大規模言語モデルであり、多様なタスクに優れた能力を発揮します。

Geminiを利用するには、Googleアカウントが必要となります。まだGoogleアカウントを持っていない場合は、アカウントを作成する必要があります。すでにGoogleアカウントを持っている場合は、GeminiのWebサイトにアクセスしてログインするだけで、Geminiを利用できます。

まずは、Webブラウザを開き、次ページの画面に示したURLにアクセスします。Googleアカウントにログインしていない場合は、次ページのようなログイン画面が表示されるので、[ログイン]をクリックします。

Googleアカウントのメールアドレスとパスワードを入力して、［次へ］をクリックしてログインします。以下のようなGeminiのトップページが表示されたら完了です。

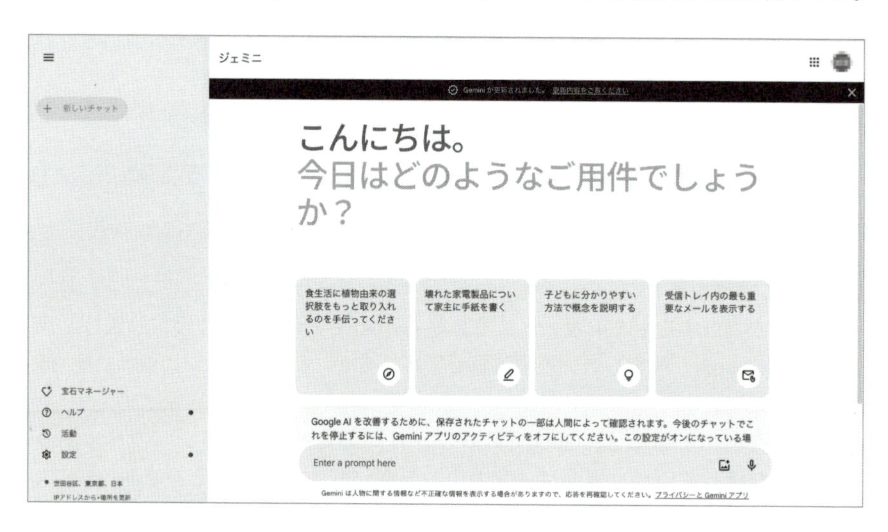

これでGeminiの登録は完了です。表示された入力欄にプロンプトを入力することで、Geminiのさまざまな機能を利用できます。

Point　LLMの使い方と一般的な料金体系

AI駆動開発でのLLMの使い方には大きく分けて2つのパターンがあります。1つ目は、Webサイトやアプリから利用する方法です。たとえばChatGPTのWebサイトで、チャット画面に質問や要求を入力すると、LLMが適切な応答を返してくれます。

Webサイトやアプリ経由でLLMを使う場合、基本的には無料で利用できます。ただ、より高性能なモデルを使ったり利用回数を増やしたりするには、月額課金が必要になります。ChatGPTにも無料プランと有料のPlusプランがあり、Plusプランでは性能のよいモデルをたくさん利用できます。

もう1つは、APIから利用する方法です。APIとは「Application Programming Interface」の略で、異なるソフトウェア同士を連携させるための仕組みのことです。LLMのAPIを使えば、エンジニアは自分で作ったプログラムやアプリからLLMの機能を呼び出せます。本書で紹介するLLMと連携するツールもLLMとAPIを介して連携することが一般的です。

APIを使う場合は、従量課金となります。従量課金というのはサービスの利用量に応じて料金が決まる仕組みで、月額課金はありません。LLMの場合、APIに入力したテキストの文字数と、モデルが生成したテキストの文字数で課金されるパターンが一般的です。料金はLLMを提供する企業によりますが、1,000文字につき数円から数十円程度が相場になります。

LLMの2つの利用形態については、状況に合わせて選びましょう。たとえばアプリのアイデアをLLMと議論したり、生成されたテキストの質をチェックしたりといった場合は、Webサイトやアプリから使うのがよいでしょう。反対に、実際にLLMの機能を自社サービスに組み込むなら、APIを介した利用が必要です。

section 04 LLMの使い方

コード生成を
試してみよう！

AI駆動開発においてLLMの使い方は非常に重要です。ここまでの説明を踏まえてLLMがどのようにシステム開発に使えるのかを見ていきましょう。

どのようなタスクでAIを活用できるのか

AI駆動開発においてLLMの使い方は重要です。ここまでの説明を踏まえて、LLMがどのようにシステム開発に使えるのかを見ていきましょう。

LLMを活用するうえで、どのようなタスクでLLMが有効に機能するのかを理解することが重要です。LLMにはそれぞれ得意不得意があり、タスクの種類によって性能に差が出ます。現時点でのLLMの特性を把握しておきましょう。

一般的な知識で解決でき、**文章を入力して文章を出力する**ようなタスクは、LLMが得意とするところです。質問に対する回答の生成や、文章の要約、翻訳など、高い精度で達成できます。これらのタスクでは、LLMの能力を最大限に活用できます。

したがって、プログラミングのソースコードを書くタスクも、LLMの得意分野の1つです。きちんと書くべき内容を説明できれば、LLMは高い精度でコードを生成してくれます。特に1つのファイルで完結するような処理は、ほとんど問題なく動作するコードを出力できます。

一方で、LLMは視覚的な処理を苦手としています。たとえば、スクリーンショットからまったく同じデザインをソースコードで再現するようなタスクは、LLMには難しい傾向にあります。これは、入力が文章だけではなく、画像であることが原因です。

ただし、工夫次第でこのようなタスクも実行可能です。まずはスクリーンショットにどのような要素があるのかをLLMに説明させ、その要素を実装するように指示します。完全に同じデザインにはならないかもしれませんが、似たようなデザインを実装できます。このように工夫することで、LLMの使い道を広げることができます。視覚的な処理が必要な場面でも、LLMを活用する道は開けています。

エンジニアとして一般的な知識に含まれるものに関する質問にも答えてくれます。たとえば、「Pythonにセミコロンは必要ですか？」といった質問にも的確に回答してくれます。LLMは膨大な知識を持っているため、開発者の疑問や問題解決に役立つことが多いです。

次は、いくつかのタスクを実際にChatGPTを使って解決してみましょう。

ソースコードを書く

AI駆動開発の第一歩として、ChatGPTを使ってソースコードを書いてみましょう。「TypeScriptで入力された文章の中で最も多く使われている文字を判定する関数を書いてください。」とプロンプトを書いて生成してみましょう。

すると以下のようにTypeScriptでのプログラムが生成されました。

図2-4-1　ChatGPTでソースコードを生成

TypeScriptで入力された文章の中で最も多く使われている文字を判定する関数を書いてください。

以下は、入力された文章の中で最も多く使われている文字を判定するTypeScript関数の例です。

typescript　コードをコピーする

```typescript
function findMostFrequentChar(text: string): string | null {
    if (text.length === 0) return null;

    const charCount: { [key: string]: number } = {};

    // 各文字の出現回数をカウント
    for (const char of text) {
        if (char !== ' ') { // 空白を除外する場合
            charCount[char] = (charCount[char] || 0) + 1;
        }
    }

    let mostFrequentChar = '';
    let maxCount = 0;

    // 最も多く使われている文字を探す
    for (const char in charCount) {
        if (charCount[char] > maxCount) {
            mostFrequentChar = char;
            maxCount = charCount[char];
        }
    }

    return mostFrequentChar;
}

// 使用例
const text = "hello world";
console.log(findMostFrequentChar(text)); // 出力: "l"
```

なお、ChatGPTは同じプロンプトでも同じ文章を生成するわけではないので、実際に試した場合の出力は異なります。

ソースコードを実行する

次に、生成されたソースコードを実行してみましょう。

「TypeScript Playground」ではWebブラウザ上でTypeScriptを手軽に試すことができます。次のWebサイトにアクセスしてください。

図 2-4-2　TypeScript Playground

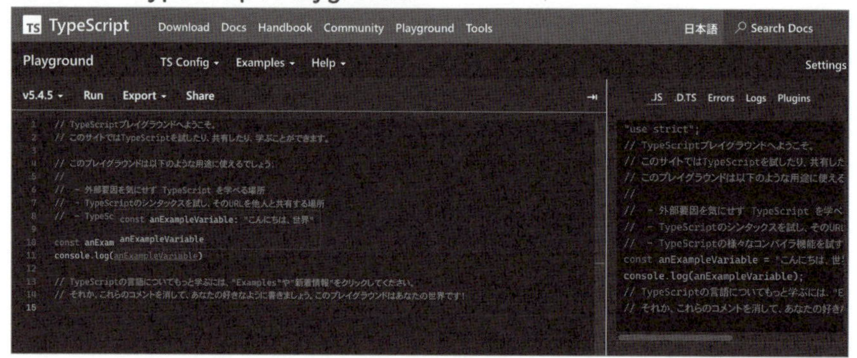

https://www.typescriptlang.org/play/

上のようにエディタ画面が表示されるので、先ほど生成されたソースコードをコピーし貼り付けて実行してみましょう。

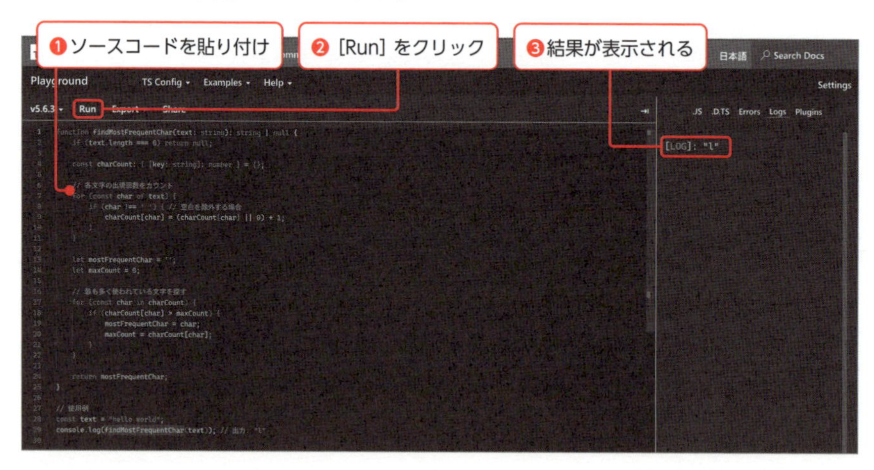

すると画面右側に結果が表示され、問題なく動作したことがわかります。もし、エラーが発生した場合は60ページのエラーへの対処方法を確認してみましょう。

ChatGPTへの指示の出し方のコツは、具体的なタスクを明確に伝えることです。「TypeScriptで〇〇を行うプログラムを書いてください。」という形式で、実現したい内容を明示します。たとえば、「TypeScriptで2つの数の足し算を行うプログラムを書いてください。」といった指示を出します。

このような指示を出すことで、ChatGPTは指定されたソースコードを生成してくれます。PythonやTypeScriptなど、さまざまなプログラミング言語で指示を出せます。たとえば、「Pythonでじゃんけんをするプログラムを作成してください」と指示すれば、Pythonで実装されたじゃんけんのソースコードが生成されます。

In-context Learningで精度を上げる

In-context Learning（文脈内学習）は、プロンプトエンジニアリングの手法の1つです。プロンプト内に必要な情報を詰め込むことで、LLMに新たな知識を獲得させることができます。この手法を使うことで、LLMの回答精度を上げられます。

たとえば、Node.jsのWebアプリケーションフレームワークであるExpressを使ってHTTPサーバーを立てる場合、ルーティングと呼ばれる機能があります。ルーティングでは、URLにより処理内容を変更できます。Expressはメジャーなライブラリなので、これについて質問すると問題ない返答を得られる可能性は高いですが、誤った結果が生成されてしまうハルシネーションが発生する可能性があります。

このようなリスクを減らすために、公式ドキュメント等の学習元の文章をもとに返答させるようなプロンプトを作成する手法がIn-context Learningです。

ここでは例としてExpressの公式ドキュメント（https://expressjs.com/en/5x/api.html#express）でルーティングの解説をすべてコピーします。

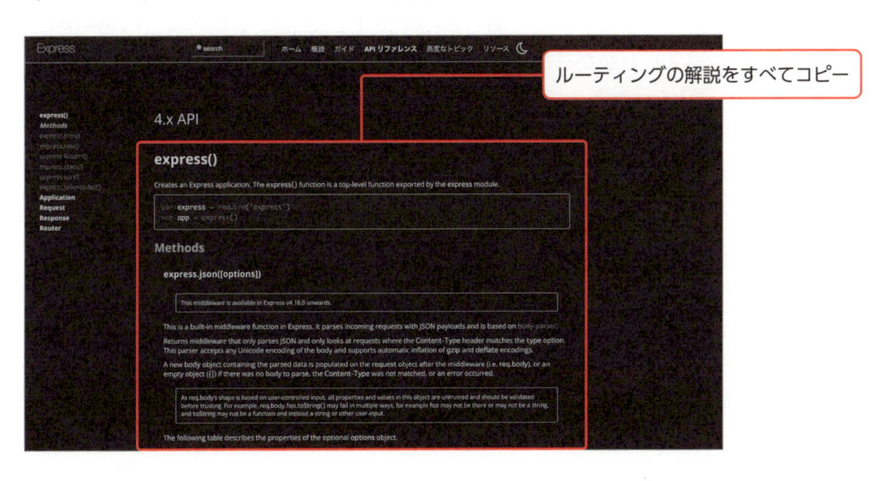

そして、以下のようにプロンプトを作成します。

```
ドキュメントをもとにExpressを使用して、/testエンドポイントへのPOSTリク
エストを処理する方法を説明してください。

## ドキュメント
{コピーした公式ドキュメントでルーティングの解説をしている文章}
```

このようにプロンプトを書くことで、ドキュメントをもとに返答が生成されます。

In-context Learningでは、LLM自体を変更するのではなく、プロンプトを工夫することで新たな知識を獲得させます。

ここでは紹介のみにとどめますが、LLM自体を変更する手法も存在します。LLMは事前学習済みモデルと呼ばれますが、これに追加学習をさせ、新たなLLMを作成する手法はFine-tuning（ファインチューニング）と呼ばれます。

図 2-4-3　Fine-tuningの概念

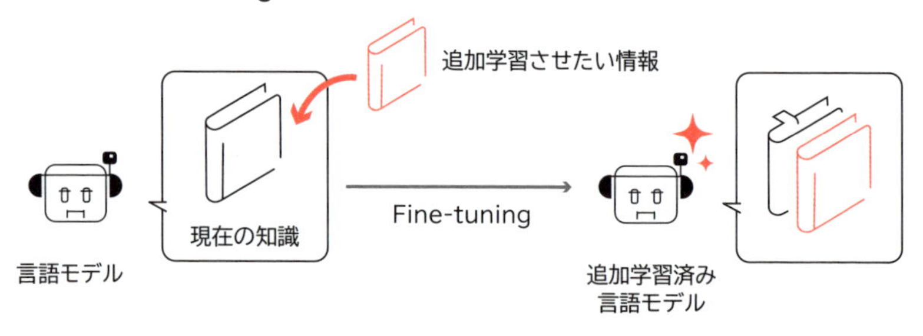

ただし、プロンプトの工夫だけで済むIn-context Learningと比べて、Fine-tuningは学習に時間もコストもかかるため、あまり一般的ではありません。

In-context Learningを使えば、LLMに新しい知識を獲得させ、より正確で詳細な返答を得られます。これにより、ソフトウェア開発のさまざまな場面で、LLMを効果的に活用できるようになります。

In-context Learningの利点は、プロンプトを工夫するだけで新たな知識を獲得できることです。Fine-tuningのように、モデルを再学習する必要がないため、時間とコストを大幅に削減できます。また、プロンプトを適切に設計することで、LLMの出力をコントロールしやすくなります。

一方で、In-context Learningにも限界があります。プロンプトに含められる情報量には制限があるため、複雑な知識を獲得させるのは難しいでしょう。また、プロンプトの設計には工夫が必要で、適切なプロンプトを作成するには経験と知識が求められます。

In-context Learningは、LLMの性能を引き出すための強力な手法ですが、万能ではありません。タスクの性質や要求される精度に応じて、Fine-tuningなどほかの手法と組み合わせることも重要です。LLMの特性を理解し、適切な手法を選択することが、LLMを効果的に活用するカギとなります。

テストコードを書く

ソースコードを生成できたら、次はテストコードを生成してみましょう。テストコードは、プログラムが想定通りに動作しているかどうかを確認するために必要です。

たとえば、先ほどの「入力された文章の中で最も多く使われている文字を判定する関数」の場合、以下のようなケースを考える必要があります。

- 入力文字列が空の場合はどうなるか？
- 最も多く使われている文字が複数ある場合はどうなるか？
- 大文字と小文字は区別するか？

これらのケースに対して、関数が正しく動作するかどうかをテストする必要があります。テストコードを書くことで、バグを早期に発見し、修正することができます。また、コードを変更した際にも、テストコードを実行することで、変更によって新たなバグが発生していないかを確認できます。

それでは、ChatGPTを使ってテストコードを生成してみましょう。先ほどのソースコードに対して、「このコードのテストコードを書いてください。」と指示を出してみます。その指示に対して生成されたのが次のコードです。

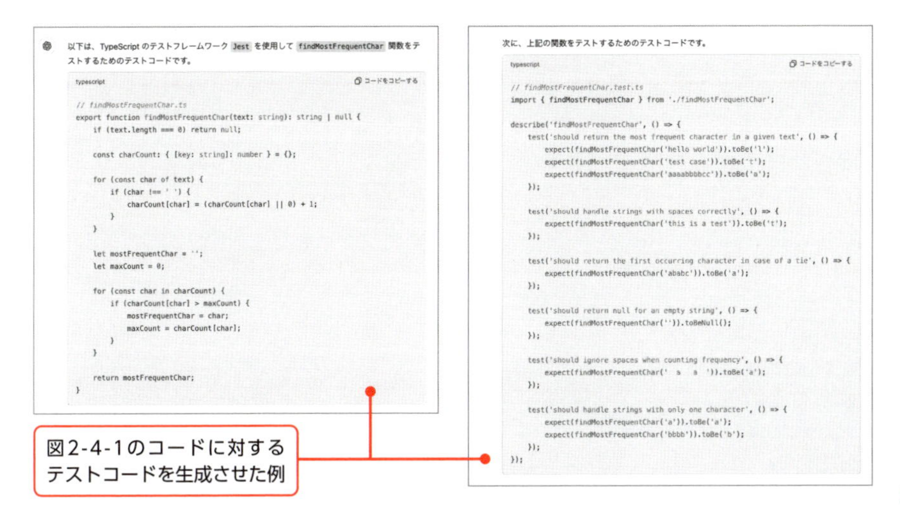

図2-4-1のコードに対するテストコードを生成させた例

このように、ChatGPTは指定されたソースコードに対応するテストコードを生成してくれます。テストコードは通常、別ファイルで管理されることが多いため、今回は実行しませんが、CHAPTER 5から作成するサンプルでは実際にテストを実行する方法を紹介しています。

テストコードを書くことは、プログラムの品質を維持するうえで非常に重要です。ChatGPTを活用することで、テストコードの作成も効率化できます。ただし、生成されたテストコードが完璧とは限らないので、必要に応じて手直しすることが大切です。また、テストケースが十分かどうかも自分で確認する必要がありますが、1から記述するより圧倒的に早く進めることが可能です。

Point

ChatGPTのPlusプランに登録すべき？

現在、OpenAIから提供されているLLMには、性能の異なる複数の種類が存在します。AI駆動開発では、性能の低いモデルでは不十分な場合が多いでしょう。性能の低いモデルは一般的な会話や簡単な質問に対応できる性能を持っていますが、コードの生成や理解、デバッグなどの複雑なタスクを行うには、より高性能なモデルが適しています。

執筆時点ではChatGPTの無料プランでは、性能の低いモデルは制限なく利用できますが、高性能なモデルには時間あたりの利用制限があります。また、無料プランでは高性能なモデルが優先的に使われますが、たくさん使っているとより性能の低いモデルに切り替わってしまうことがあります。

Plusプランでは、高性能なモデルの利用制限が緩和され、さらに高性能なモデルも利用できるようになります。執筆時点では月額$20の費用がかかりますが、価値は十分にあるはずです。

性能不足を感じたり、より効率よく開発を進めたい場合は、Plusプランへの加入を検討しましょう。

OllamaでローカルでLLMを動かす

Ollamaはオープン LLMを簡単にPCで動かすことができるツールです。一般的にオープンLLMを動作させるのは難易度が高い作業ですが、Ollamaを使えば簡単に動かすことができます。34ページでも説明したとおり、オープンLLMの性能はクローズドLLMに及びませんが興味があれば試してみましょう。
まずは以下URLを開き、Ollamaをダウンロードしましょう。

図 2-4-4 Ollama

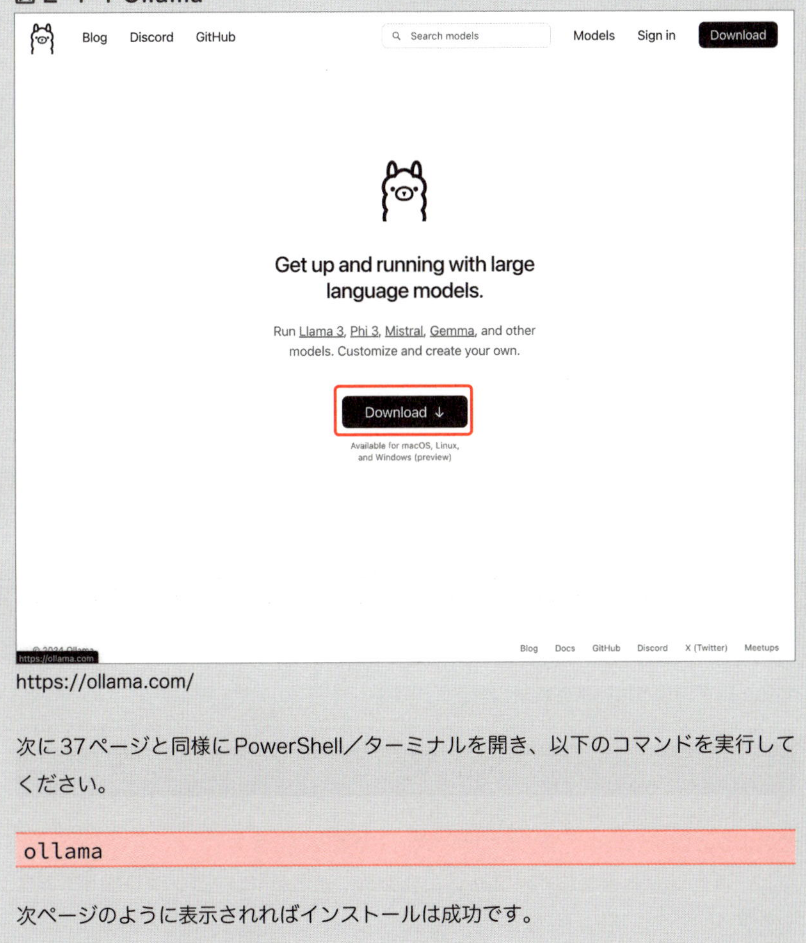

https://ollama.com/

次に37ページと同様にPowerShell／ターミナルを開き、以下のコマンドを実行してください。

```
ollama
```

次ページのように表示されればインストールは成功です。

```
Usage:
  ollama [flags]
  ollama [command]

Available Commands:
  serve       Start ollama
  create      Create a model from a Modelfile
  show        Show information for a model
  run         Run a model
  pull        Pull a model from a registry
  push        Push a model to a registry
  list        List models
  ps          List running models
  cp          Copy a model
  rm          Remove a model
  help        Help about any command

Flags:
  -h, --help      help for ollama
  -v, --version   Show version information

Use "ollama [command] --help" for more information about a command.
```

もし、エラーが表示される場合はターミナルを一度閉じて開き直してみましょう。
Ollamaはさまざまなオープン LLMを簡単に動かすためのツールであり、ユーザーが使用するオープンLLMを選択してダウンロードする必要があります。ここでは、Cohere社が開発する「Aya」オープンLLMを例に、ダウンロード方法を説明します。

```
ollama pull aya
```

ollama pullコマンドはLLMをローカルにダウンロードするコマンドです。続くayaの部分はダウンロードしたいLLMの名前を指定しています。
ダウンロードが完了したら、以下のコマンドでオープンLLMを実行してみましょう。

```
ollama run aya
```

以下のように表示され、テキストが入力できるようになりました。

```
>>> Send a message (/? for help)
```

「富士山はどこにある？」と入力してみましょう。
すると以下のように返答されました。

```
>>> 富士山はどこにある？
富士山は日本、本州島にある。富士山のふもとは主に静岡県と山梨県にまたがっている。
```

このようにOllamaではさまざまなオープンLLMを実行できます。
クローズドLLMと同様にオープンLLMも非常に進化が早いです。ぜひ触ってみましょう。

#プロンプト設計 ／ #プロンプト構築の手順 ／ #プロンプト構築のコツ

効果的なプロンプト作成のコツと手順

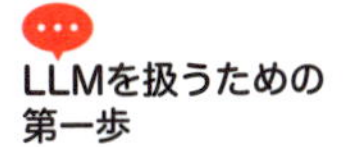

LLMを扱うための第一歩

精度の高い回答を得るためのプロンプトの書き方にはコツがあります。具体的な手順を見ていきましょう。

LLMに対して効果的な指示を出すためには、適切なプロンプトを構築する必要があります。では、どのようにプロンプトを書けばよいのでしょうか？ 現状、プロンプトを書くための厳密なルールや手順は確立されていません。しかし、より効果的で、かつ効率的にプロンプトを作成するためのポイントやコツは存在します。ここでは、筆者が実際にLLMを利用する中で効果的だと感じている手順と、プロンプト作成のコツを紹介します。

プロンプトは楽に書くことが重要

AI駆動開発に限らず、LLMを使ってプロンプトを書く際には、必ずLLMに実行させたい**タスク**が存在します。本来、これらのタスクは人間が行うものであり、それをLLMに実行させるためのプロンプトの記述に手間をかけていては本末転倒です。

たとえば、10行程度の文章を要約する一回きりのタスクのプロンプトを書くのに30分かかってしまうなら、その時間で人間が要約してしまったほうが効率的となってしまいます。また、人間の1日の集中力は有限です。プロンプトを構築するのに高い集中力を使ってしまうならLLMを使う意味は少なくなってしまいます。

したがって、効果的なプロンプトを楽に、速く構築できればできるほど、効果的にLLMを活用できているといえるでしょう。

ここでは具体的にプロンプトを簡単に書くための手順とコツを紹介します。

プロンプトの基本

1.シンプルな指示から始める

プロンプトを書く際の大前提は、**一度で完璧な結果を期待しない**ことです。まずは何をしてほしいのかをシンプルに**指示**するところから始めましょう。詳細で複雑なプロンプトほどタスクをこなせる可能性は高まりますが、集中力や時間も必要になります。LLMの性能向上により、以前は複雑なプロンプトが必要だったタスクも、現在はシンプルな指示で十分な場合があります。

コード生成の例を見てみましょう。「長さの単位を変換するTypeScriptのコードを書きなさい」とだけ指示すると、以下のようなコードが生成されました。

長さの単位を変換するTypeScriptのコードを書きなさい

以下は、長さの単位を変換するための TypeScript のコード例です。このコードでは、メートル、キロメートル、マイル、ヤード、フィート、インチなどの単位間で変換を行います。

typescript　コードをコピーする

```
// 長さの単位を定義
type LengthUnit = "m" | "km" | "mile" | "yard" | "ft" | "inch";

// 各単位をメートルに変換するための換算表
const conversionRates: { [key in LengthUnit]: number } = {
    m: 1,
    km: 1000,
    mile: 1609.34,
    yard: 0.9144,
    ft: 0.3048,
    inch: 0.0254,
};

// 単位変換関数
function convertLength(value: number, fromUnit: LengthUnit, toUnit: LengthUnit): nu
    // 入力をメートルに変換
    const valueInMeters = value * conversionRates[fromUnit];

    // メートルを目標単位に変換
    return valueInMeters / conversionRates[toUnit];
}

// 使用例
console.log(convertLength(1, "km", "mile")); // 出力: 約0.621371
console.log(convertLength(10, "ft", "inch")); // 出力: 約120
console.log(convertLength(100, "m", "yard")); // 出力: 約109.361
```

コードをコピーする

このコードで十分ならそのまま使えますし、さらに改善が必要なら文脈を追加して求める結果に近づけていきます。

2.文脈の追加

シンプルな指示だけでは期待通りの結果が得られない場合は、文脈を追加してみましょう。プロンプトに状況や背景を加えることで、LLMはタスクをより深く理解できます。

先ほどのコード生成の例に文脈を加えてみます。「私は伝統的な着物を作る職人です。TypeScriptで長さを変換するツールを書きなさい」と指示すると、尺や寸など日本の伝統的な長さの単位を含むコードが生成されました。

メモリを更新しました

伝統的な着物を作る際に便利な、特定の単位（例えば「寸」や「尺」）も含む長さ変換ツールをTypeScriptで実装します。これにより、伝統的な単位からメートルやセンチメートルに変換しやすくします。

typescript　コードをコピーする

```typescript
// 長さの単位を定義
type LengthUnit = "m" | "cm" | "mm" | "sun" | "shaku" | "ken";

// 各単位をメートルに変換するための換算表
const conversionRates: { [key in LengthUnit]: number } = {
    m: 1,
    cm: 0.01,
    mm: 0.001,
    sun: 0.0303,    // 1寸 ≈ 0.0303メートル
    shaku: 0.303,   // 1尺 ≈ 0.303メートル
    ken: 1.818,     // 1間 ≈ 1.818メートル
};

// 単位変換関数
function convertLength(value: number, fromUnit: LengthUnit, toUnit: LengthUnit): nu
    // 入力をメートルに変換
    const valueInMeters = value * conversionRates[fromUnit];

    // メートルを目標単位に変換
    return valueInMeters / conversionRates[toUnit];                コードをコピーする
}

// 使用例
console.log(convertLength(5, "sun", "cm"));      // 出力: 約15.15 (5寸をセンチメートルに変
console.log(convertLength(3, "shaku", "m"));     // 出力: 約0.909 (3尺をメートルに変換)
console.log(convertLength(2, "ken", "shaku"));   // 出力: 約6 (2間を尺に変換)
```

文脈を加えるだけでLLMの出力は大きく変わります。状況に合わせて必要な情報を提供しましょう。

実際のAI駆動開発では、LLMに以下のようなタスクを依頼することが多くなります。

・**新たなソースコードの生成**
・**エラーの修正**
・**バグの修正**

これらのタスクを依頼する際に、どのような文脈を追加するべきかをあらかじめ決めておくとプロンプトを考える手間が少ないでしょう。

まず、**新たなソースコードの生成**の場合は、「どのような場面で利用されるのか」などを入力しましょう。

また、**エラーの修正**の場合、エラー内容は必須で「どのような操作をしたか」や「問題のなかった操作例」などを追加するとよいでしょう。

最後に**バグを修正**する場合、「現状の動作」と「期待する動作」を伝えるようにしましょう。

3.マークダウン記法の活用

文脈を追加してもタスクが解決できない場合は、マークダウン記法を使ってプロンプトを詳細化してみましょう。見出しやリスト、コードブロックなどを使って構造化することで、複雑な指示も比較的容易に伝えられます。

先ほどの長さの単位変換ツールの例をマークダウン記法で書き直してみます。

````
私は伝統的な着物を作る職人です。以下の手順に従い、TypeScriptで長さを変換するツールを作成しなさい。

## 手順
1. まず実装すべき機能を検討する
2. 実装ルールに沿ってコードを書く

## 実装ルール
- 変換処理は関数内に書く
- 処理内容の詳細なコメントを適宜挿入する
- 関数の引数は入力の`input_cm`とどの単位に変換するかを指定する`output_type`のみ
- 結果はreturnせず、以下のテンプレートに従い`console.log`で表示する

### 結果テンプレート
```
変換元: {入力}cm
変換結果: {結果}{受け取った単位}
```
````

前ページの例では、まず「#」の記号を使って見出しを付けています。「#」は大見出し、「##」は中見出しを表し、さらに「###」を使うことで小見出しも表現できます。プロンプトでは、大見出しを使うことはあまりありませんが、中見出しや小見出しを効果的に使うことで、プロンプトの構造を明確にできます。

次に、番号付きリストと箇条書きリストです。番号付きリストは「1.」「2.」のように書き、たとえば、上記のプロンプトで手順を示す部分は番号付きリスト形式で記述されています。また、リストは「-」または「*」で箇条書きにすることもできます。

さらに、コードブロックは、バッククォート3つ(```)で囲むことで実装コードや結果を見やすく示すことができます。今回の例でも、結果テンプレートはこのコードブロックが使われています。

このようにマークダウンを活用すると、手順やルール、テンプレートなどを明確に伝えられます。1行で無理に書くよりも構造化したほうが、LLMにとって理解しやすいプロンプトになります。

ここまででAI駆動開発におけるタスクの多くは問題なくこなせる可能性が高いですが、まだうまくこなせない場合はあとで紹介するプロンプトのポイントや、本書で紹介するプロンプトエンジニアリングの手法を試してみましょう。

プロンプトのポイント

プロンプトを書く際にいくつかのポイントに気をつけることでLLMがさらに使いやすくなります。ここではそのようなポイントをいくつか紹介します。

明確に

プロンプトを書くうえで最も重要なことは、**明確な指示を出す**ということです。LLMは人間のように文脈を理解したり、曖昧な表現を解釈したりすることが苦手です。そのため、プロンプトは可能な限り明確で直接的な表現を用いるように心がけましょう。

誰が見ても理解できるように、明確で具体的な指示を出すことが重要です。

プロンプトを書く際には、プロジェクトの背景や経緯を知らない非常に優秀な新しい従業員に指示を出すつもりで書いてみましょう。新しく入社してきた従業員であっても、業務内容を明確に伝えれば、期待通りの成果を出してくれるはずです。LLMに対しても同様に、**わかりやすく、具体的に、直接的に**指示を出すことを意識しましょう。

ここでは明確ではないプロンプトの例を見ていきましょう。

以下の文章を翻訳してください。わかりにくい表現は避けてください。翻訳は日本語でしてください。要約してください。

{文章}

このプロンプトの問題点として**指示が散在しており、全体として何を求めているのかが不明確**です。「翻訳」と「要約」のどちらを優先すべきなのか、また、日本語への翻訳とわかりやすい表現の両立など、具体的な指示が不足しています。

さらに、**重要な指示が文末に配置されている**ため、最後まで読まないと意図が正しく伝わりません。このようなプロンプトでは、LLMは混乱し、期待通りの結果を得ることが難しくなります。

では、このプロンプトを明確な指示に改善してみましょう。

以下の文章をわかりやすい表現を使い、日本語で要約してください。

{文章}

このように、**指示を明確にまとめる**ことで、LLMが何をするべきなのかを理解しやすくなります。簡単なタスクであれば、多少曖昧なプロンプトでもLLMはそれなりの結果を返すことがありますが、複雑なタスクをLLMに処理させる場合は、プロンプトの明確さが非常に重要になります。

人間が読んで理解しにくい文章は、LLMに入力しても期待通りの結果を得ることができません。どのようなプロンプトを書く際も、わかりやすく書くことを意識することが重要です。

プロンプトに含まれる4つの要素を理解する

プロンプトを作成する際に意識するべき4つの要素について説明します。これらの要素を意識するとプロンプトを理解しやすくなるはずです。

以下のようなプロンプトを例に考えてみましょう。

私はダイエット中です。冷蔵庫の食材で作れるレシピを提案してください。

結果は表にしてください。

```
## 冷蔵庫の食材
- キャベツ
- レタス
- きゅうり
- ブロッコリー
- みかん
- ヨーグルト
- 牛肉
- ベーコン
- 鶏卵
```


このプロンプトには、指示、文脈、入力データ、出力指示子の4つの要素が含まれています。それぞれの要素について、詳しく見ていきましょう。

1. 指示：AIに何をしてほしいのかを明確に伝える

指示は、AIに何をしてほしいのかを明確に伝える部分です。上の例では、「冷蔵庫の食材で作れるレシピを提案してください。」という指示があります。これにより、AIは与えられた食材を使ったレシピを提案するという目的を理解します。

ほかの例としては、「Pythonでこの問題を解決するコードを書いてください。」や「この英文を日本語に翻訳してください。」などがあります。指示は、プロンプトの中で最も重要で、基本的に必須の要素です。

指示を書く際は、**1文で指示が理解できる**ように具体的で明確な表現を心がけましょう。曖昧な指示では、AIが的確な回答を生成できない可能性があります。

2. 文脈：指示の背景となる情報や状況を説明する

文脈は、指示の背景となる情報や、自分の状況を説明する部分です。上の例では、「私はダイエット中です。」という文脈があります。この情報があることで、AIは単なる料理のレシピではなく、ダイエットに適したレシピを提案すべきだと理解します。

部下や秘書と異なり、**LLMはプロンプトを書いているユーザーの状況（文脈）を理解していません。**したがって、指示を実行する以前にどのような状況なのかを説明することで、より的確で有用な回答を得られる可能性が高くなります。

たとえば、プログラミング言語Svelteの特徴について質問する場合、「Svelteの特徴について教えてください。」とだけ質問すると次ページの画像のように一般的な説明をしてくれます。

図2-5-1　ChatGPTに「Svelteの特徴について教えてください。」と質問した場合

Svelteは、他のフロントエンドフレームワークとは異なるユニークな特徴を持ったJavaScriptフレームワークです。以下はSvelteの主要な特徴です。

1. コンパイル時にコードを最適化

- Svelteは従来のフレームワーク（ReactやVueなど）と異なり、コンポーネントを実行時に動作させるのではなく、**ビルド時に純粋なJavaScriptにコンパイル**します。これにより、ランタイムが不要となり、より軽量で高速なアプリケーションが生成されます。
- コンパイル後のコードは、仮想DOMを使用せずにDOM操作を直接行うため、パフォーマンスが非常に優れています。

2. シンプルで直感的な構文

- SvelteはHTML、CSS、JavaScriptを統合したシンプルなコンポーネントベースの構文を採用しています。学習曲線が比較的緩やかで、Svelteに慣れると他のフレームワークと比較してもコードが短くなり、読みやすくなります。
- コンポーネントは `.svelte` ファイルで作成し、JavaScriptの中に直接HTMLやCSSを記述できます。

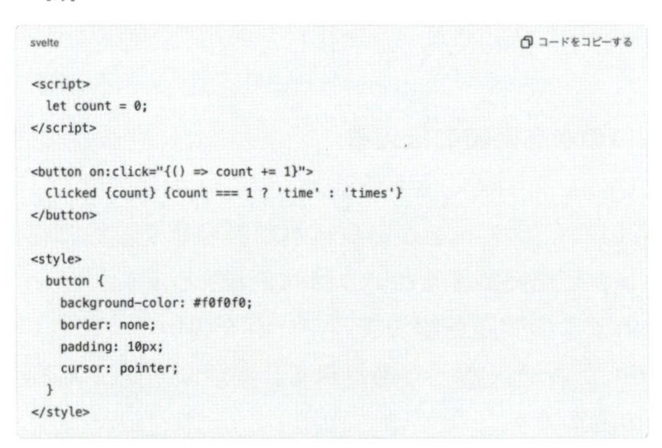

```svelte
<script>
  let count = 0;
</script>

<button on:click="{() => count += 1}">
  Clicked {count} {count === 1 ? 'time' : 'times'}
</button>

<style>
  button {
    background-color: #f0f0f0;
    border: none;
    padding: 10px;
    cursor: pointer;
  }
</style>
```

3. リアクティブな宣言型のデータバインディング

- Svelteでは、変数が変更されると自動的にUIに反映されるリアクティブシステムを採用しています。例えば、変数 `count` を変更するだけで、自動的にDOMが再レンダリングされます。
- さらに、`$:` というリアクティブ文を使うことで、特定の変数や式に基づいてコードを再実行できます。

```svelte
<script>
  let count = 0;
  $: doubled = count * 2;
```

以下のような文脈を加えることで、より適切な回答が得られる可能性があがります。

私は10年以上の経験があるサーバーサイドエンジニアです。
次回のプロジェクトマネージャーとの会議で、新しいプロジェクトで採用するフロントエンドフレームワークを提案したいと考えています。
そこで、Svelteの特徴について教えてください。

図 2-5-2　文脈情報を含めて質問した場合

メモリを更新しました

Svelteの特徴について打ち合わせで共有するために、熟練のフロントエンドエンジニア視点から以下のポイントを考慮するとよいでしょう。

1. パフォーマンスに優れたコンパイルベースのフレームワーク

- Svelteは**コンパイル時に最適化**されたJavaScriptコードを生成するため、ランタイムのオーバーヘッドがありません。コンパイルされたコードは直接DOM操作を行い、従来の仮想DOMアプローチに比べて**パフォーマンスが向上**します。
- 大規模なアプリケーションでは、DOM操作の効率がパフォーマンスに大きく影響するため、負荷の高い場面で有利に働く可能性があります。

2. 軽量なバンドルサイズ

- Svelteは他のフレームワークに比べて**バンドルサイズが小さく**なります。コンパイル時に不要な部分を排除するため、アプリケーションの初期読み込み速度が速く、モバイルや低帯域の環境でも優れたパフォーマンスを発揮します。ページパフォーマンスやSEOが重要視される場合、大きなアドバンテージです。

3. 直感的でシンプルなコンポーネント構造

- Svelteの構文は、HTML、CSS、JavaScriptが統合された直感的なものです。チームメンバーの学習曲線が低く、特に新しいメンバーや他の技術スタックから移行する場合でも適応が容易です。
- **ステートのリアクティビティ**がネイティブにサポートされているため、状態管理がシンプルで、複雑なステートの処理が少ないプロジェクトでは非常に開発効率が高くなります。

4. 仮想DOMを使用しない

- 仮想DOMを使用しないため、Svelteはレンダリングパフォーマンスにおいて他のフレームワークに比べて有利な場合があります。DOM操作が少ない小規模なアプリケーションでは、Svelteの軽さが特に効果的です。

5. リアクティブなデータバインディング

- Svelteのリアクティブな宣言的構文により、UIの更新はシンプルかつ直感的です。変数やデータが変更されるたびにUIが自動的に再レンダリングされ、バインディングロジックが不要です。これにより**パフォーマンスの向上**と**保守性の向上**が期待できます。

6. SSR（サーバーサイドレンダリング）のサポート

- **SvelteKit**を使用すれば、SSR（サーバーサイドレンダリング）を簡単に実現でき、SEOや初期表示速度に強い影響を持つプロジェクトに適しています。動的コンテンツが多いウェブサイトやアプリケーションでの採用も視野に入れられます。

7. グローバルな状態管理

- Svelteはストア機能を提供し、グローバルな状態管理を簡単に行えます。Reduxなどの外部ライブラリが必要なく、**小規模・中規模アプリケーション**で特に有用です。シンプルなAPIと構造で、状態管理の設定が不要なプロジェクトでもスムーズに利用できます。

この文脈からは、質問者がベテランのエンジニアであり、フレームワーク選定の参考にするためにSvelteの特徴を知りたいということがわかります。これにより、AIはSvelteの一般的な特徴だけでなく、ほかのフレームワークとの比較や、大規模プロジェクトへの適性なども含めた回答を生成できます。

3. 入力データ：指示や文脈に関連する具体的なデータ

入力データは、指示や文脈に関連する具体的なデータです。指示の内容により、入力データは不要です。レシピの提案を求める例では、「## 冷蔵庫の食材」以下のリストが入力データにあたります。翻訳を依頼する場合は、翻訳したい文章が入力データになります。単に「入力」と表現することもあります。

4. 出力指示子：AIからの回答や結果の扱い方を指定する

出力指示子は、AIからの回答や結果をどのように扱いたいかを指定します。レシピの提案を求める例では、「結果は表にしてください。」という出力指示子があります。これにより、AIは材料と作り方を表形式で提示します。

出力指示子は必須ではありませんが、指示や結果の扱い方によっては追加するとよいでしょう。ほかの例としては、以下のようなものがあります。

・「回答は箇条書きでお願いします。」
・「結果はマークダウン形式で出力してください。」
・「コードはPythonで書き、解説もお願いします。」

出力指示子を活用することで、回答の形式を統一したり、必要な情報を漏れなく出力させられます。

プロンプトに含まれる4つの要素について説明しました。優れたプロンプトを作成するためには、以下の点を意識しましょう。

1. 指示は明確かつ具体的に書く
2. 文脈を提供し、AIに背景情報を伝える
3. 入力データを詳細に記述する
4. 必要に応じて出力指示子を活用する

これらの要素を適切に組み合わせることで、AIからより的確で有用な回答を引き出せるはずです。

ハルシネーションに気をつける

ハルシネーション（Hallucination）は、本来「幻覚、幻影」を意味する言葉ですが、LLMの文脈では「事実とは異なる内容や文脈と無関係な内容といった誤情報をAIが生成すること」を指します。まるでAIが幻覚を見ているかのように、もっともらしい嘘を出力するため、このように呼ばれるようになりました。

ここではハルシネーションの例として、ChatGPTに「東京のマスコットキャラクターの「らみぬま」についての歴史を説明して」と質問してみます。

図 2-5-3　架空のマスコットキャラクターについて質問した例

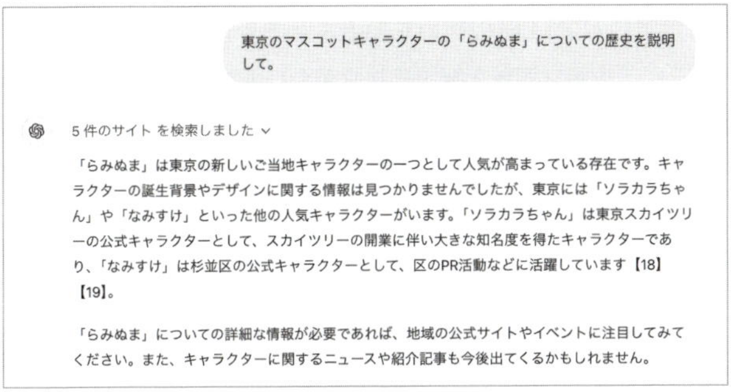

東京のマスコットキャラクターの「らみぬま」についての歴史を説明して。

5 件のサイト を検索しました

「らみぬま」は東京の新しいご当地キャラクターの一つとして人気が高まっている存在です。キャラクターの誕生背景やデザインに関する情報は見つかりませんでしたが、東京には「ソラカラちゃん」や「なみすけ」といった他の人気キャラクターがいます。「ソラカラちゃん」は東京スカイツリーの公式キャラクターとして、スカイツリーの開業に伴い大きな知名度を得たキャラクターであり、「なみすけ」は杉並区の公式キャラクターとして、区のPR活動などに活躍しています【18】【19】。

「らみぬま」についての詳細な情報が必要であれば、地域の公式サイトやイベントに注目してみてください。また、キャラクターに関するニュースや紹介記事も今後出てくるかもしれません。

東京には「らみぬま」というキャラクターは存在しませんが、ChatGPTはもっともらしく説明してしまいます。

LLMを使う際にはこのようなハルシネーションに注意する必要があります。特にLLMを使ったAI駆動開発では、もっともらしく存在しない関数を使ってコードを書いてしまうパターンや存在しないライブラリについて説明を始めることがあります。

対策方法は複数ありますが「わからないことがあれば、わからないと答えてください。」とプロンプトに付け加えるとハルシネーションの発生確率を下げることができます。

図 2-5-4　わからないことはわからないと答えるように指示を追加した場合

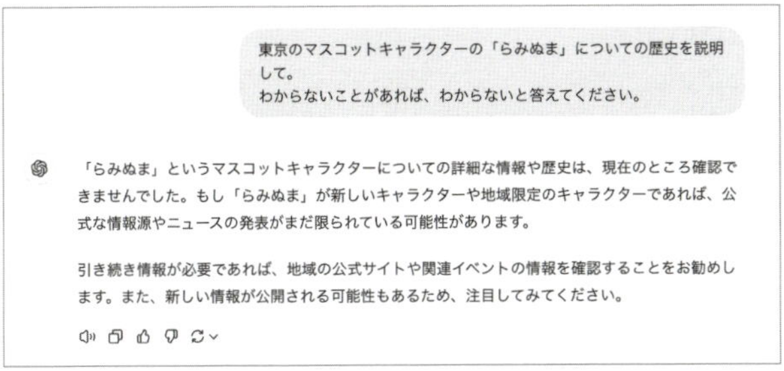

東京のマスコットキャラクターの「らみぬま」についての歴史を説明して。
わからないことがあれば、わからないと答えてください。

「らみぬま」というマスコットキャラクターについての詳細な情報や歴史は、現在のところ確認できませんでした。もし「らみぬま」が新しいキャラクターや地域限定のキャラクターであれば、公式な情報源やニュースの発表がまだ限られている可能性があります。

引き続き情報が必要であれば、地域の公式サイトや関連イベントの情報を確認することをお勧めします。また、新しい情報が公開される可能性もあるため、注目してみてください。

LLM側の性能向上により、ハルシネーションは発生しにくくはなっています。しかし、LLMはハルシネーションを起こしていないかを気にしながら使う必要があります。

最新情報やあまり一般的でない情報が必要なタスクについてはハルシネーションを起こしやすいです。83ページで紹介するPerplexityのような検索とLLMを組み合わせたサービスを使うのも検討してみましょう。

Point 考える時間を与えるCoT

ここではプロンプトエンジニアリング手法の1つである、CoT（Chain of Thought）を紹介します。CoTは、LLMに複雑な問題を解決させる際に、最終的な答えだけでなく、推論過程を段階的に示すことでLLMの能力を向上させる手法です。つまり、LLMに考える時間を与えることで複雑な問題を解決させやすくします。人間が話しながら考えをまとめて結論にたどり着くのと似ています。

たとえば、以下のような論理的に複雑な問題を解くためには、現在位置から各命令に従って移動し、最終的な位置を求める必要があります。しかし、命令によっては壁にぶつかる可能性があるため、単純に命令通りに移動するだけでは正しい答えが得られません。

```
ルールに従って動いた場合の最後のマスは右から何番目で、左から何番目ですか？

### ルール
- 10x10のマスがあります。
- マスの外側は壁です。
- あなたは右から2番目、上から2番目のマスにいます。
- 指示に従って動いてください。
- 指示に従った結果、壁にぶつかる場合は、ぶつかる直前までの指示を実行してください。

### 命令
以下の指示に従って動いてください。
1. 右に3マス進んでください。
2. 下に4マス進んでください。
3. 左に5マス進んでください。
4. 上に3マス進んでください。
5. 右に2マス進んでください。
```

このような問題に対して、「段階的に推論ステップを提示しながら」とプロンプトに指示を入れることで、LLMは各ステップでの位置を順序立てて考え、最終的な位置を正確に導き出すことができます。LLMは、このプロンプトに対して推論過程を示しながら問題を解決する可能性が高くなります。

どのような手法が存在するのか理解することはLLMの性能を引き出すために重要です。単にLLMに質問をするだけでなく、どのようなプロンプトを入力するかを工夫することで、より正確で有用な情報を得ることができます。本書ではこのような手法をそのつど紹介していきます。

CHAPTER 3

準備編
AI駆動開発の環境を整える

#AI駆動開発 ／ #プロンプト型 ／ #補完型 ／ #エージェント型

AIを開発に活かす方法

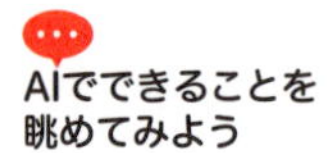

AI駆動開発では主にLLMを活用していきます。LLMの活用方法にはプロンプト型、補完型、エージェント型の3つが存在します。

AI駆動開発の3つのアプローチ

AIを使った開発には主に、プロンプト型、補完型、エージェント型の3つのアプローチがあり、それぞれ特徴があります。

・**プロンプト型**：LLMに指示や質問などのテキスト（プロンプト）を与える
・**補完型**：開発者が記述したコードや文章の一部をLLMに入力し、残りの部分を自動的にテキストで補完させる
・**エージェント型**：LLMに目標を与え、LLMが自律的にタスクを実行し、結果をテキストで返す

これらの指示方法は、開発者がLLMにどの程度の指示を与え、どの程度の自律的な動作を期待するかに基づいて分類されます。LLMはあくまでテキストの入出力を行うエンジンであることを念頭に置きながら、それぞれの違いを理解していきましょう。

プロンプト型

プロンプト型は、**ユーザーが命令や質問をプロンプトとして入力**し、AIがそれに基づいてコードを生成したり返答したりします。ユーザーはLLMに与えるプロンプトを工夫することで、さまざまなコードを生成させられます。

みなさんも以下のようにプロンプトを入力してコードを生成したことがあるのではないでしょうか。

図 3-1-1　プロンプトからコードを生成

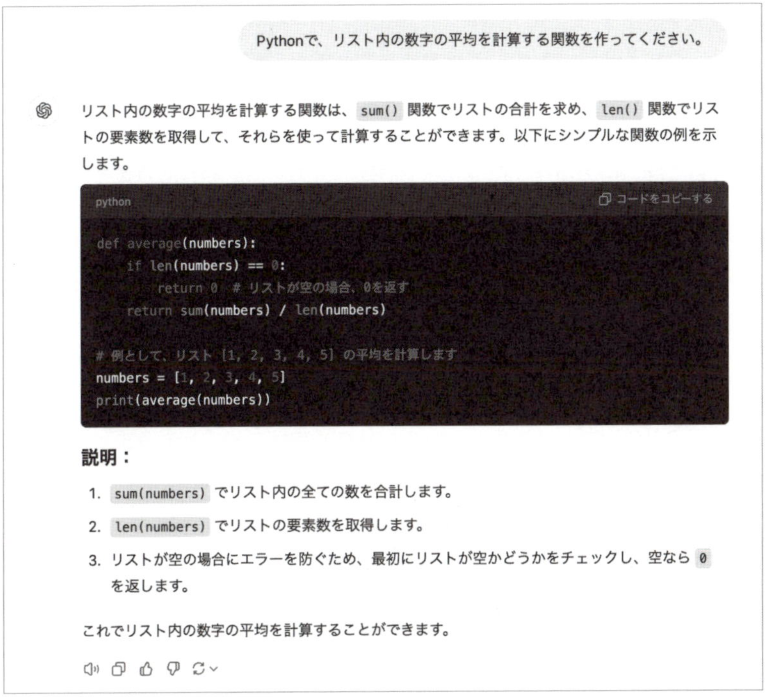

Pythonで、リスト内の数字の平均を計算する関数を作ってください。
リスト内の数字の平均を計算する関数は、sum() 関数でリストの合計を求め、len() 関数でリストの要素数を取得して、それらを使って計算することができます。以下にシンプルな関数の例を示します。
python
コードをコピーする
def average(numbers):
    if len(numbers) == 0:
        return 0 # リストが空の場合、0を返す
    return sum(numbers) / len(numbers)
# 例として、リスト [1, 2, 3, 4, 5] の平均を計算します
numbers = [1, 2, 3, 4, 5]
print(average(numbers))
説明：
1. sum(numbers) でリスト内の全ての数を合計します。
2. len(numbers) でリストの要素数を取得します。
3. リストが空の場合にエラーを防ぐため、最初にリストが空かどうかをチェックし、空なら 0 を返します。
これでリスト内の数字の平均を計算することができます。

あとで紹介するCursorというエディタでは、エディタ画面上でプロンプトを入力しソースコードを効率的に生成できます。

図 3-1-2　エディタ上でプロンプト入力できる Cursor

プロンプト（どんなコードを書いてほしいかの指示）
Pythonで、リスト内の数字の平均を計算する関数を作ってください。
⌘↩ Accept
⌘⌫ Reject
Follow-up instructions... ⇧⌘K
def calculate_average(numbers):
    if not numbers:
        return 0
    return sum(numbers) / len(numbers)
⌘Y ⌘N
AIで生成されたコード

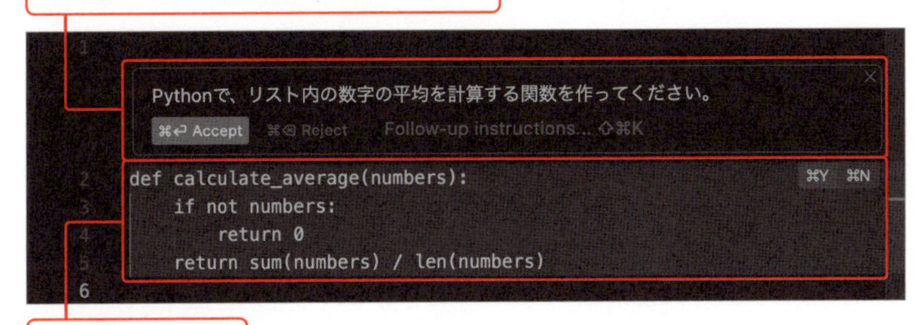

プロンプト型は、ユーザーの**意図通りのコードを生成しやすい**のが特徴です。プロンプトで明確に指示すれば、AIが自動的に適切なコードを書いてくれるため、手作業でコーディングする時間を大幅に短縮できます。また、既存の開発環境と統合しやすく、導入のハードルが低いのもメリットです。

一方で、プロンプトを書く手間が発生するのがデメリットです。どのようなソースコードを生成してほしいのかをプロンプトで的確に入力する必要があります。

補完型

補完型は開発者が記述したコードの一部などを入力し、AIが残りのコード部分を補完する指示方法です。プロンプト型と異なり、プロンプトを入力せずにAIを活用できます。AIがユーザーが書いたコードを解析し、**次に来るべきコードを予測する**ことで実現されます。

試しに、先程のプロンプト型で作成したコードを補完型で作成してみましょう。関数名を入力すると、AIが適切なコードを補完してくれます。

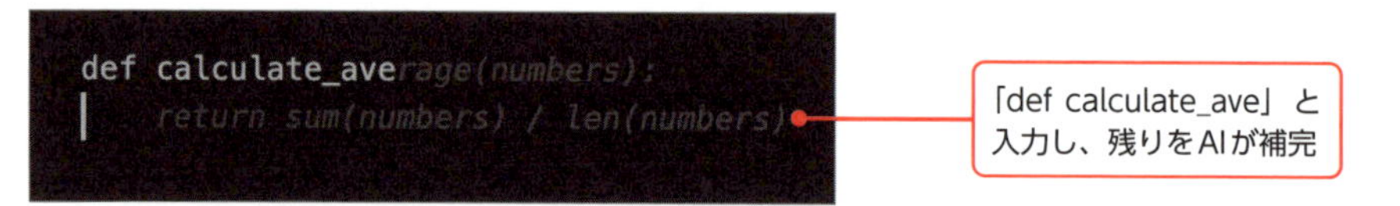

補完型は関数名や変数名の一部を入力すると、AIが適切な候補を提示してくれるため、**プロンプトを考える必要がなく直感的**に利用できます。しかし、複雑なソースコードの生成は苦手な傾向で、ユーザーの期待どおりのコードが提案されない場合もあります。

エージェント型

プロンプト型では「この関数を実装して」や「このエラーの原因は？」といった具体的な指示や質問をLLMに行います。補完型ではコードの一部を与えて残りを補完させますが、いずれも特定の1つのファイルのみを編集対象としています。それに対しエージェント型では、入力された指示に対して**自律的にどのような行動をするべきかを判断し実行**まで行います。

Cursorエディタの Composer機能は、このエージェント型の一例です。ここでは例として重さを変換するツールを作成します。

図 3-1-3　Cursor のエージェント機能（人による指示と AI による回答例）

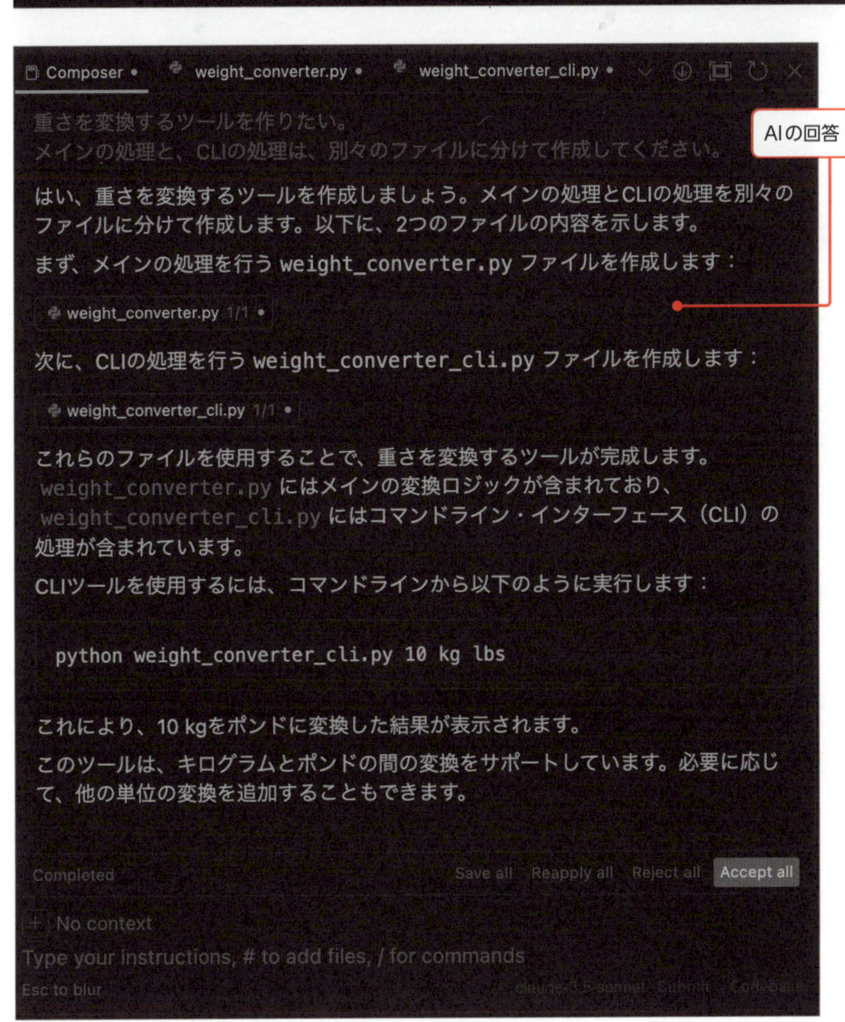

AIは指示を受けて手順を自律的に考え、ファイルを作成しコードを生成します。

図 3-1-4　実際に生成されたファイルやコード

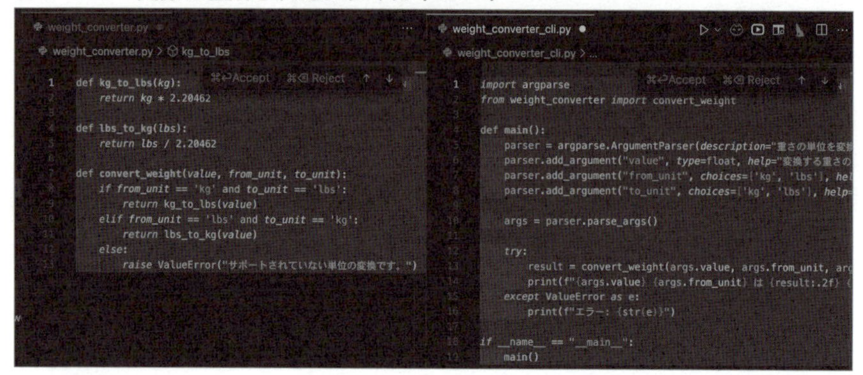

このように、エージェント型ツールは抽象的な指示から、具体的なタスクを自律的に判断し、実行します。

図 3-1-5　エージェント型ツールのタスク実行の流れ

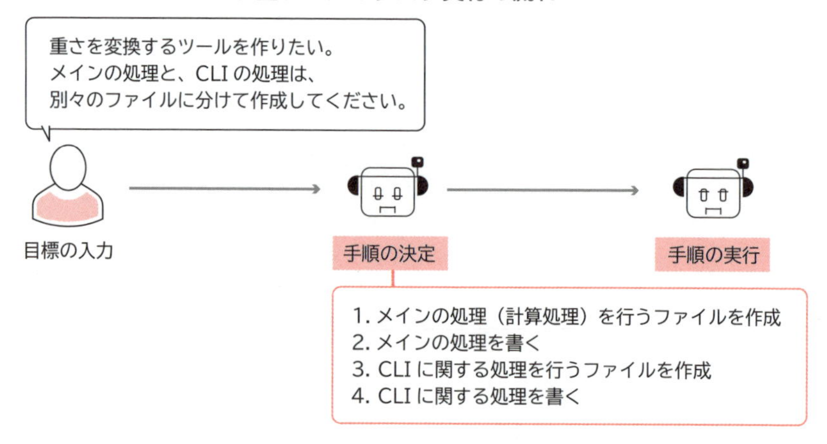

現時点では、今回のような比較的小規模なアプリケーションの作成は可能ですが、複雑なシステムへの機能追加（たとえば、既存のECサイトへのクーポン機能実装など）は難しいのが現状です。

将来的には、より複雑な指示にも対応できるようにエージェント型ツールが進化して、コーディングの知識がないユーザーでも高度な開発が可能になるかもしれません。しかし、現時点では、エージェント型ツールは主にスキルを持ったユーザー向けであり、複雑なタスクを指示するには、ある程度のコーディング知識が必要となるケースが多いでしょう。

Clineを利用する

エージェント型のツールはCursorのComposer機能だけではありません。ここではVS Codeの拡張機能であるCline（旧:Claude Dev）を紹介します。ClineはCursorでも利用できます。

執筆時点ではClineにはCursorのComposer機能で搭載されていない複数の機能が用意されています。CursorのComposer機能では、コード生成のエージェント機能を提供しており、ファイル、ディレクトリを作成し、一度のみのコード生成、編集しか行うことができません。一方、Clineはコマンドの実行や複数回のコード生成も可能です。したがって、CursorのComposer機能では、「～のテストファイルを作成して」といった指示しか対応できませんが、Clineでは「～のテストファイルを作成し、テストを実行したうえで問題なくなるまで修正をし続けて」といった指示が可能です。

この機能はコマンドの実行結果やエラーに応じて**複数回の実行と修正を自律的に行う**ことによって実現されています。エラーを検出した際に、Clineはそのエラーを自ら認識し、「インポートが足りない」といった問題を自動で修正して再実行といったことが可能で、自律的に判断したうえでできることがComposer機能に比べて多いです。

興味があればCursorの拡張機能ボタンから「Cline」を検索してインストールしてみるとよいでしょう。

#AI開発ツール ／ #開発支援 ／ #AI活用

AI搭載の開発支援ツール

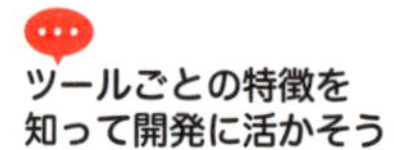

AIを活用したツールは、開発者の生産性向上や開発プロセスの効率化を目的に、多くの企業や団体によって開発が進められています。これらのツールはエディタ、Webサービスなどさまざまな形式で利用できるようになっています。

エディタ、拡張機能

エディタや拡張機能として提供されているツールを紹介します。エンジニアとしてコードを書くタスクに最適化され、すぐに導入しやすいものが多くあります。

Cursor(https://www.cursor.com/)

Cursorは、AIを活用して開発者の生産性を向上させることを目指した**コードエディタ**です。CursorはMicrosoftが開発するVisual Studio Code(VS Code)というエディタをベースにしています。VS Codeは、Windows、Linux、macOSで利用できる無料のソースコードエディタで、拡張機能が多いのも特徴です。

CursorはこのVS CodeをAIを使いやすくするように独自機能を追加して拡張したソースコードエディタで、VS Codeには存在しないAIを効果的に活用できるさまざまな機能が搭載されています。

プロンプト型、補完型、エージェント型すべてに該当する機能が非常に使いやすい形で提供されており、ここではいくつかを簡単に紹介します。

プロンプト型の機能の1つに、ショートカットキーで表示されるポップアップに、どのようなコードを書いてほしいかプロンプトを記述し、その通りのコードを記述させるというものがあります。

図3-2-1では、1行目から7行目にかけて、商品一覧を格納した変数が定義されています。8行目でどのようなコードを生成してほしいかのプロンプトを記述します。

9行目から12行目はCursorが生成したコードです(実際の画面では緑色の背景部分)。1行目の変数を考慮したコードが生成されているのがわかります。

ChatGPTのWebサービスでコードをコピー&ペーストしても同様のコード生成が可能ですが、Cursorならコピー&ペーストの必要がないので効率的に開発を進めることができます。

図 3-2-1 ポップアップ内にプロンプトを記述してコードを生成

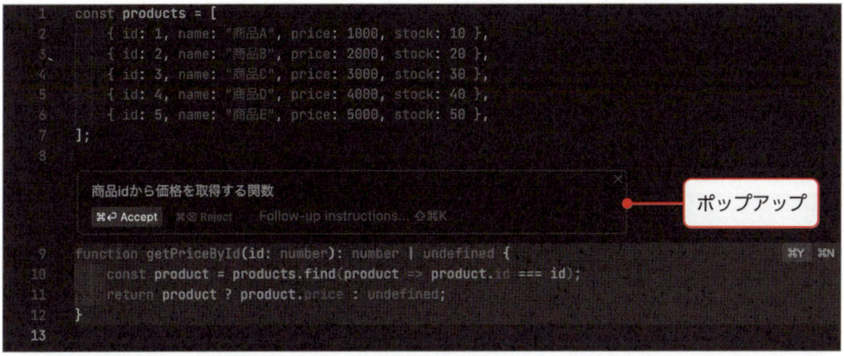

```
1  const products = [
2      { id: 1, name: "商品A", price: 1000, stock: 10 },
3      { id: 2, name: "商品B", price: 2000, stock: 20 },
4      { id: 3, name: "商品C", price: 3000, stock: 30 },
5      { id: 4, name: "商品D", price: 4000, stock: 40 },
6      { id: 5, name: "商品E", price: 5000, stock: 50 },
7  ];
8
   商品idから価格を取得する関数
   ⌘⏎ Accept   ⌘⌫ Reject   Follow-up instructions... ⇧⌘K
9  function getPriceById(id: number): number | undefined {
10     const product = products.find(product => product.id === id);
11     return product ? product.price : undefined;
12 }
13
```

ポップアップ

また、有料プランのCursor ProではCopilot Tabと呼ばれる「補完型」に分類される機能を搭載しています。これは、最近の変更履歴に基づいて提案を行い、ユーザーの意図を理解しているのが特徴です。先ほどの例だとプロンプトを書く必要がありますが、こちらは関数名などを入力すると自動で補完候補を提案してくれます。

図 3-2-2 履歴に基づきユーザーの意図を汲んだ提案を行う Copilot Tab

```
templates > playground > TS index.ts > fizz
1  function fizzbuzz(n: number) {
     if (n % 3 === 0 && n % 5 === 0) {
       return "FizzBuzz";
     }
   }
```

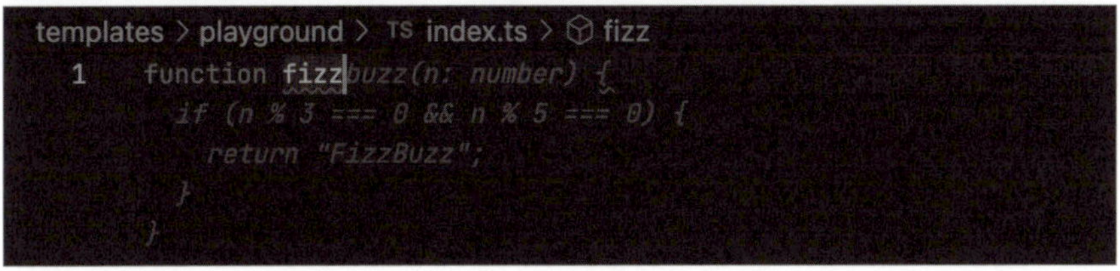

Cursorにはほかにも非常に多くの便利な機能があります。これらを使いこなすことで従来の開発手法に比べて比較にならない速度で開発を行えます。

本書ではCursorを主に利用し、AI駆動開発について学びます。

GitHub Copilot（https://github.com/features/copilot）

GitHub Copilotは、GitHubが開発したAIコーディングアシスタントです。VS Codeなどさまざまなエディタや統合開発環境（IDE）の拡張機能として利用できます。

OpenAIのChatGPTがリリースされる以前から存在しており、その高い性能と利便性から、エンジニアの間で注目されていました。

Cursor ProのCopilot Tabで利用できる入力補完機能と似ています。GitHub Copilotではシステム開発に特化したLLMであるCodexを利用しています。CodexはOpenAIが開発しており、Pythonをはじめとする10以上のプログラミング言語に対応し、自然言語で記述された命令を理解し、その内容に沿ったプログラムコードを自動で生成できます。

また、CursorでのChat機能と似たGitHub Copilot Chatも用意されており、ソースコードに対して質問も可能です（次ページの図3-2-5参照）。

図3-2-3　GitHub CopilotのChat機能、GitHub Copilot Chat

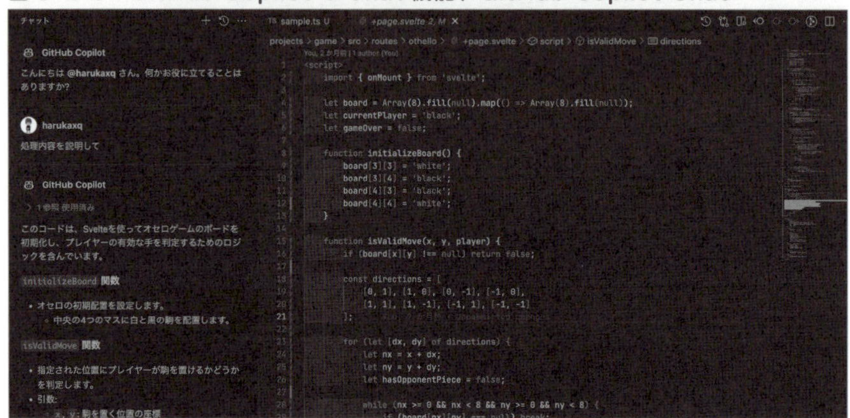

Tabnine（https://www.tabnine.com/）

TabnineはAI技術を活用したソフトウェア開発の効率化を目指すイスラエルの企業により開発されました。TabnineにもChat機能など、Cursorに近い機能が搭載されています。

図3-2-4　Tabnineの使用イメージ

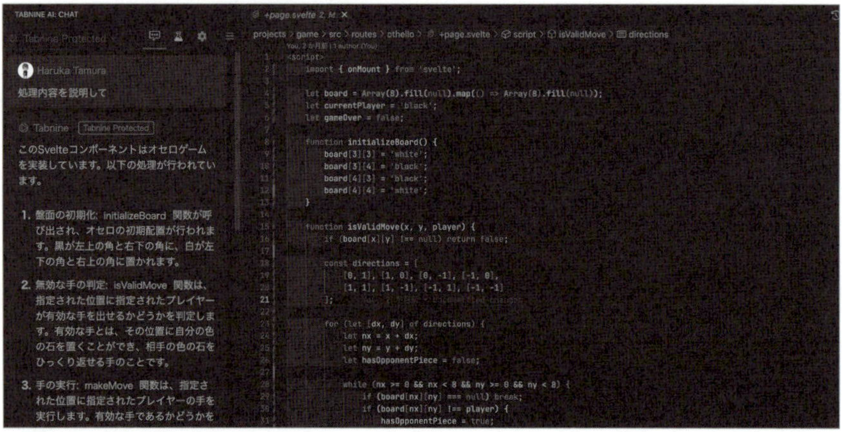

Webサービス

Webサービスとして提供されるツールを紹介します。利用シーンはさまざまで、単独で使うことも、今までの開発フローと組み合わせることも可能です。

Replit（https://replit.com/）

Replitは、オンラインでプログラミングやソフトウェア開発ができるクラウドベースの統合開発環境（IDE）です。IDEとは、コードの記述、テスト、デバッグなど、ソフトウェア開発に必要なツールが1つにまとめられた環境のことです。

CursorやVS Codeは、パソコンにインストールして使用しますが、Replitはブラウザ上で動作するため、特別なソフトウェアのインストールが不要です。インターネットに接続できれば、どこからでも利用できます。

また、Replitは開発したアプリケーションを簡単にインターネット上に公開する機能も備えているほか、データベースやオブジェクトストレージなども提供しており、実際のアプリケーション運用に必要な機能が充実しているのも特徴です。

さらに、ReplitにはAIエージェント機能が搭載されています。この機能ではどのようなアプリケーションを開発したいかを指示するだけで、Replitで即座に公開できる状態でフロントエンド、バックエンドを含むソースコードをすべて自動生成できます。

たとえば「ブラウザの位置情報と天気予報APIを使って現在位置の天気予報を取得するWebサイト」と指示を入力するだけで、関連パッケージのインストールも含めた必要なソースコードが自動生成され、開発サーバーの起動まで行われます。

図3-2-5 Replitではプロンプトに応じてパッケージのインストールから自動的に行う

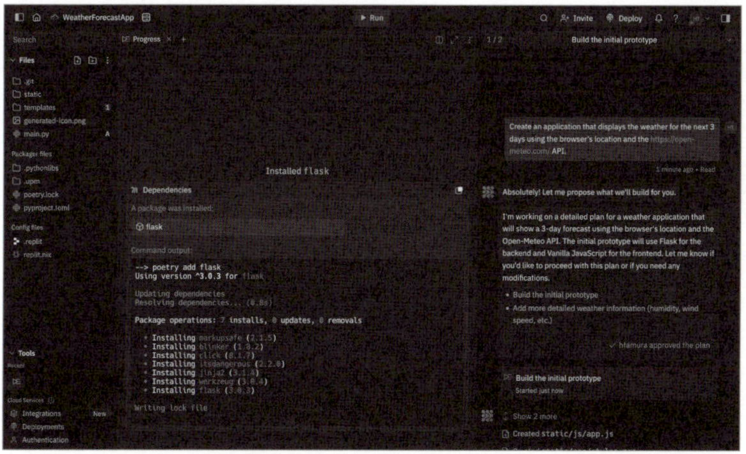

このように処理が進み、適切に実装が完了し、動作するサーバーが起動しました。

図 3-2-6　サーバーの起動まで自動的に行える

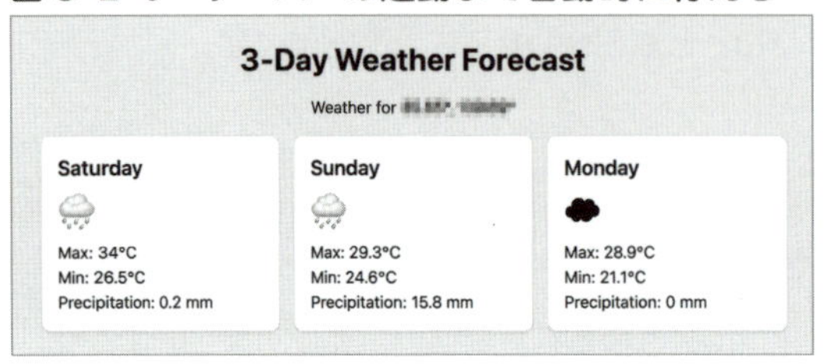

ReplitのAIエージェント機能は、指示による機能追加にも対応しています。たとえば、最初に生成したWebサイトに「過去の天気予報を表示する機能」を追加したい場合、Replitにそのように指示を出すことで、必要なソースコードが自動生成され、既存のコードに適切に統合されます。

このように開発した機能をバージョン管理システムであるGitにコミットすることもできます。

Create XYZ（https://www.create.xyz/）

Create XYZはAIを活用したノーコード開発ツールで、プログラミングの知識がなくてもWebサイトやアプリケーションをWebブラウザ上で簡単に作成できます。

プロンプト型の機能を持っており、プロンプトからコンポーネントやWebページが作成可能です。

図 3-2-7　プロンプトを入力するだけでコンポーネントが生成される

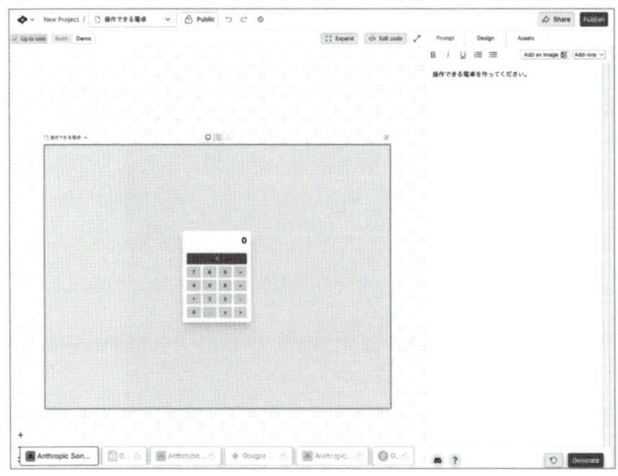

完成したアプリを公開するだけでなく、ソースコードのエクスポートも可能です。

執筆時点では複雑なアプリケーションを作ることは難しいですが、プロトタイピングなど簡単なアプリケーションを作る際は利用を検討してみましょう。

Copilot Workspace(https://githubnext.com/projects/copilot-workspace)

Copilot WorkspaceはGitHubが提供する、AIを使った開発環境です。

GitHub Copilotはコード補完などエディタでの作業のサポートを対象にしているのに対して、Copilot Workspaceはプロジェクト全体の流れを対象にしています。

執筆時点では一般公開されていませんが、エージェント型のサービスであり、特定のタスクからどのような作業をするべきかを判断して計画を立てます。

図3-2-8　Copilot Workspaceのデモ。タスクに対する提案などを自律的に生成する

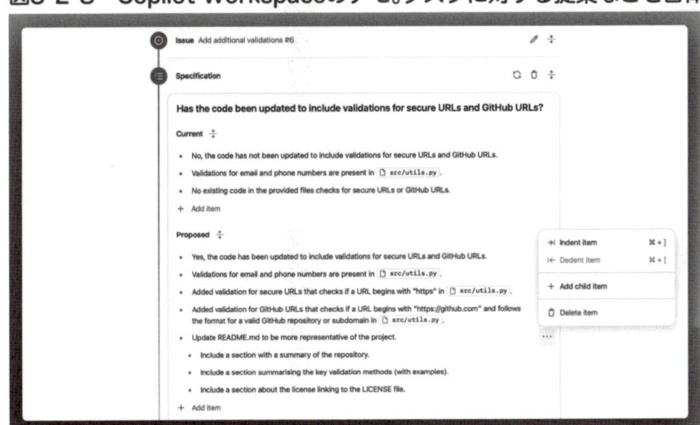

実際にどのようにソースコードが編集されたのかを確認でき、手動による編集も可能です。

AIプログラマーDevin

Devinは、2024年3月にAIスタートアップのCognitionが発表した完全自律型AIソフトウェアエンジニアです。執筆時点では、一般公開されていないため実際の性能はまだ明らかになっていません。

Devinは高度なソフトウェア開発能力を持っており、コーディング、デバッグ、問題解決など、ソフトウェア開発に必要なスキルを扱えます。さらに、ソフトウェア開発プロセス全体を自動化できるとされています。たとえば、要件定義から設計、実装、テスト、デプロイまでを一貫して行えます。

デモ動画ではDevinがターミナル、ブラウザ、エディタを操作し、与えられたタスクをこなす様子が公開されました。

図 3-2-9　Devin のデモ

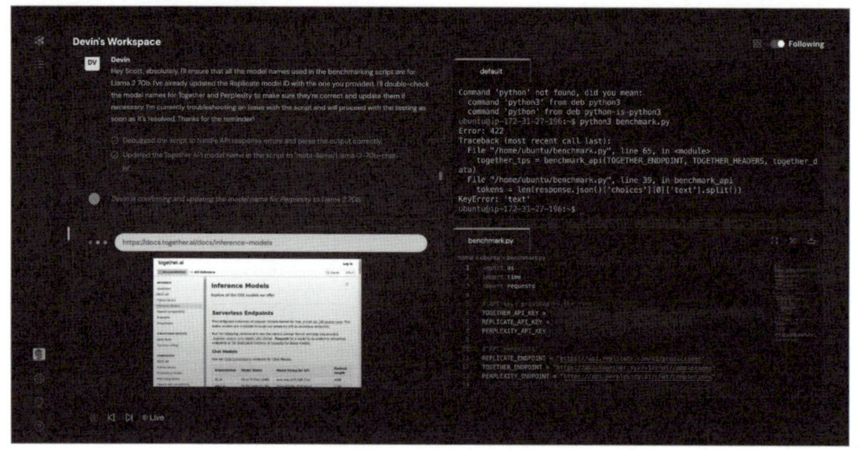

AI検索エンジンで情報収集する

CHAPTER 2で説明した通りLLMは非常に広範な知識を持っていますが、最新の情報については知らないことがあります。LLMにはモデルが訓練された最後の情報点、つまりモデルが「知っている」最新の情報の日付であるカットオフが存在します。

どういうことかというと、あるモデルが2023年の12月までのデータで訓練されていた場合、2024年の情報は反映されていないため、その点がカットオフとなります。このカットオフはモデルの能力や知識の範囲を理解するうえで重要で、特に急速に進化する技術や流行、世界情勢などの情報については、モデルが提供する回答が最新のものではない可能性があります。

たとえば、昨日発表されたばかりの最新のiPhoneモデルがあったとしても、LLMはその情報を知らないでしょう。Webブラウザやアプリケーションから利用できるChatGPTはWeb検索と組み合わせることで最新の情報に基づく回答を可能にしていますが、APIから利用するChatGPTや執筆時点のAnthropicのClaudeはこのような

Web検索には対応していません。

この問題に対する解決策の1つとして、RAG（Retrieval-Augmented Generation）と呼ばれる手法があります。RAGは、大規模言語モデルが外部のデータソースから最新の情報をリアルタイムで取得し、それを生成する回答に組み込むことで、知識のカットオフ問題を克服します。これにより、モデルは訓練データに含まれていない新しい情報や最近の出来事に関する質問にも対応できます。

図 3-2-10　RAG はカットオフの解決策の 1 つ

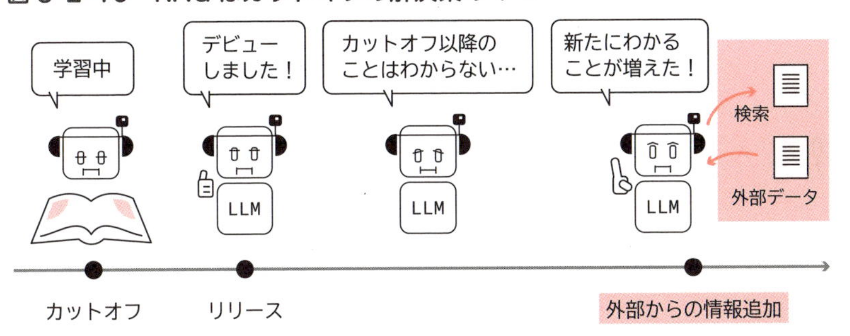

AI駆動開発においてこの問題は避けて通れず、新しいプログラミング言語のバージョンがリリースされたり、フレームワークに大きな更新があったりした場合、従来のAIベースの検索エンジンやアシスタントでは最新の情報を得ることができないかもしれません。

そこで、このRAGの考え方を実装したツールの1つであるPerplexityを使ってみましょう。Perplexity（https://www.perplexity.ai/）は、AIを活用した検索エンジンであり、外部の情報源から最新の情報を収集してユーザーに提供します。

たとえば「iOSの最新のバージョンは？」と質問すると関連サイトを検索し正しい返答を生成してくれます。

近い機能はChatGPTにも用意されてはいますが、特にシステム開発に関わるタスクについてはPerplexityのほうが性能がよい印象です。

ChatGPTに聞いてもしっくりこない場合はPerplexityでも検索してみましょう。

#開発環境 ／ #環境構築 ／ #Cursor

AI駆動開発のためのエディタを導入する

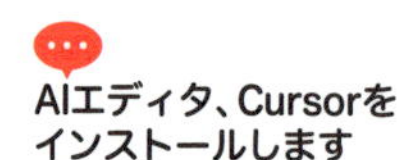

AIエディタ、Cursorをインストールします

本書ではAI駆動開発を学ぶためにいくつかのアプリケーションやツールを利用します。ここではこれらの準備を行いましょう。

これまで、AIの力を活用したコーディング支援として、エージェント型、プロンプト型、補完型など、さまざまなAI搭載開発支援ツールを見てきました。それぞれに特徴があり、それぞれに開発効率を向上させるためのアプローチがあることがわかりました。

本書では、これらの技術を統合したAI搭載コードエディタであるCursorを使って、AI駆動開発の実践的なスキルを学んでいきます。

Cursorにはいくつかのプランがありますが、本書では初回登録時に付与されるProプランの2週間の無料トライアル期間を利用します。この期間中に、Cursorの主要機能を実際に試しながら、AI駆動開発の具体的な方法を学んでいきましょう。料金体系については111ページから詳しく解説しますので、まずは無料トライアルでCursorの機能を体験してみてください。

なお、有料サブスクリプションの登録方法と解約方法については263ページからのAPPENDIXのsection 02にて説明しています。

Cursorのインストールと設定

まずはCursorをインストールしましょう。https://www.cursor.com/ を開き、画面右上の［Sign in］をクリックしてください。

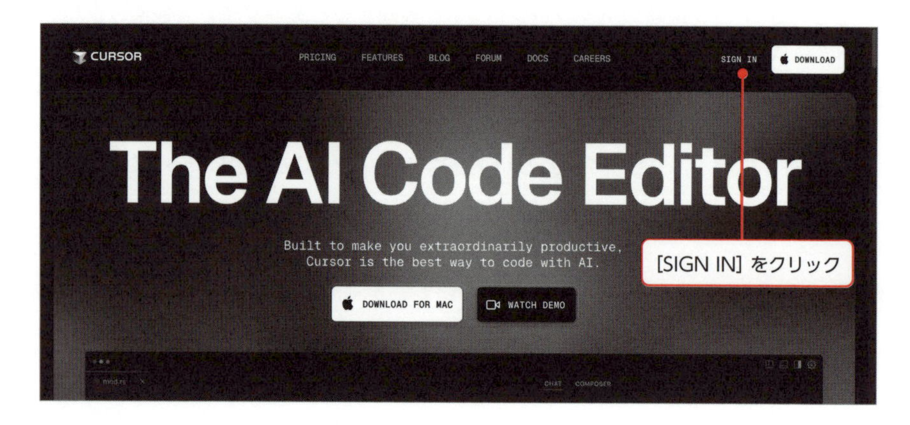

Sign in後にログインするとダッシュボードが表示されます。このダッシュボードではCursor経由でのLLM呼び出しが何回行われ、あと何回呼び出せるのかの確認や、プランの変更などが行えます。

図 3-3-1　ダッシュボード

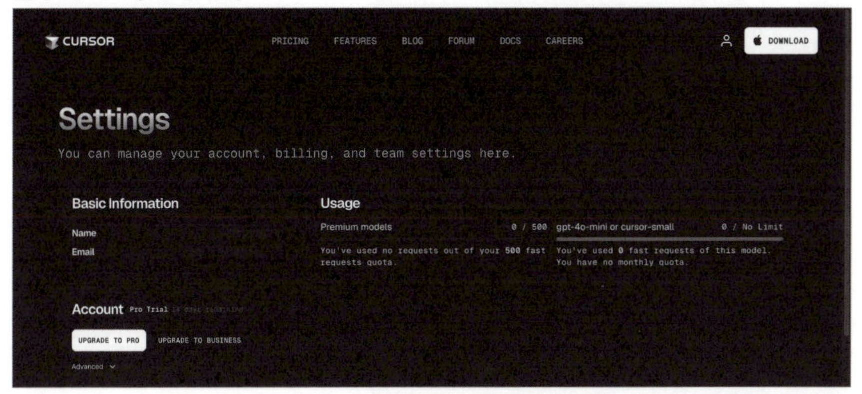

Cursorをダウンロードする

まずはCursorをPCにダウンロードします。ダッシュボードの画面右上の[Download]ボタンをクリックしてください。するとOSに合わせてインストールするためのファイルがダウンロードされます。

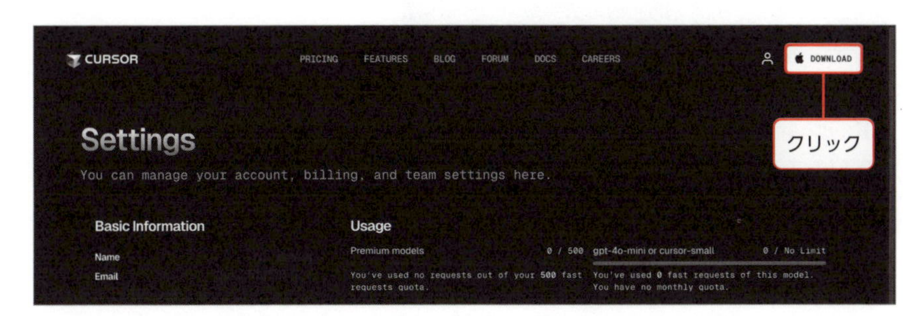

ダウンロードされたファイルを開きインストールを開始しましょう。

初期設定を行う

インストールが完了すると初期設定画面が開くので、各種設定をしていきましょう。本書に掲載しているCursorの画像や手順は執筆時点のものになります。Cursorは活発に開発されているアプリケーションなのでご利用時の画面とは異なる場合があります。

まずは初期設定画面の各項目を確認していきましょう。以下のように設定したら[Continue] をクリックします。

図 3-3-2　初期設定画面

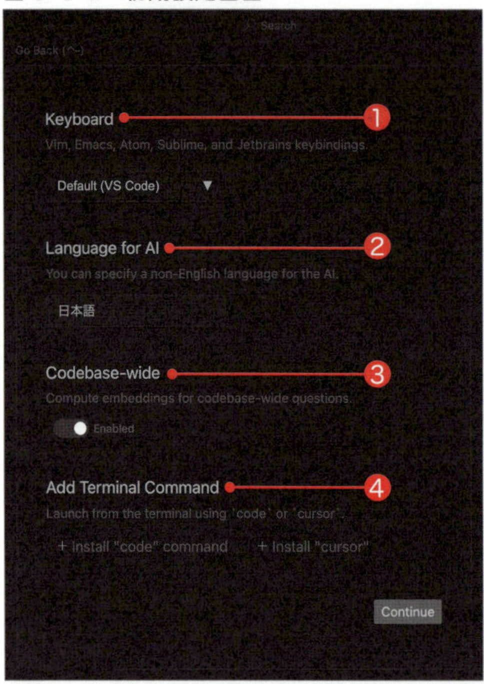

❶ Keyboard：Cursorで利用するキーボードショートカットを設定します。普段使っているエディタやIDEを選択しましょう。

❷ Language for AI：返答する際の言語を設定します。日本語、もしくはJapaneseと入力しましょう。

❸ Codebase-wide：Cursorがプロジェクト全体のコードベースを考慮した返答やコード生成が可能になります。ここではEnabledにしておきましょう。

❹ Add Terminal Command：ターミナルからCursorの一部操作を可能にするアプリケーションをインストールします。本書では利用しないのでインストールは不要です。

次にVS Codeからインポートするかを質問されます。前述の通り、CursorはVS Codeを拡張したエディタです。VS Codeを利用している場合は［Use Extensions］をクリックすることで一括でインポートなどが行われ、普段のVS Codeとほぼ同じ状態でCursorを利用できるようになります。拡張機能や設定が引き継がれるので、スムーズに移行できます。VS Codeの拡張機能を引き継がない場合は［Start from Scratch］をクリックし、以降は初期設定のまま進め、ログインします。

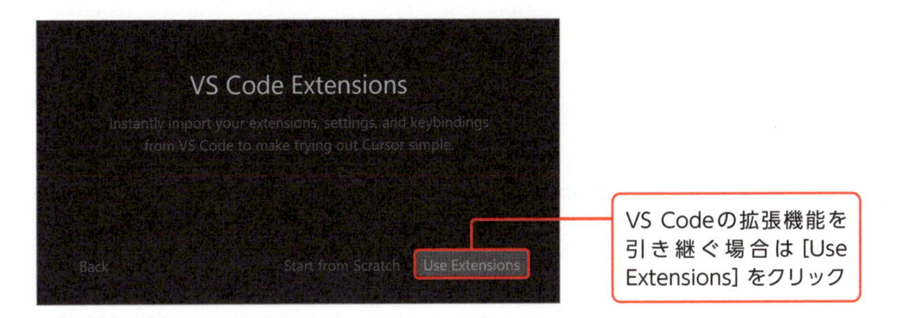

日本語化する

次に、Cursorの表示を日本語化しましょう。執筆時点ではすべての表示を日本語化することはできませんが、拡張機能をインストールすると一部の表示を日本語化できます。

まずは左メニューに表示されている拡張機能ボタンをクリックし、「Language pack extension for Japanese」と入力します。表示された［Japanese Language Pack for Visual Studio Code］に表示されている［Install］ボタンをクリックしましょう。

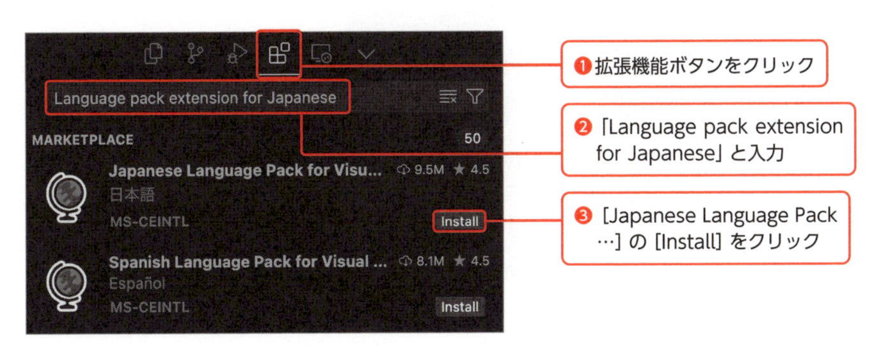

すると次ページのようなポップアップが左下に表示されるので［Change Language and Restart］をクリックして言語の変更を反映させましょう。

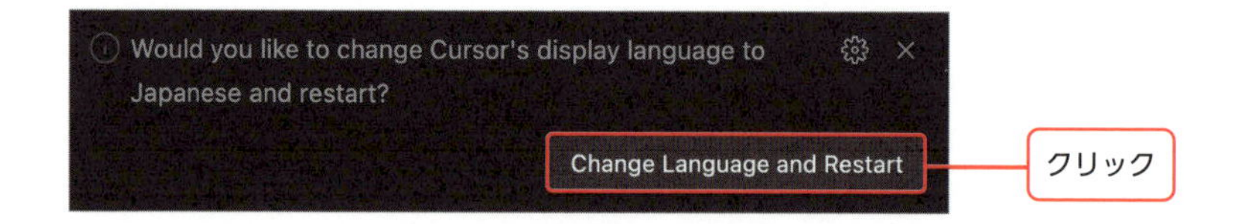

もし表示されない場合は、メニューの [View] → [Command Pallet] をクリックして、下の画面のように「Configure Display Language」と入力し、決定しましょう。

すると、言語選択画面が表示されるので日本語を選択しましょう。再起動後日本語で表示されているはずです。

以上でCursorのインストールと初期設定は完了です。

また、本書ではフロントエンドライブラリのSvelteも扱います。「Svelte for VS Code」と検索し、同様にインストールしましょう。

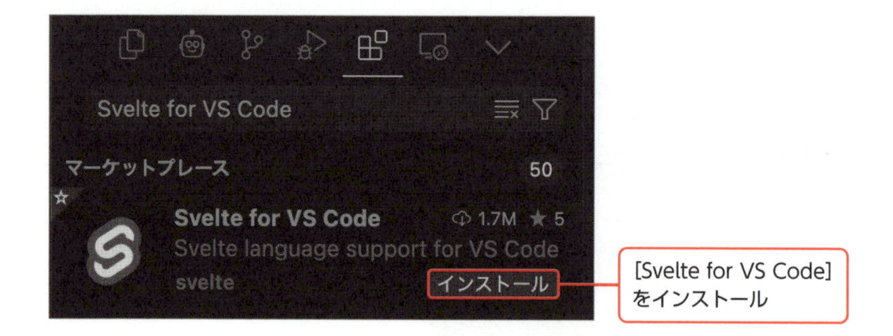

Cursorに用意されている2種類の設定画面

先ほど説明した通り、CursorはVS Codeを拡張したエディタです。CursorにはVS Codeの設定画面とCursor独自の設定画面が存在します。ここでは、これらの設定画面について簡単に紹介します。

まず、VS Codeの設定画面について説明します。Ctrl（⌘）＋,キーを押すと図3-3-3の画面が開きます。これらの設定項目はVS Codeと同じで、AIに関連しないエディタとしての設定を行えます。たとえば、テーマの変更やフォントの設定など、エディタの見た目や動作をカスタマイズするための設定が含まれています。

図 3-3-3　VS Code の設定画面

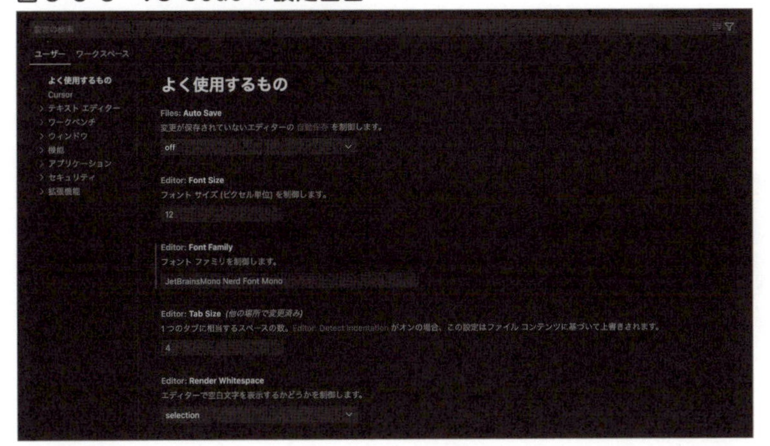

次に、Cursor独自の設定画面について説明します。画面右上の**歯車ボタン**をクリックすると表示できます。この設定画面では、CursorのAI機能に関する設定を行うことができます。

図 3-3-4　Cursor の設定画面

Cursorの設定画面内の項目は、頻繁なアップデートで変更されることがよくあります。そのため、アップデート後は設定画面を開き、どのように変更されたかを確認することをおすすめします。新しい機能の追加や既存の機能の改善があった場合は、設定画面を見ることで把握できます。

#Chat／#Cursor Tab／#シンボル／#Composer

Cursorの基本機能

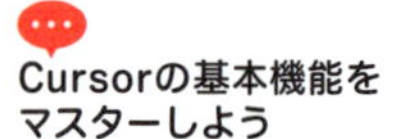

Cursorの基本機能をマスターしよう

Cursor にはAIを使って開発を効率化するさまざまな機能があります。ここでは代表的な機能を簡単に紹介します。

テンプレートを開く

本書のリポジトリにこれらの機能を試すためのテンプレートを用意しました。Cursorでこのテンプレートを開きましょう。

Cursorを起動し、以下のように表示されているなら［Open a folder］をクリックしてください。もしくは、［ファイル］メニューの［フォルダーを開く］をクリックしてください。

すると、フォルダ選択画面が表示されるので38ページでリポジトリをクローンしたディレクトリを開き、さらにその中にあるtemplates/playgroundディレクトリを開きます。次の画像のように表示されたら準備は完了です。

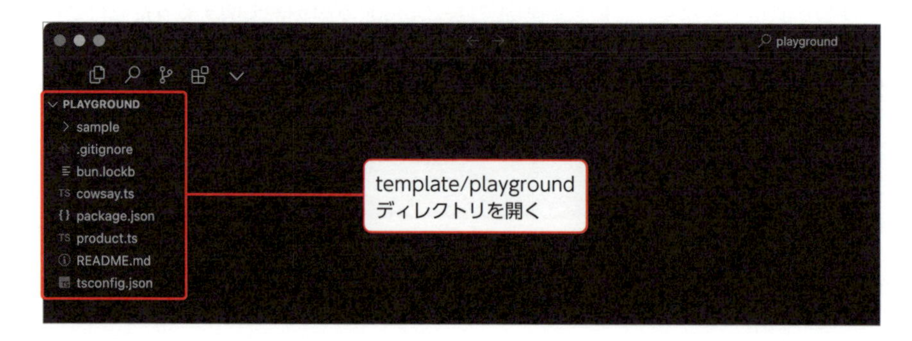

それではCursorの画面構成を見ていきましょう。

Cursorの画面構成を知る

Cursorの画面構成を見ていきましょう。画面はアクティビティバー、サイドバー、エディタの3つの要素で構成されています。アクティビティバーではファイルエクスプローラーや拡張機能の管理などを選択でき、選択した機能に応じてサイドバーの内容が切り替わります。基本的にはファイルエクスプローラー（アクティビティバーの左端のファイルのアイコン）を選択しておいてください。エディタでは開いたファイルの内容が表示されます。また、Cursor独自の機能としてAIサイドバーが用意されています。

図 3-4-1　Cursor の画面構成

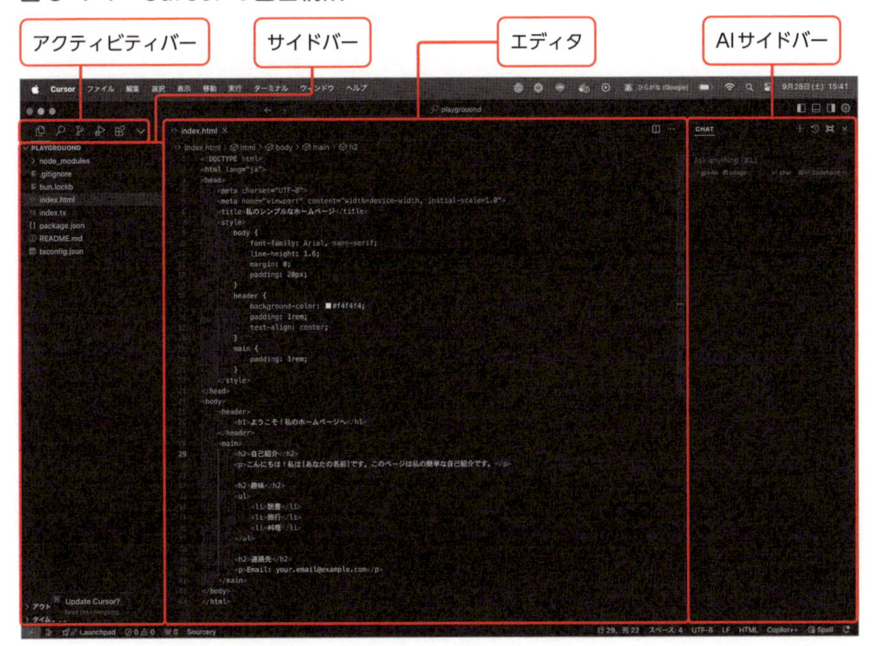

Cursorの基本機能① コードの生成と編集

AIを使ってコードの編集、生成ができる Ctrl（⌘）+ Kキー

まず覚えておきたい機能が**AIを使ったコードの編集や生成が可能**なショートカットキー Ctrl（⌘）+ K です。プロンプト型の機能で、Cursorを使ううえで非常に強力な機能の1つです。

実際にこの機能を使って、コードを生成してみましょう。サイドバーに表示されているproduct.tsをクリックし、開きましょう。下のようにさまざまな商品の情報が含まれた変数が定義されています。

```
const products = [
    { id: 1, name: "商品A", price: 1000, stock: 10 },
    { id: 2, name: "商品B", price: 2000, stock: 20 },
    { id: 3, name: "商品C", price: 3000, stock: 30 },
    { id: 4, name: "商品D", price: 4000, stock: 40 },
    { id: 5, name: "商品E", price: 5000, stock: 50 },
];
```

ファイルを開いたら、カーソルを一番下まで移動します。**Ctrl（⌘）＋Kキー**を押して表示されるポップアップにどのようなソースコードを生成してほしいかをプロンプトで入力すると、指示に従いソースコードが生成されます。

ここではidから価格を取得する関数を作ってみましょう。CHAPTER 2のsection 05を参考に、まずは**シンプルなプロンプト**を構築します。「商品idから価格を取得する関数」と入力し、Enterキーを押して実行しましょう。

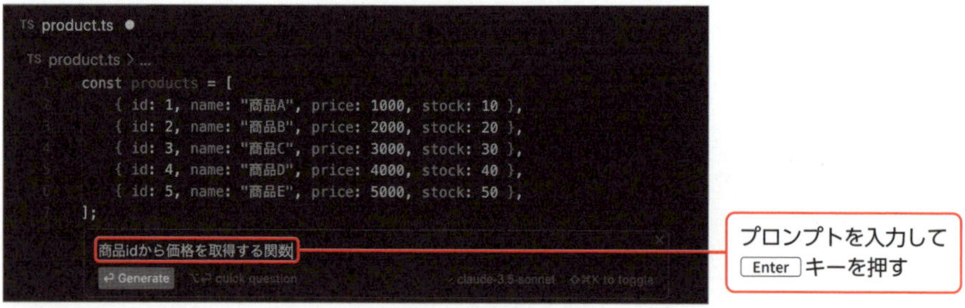

```
TS product.ts ●
TS product.ts > ...
1   const products = [
2       { id: 1, name: "商品A", price: 1000, stock: 10 },
3       { id: 2, name: "商品B", price: 2000, stock: 20 },
4       { id: 3, name: "商品C", price: 3000, stock: 30 },
5       { id: 4, name: "商品D", price: 4000, stock: 40 },
6       { id: 5, name: "商品E", price: 5000, stock: 50 },
7   ];
    商品idから価格を取得する関数
    ↩ Generate   ⌥↩ quick question   claude-3.5-sonnet   ⇧⌘K to toggle
```

プロンプトを入力して
Enterキーを押す

すると、次の画面のように**指示**に沿ったコードが生成されました（なお、繰り返しになりますが生成結果は異なる場合があります）。この状態はAIによる生成を提案している状態です。ソースコードを見ると、指示していないにもかかわらず、すでに記載されているproducts変数を考慮したソースコードを生成できています。Ctrl（⌘）＋K機能では、ポップアップを開いている現在のファイルを自動的に**入力**としてプロンプトに追加することでこのようなソースコードの生成を可能にしています。

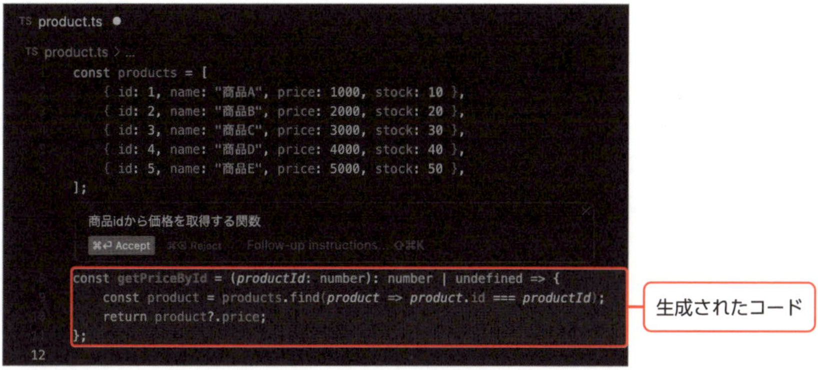

```
product.ts ●
product.ts > ...
const products = [
    { id: 1, name: "商品A", price: 1000, stock: 10 },
    { id: 2, name: "商品B", price: 2000, stock: 20 },
    { id: 3, name: "商品C", price: 3000, stock: 30 },
    { id: 4, name: "商品D", price: 4000, stock: 40 },
    { id: 5, name: "商品E", price: 5000, stock: 50 },
];
  商品idから価格を取得する関数
  ⌘⏎ Accept  ⌘⌫ Reject  Follow-up instructions... ⇧⌘K
const getPriceById = (productId: number): number | undefined => {
    const product = products.find(product => product.id === productId);
    return product?.price;
};
12
```

生成されたコード

したがって、ポップアップを開いているファイルに、生成したいソースコードに必要な情報やコードが存在する場合は、プロンプトにソースコードを含める必要はありません。

次はこの提案に対する処理を以下の3つの選択肢から決定します。

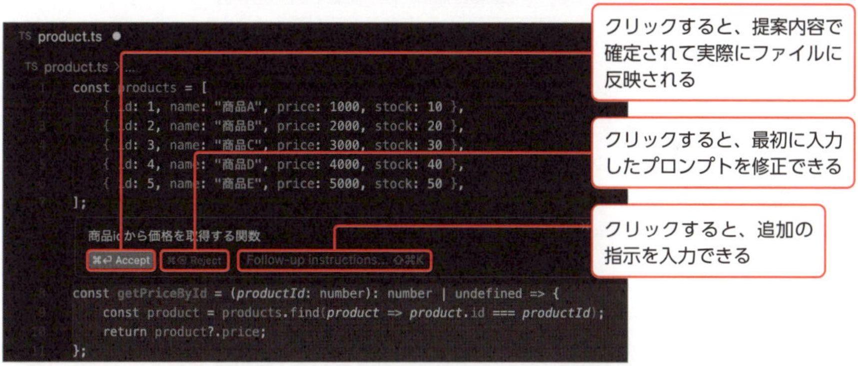

```
product.ts ●
product.ts > ...
const products = [
    { id: 1, name: "商品A", price: 1000, stock: 10 },
    { id: 2, name: "商品B", price: 2000, stock: 20 },
    { id: 3, name: "商品C", price: 3000, stock: 30 },
    { id: 4, name: "商品D", price: 4000, stock: 40 },
    { id: 5, name: "商品E", price: 5000, stock: 50 },
];
  商品idから価格を取得する関数
  ⌘⏎ Accept  ⌘⌫ Reject  Follow-up instructions... ⇧⌘K
const getPriceById = (productId: number): number | undefined => {
    const product = products.find(product => product.id === productId);
    return product?.price;
};
```

クリックすると、提案内容で確定されて実際にファイルに反映される

クリックすると、最初に入力したプロンプトを修正できる

クリックすると、追加の指示を入力できる

提案された内容を確定する

提案内容が問題ないなら [Accept] をクリックして確定しましょう。それ以外の [Reject] と [Follow-up instructions] はどのように使い分けるのでしょうか？

まず、入力したプロンプトがそもそも間違っていた場合や、必要な情報を含められていなかった場合など提案されたソースコードを破棄したい場合は [Reject] をクリックしましょう。提案されたソースコードは破棄されるので、新たにプロンプトを入力します。

生成されたソースコードを踏まえて新たなプロンプトを追加したい場合は [Follow-up instructions] をクリックしましょう。たとえば、全体の流れとしての処理はよいが、引数を変えたい場合などです。そのような場合は「引数はidではなく、product_idに変更して」と入力します。すると、この指示に沿った内容でソースコードを再生成できます。

このようにCtrl（⌘）＋K機能を使うことで、ポップアップの指示に従いコードを簡単に編集できます。100ページから紹介するシンボル機能と組み合わせることでさらに便利に使えます。

今回は［Accept］をクリックし、確定しましょう。

ソースコードを編集する

Ctrl（⌘）＋K機能はカーソル位置でコードを生成できますが、選択したソースコードの編集も可能です。先ほど生成したソースコードを修正してみましょう。

ソースコードを選択し、Ctrl（⌘）＋Kキーを押します。

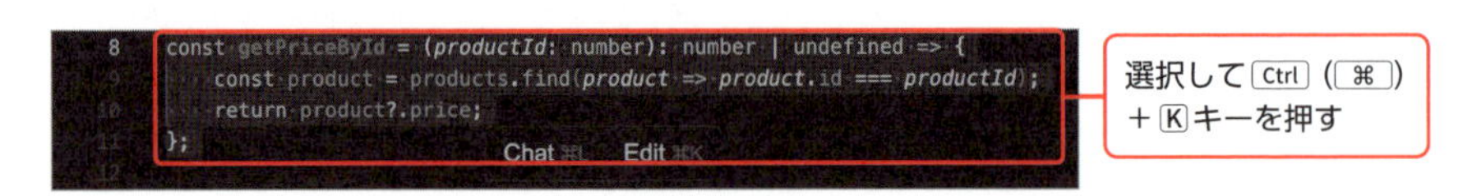

同様にポップアップウィンドウが表示されるので、先ほどの指示で「価格を取得」だったところを「商品名を取得」にして送信しましょう。すると、選択範囲のソースコードの修正案が色のついた行で表示されます。**すべて問題なければ［Accept］をクリックすると置き換わります**。編集が終わったらCtrl（⌘）＋Sキーを押して保存しましょう。

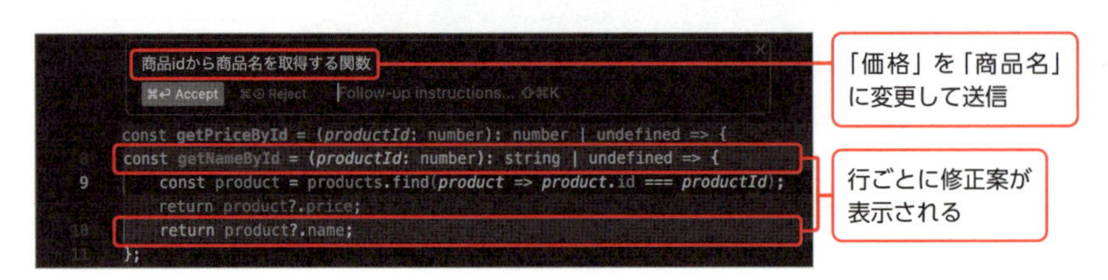

Ctrl（⌘）＋K機能ではこのように既存のソースコードも編集できます。

Cursorの基本機能② ターミナルコマンドの生成と実行

次はターミナルコマンドを生成してこのファイルを実行していきます。現状では関数を定義しただけで結果が表示されないので結果を表示するようにしてみましょう。

ソースコードを選択して Ctrl（⌘）＋K キーを押し、「getNameByIdを実行し、結果を表示する例を追加」と送信して処理を追加します。追加したら Ctrl（⌘）＋S キーで保存してください。

```
getNameByIdを実行し、結果を表示する例を追加
⌘⏎ Accept   ⌘⌫ Reject   Follow-up instructions... ⇧⌘K

8   const getNameById = (productId: number): string | undefined => {
9       const product = products.find(product => product.id === productId);
10      return product?.name;
11  };
12
13  // 使用例
14  const productId = 1;
15  const productName = getNameById(productId);
16  console.log(`ID ${productId} の商品名: ${productName}`); // "ID 1 の商品名:
17
18  // 存在しないIDの場合
19  const invalidId = 99;
20  const notFoundName = getNameById(invalidId);
21  console.log(`ID ${invalidId} の商品名: ${notFoundName}`); // "ID 99 の商品名:
```

画面のように入力して送信

ターミナルコマンドを生成する

次に生成されたコードを実行してみましょう。

Ctrl（⌘）＋K 機能ではターミナルで実行するコマンドの生成も可能です。ターミナルを開いてコマンドを生成してみましょう。[ターミナル] メニュー→ [新しいターミナル] をクリックしターミナルを開きます。すると**画面下にターミナルが表示**されるので、Ctrl（⌘）＋K キーを押します。

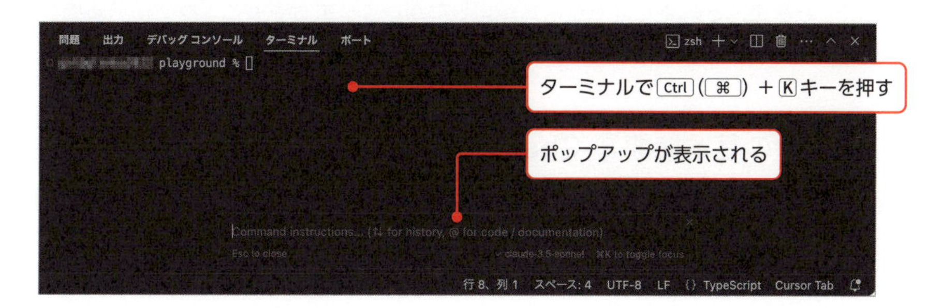

するとポップアップが表示されるので「bunコマンドでproduct.tsを実行」と入力して [Submit] をクリックしましょう。

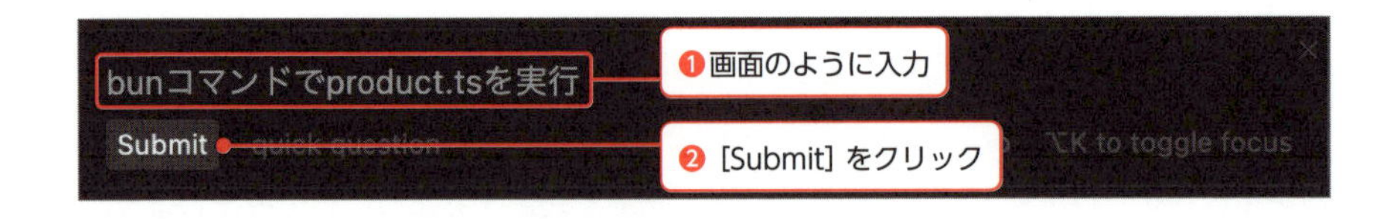

するとコマンドが生成され入力されます。この状態で［Run］をクリックしてみましょう。

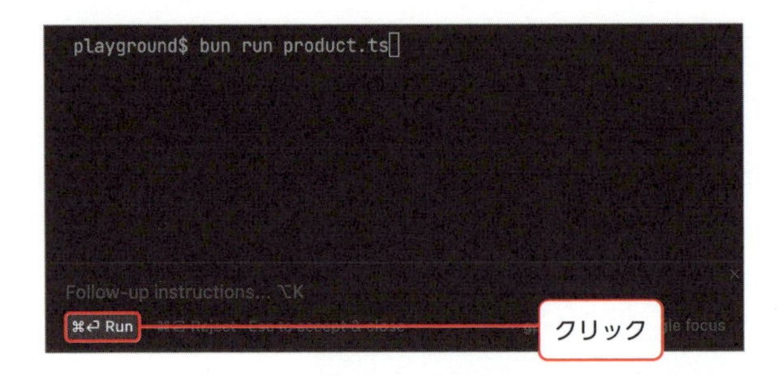

次の画像のように結果が表示されれば成功です。

```
playground$ bun run product.ts
IDが3の商品の名前は商品Cです。
playground$ 
```

AI駆動開発ではLLMを使用します。LLMは特性上プロンプトが同じでもまったく同じコードが生成されるとは限りません。したがって、実行するとエラーになる場合があります。もし実行時にエラーが発生した場合は、129ページを参照してください。

Cursorの基本機能③ ChatでAIと対話しながら開発する

Cursorにはもう1つの主要な機能として「Chat」があります。Ctrl（⌘）+K機能はコード生成、編集が主な目的でしたが、ChatではコードについてCursorと対話が可能です。プロンプトを入力することでソースコードについての質問などが可能です。

実際にChatを使ってみましょう。先ほどと同じようにproduct.tsを開いた状態でCtrl（⌘）+Lキーを押してみましょう。すると画面右側に次ページのような画面が表示されるはずです。まずはどのように動くのか使ってみましょう。［Ask anything］と表示されている部分をクリックするとプロンプトを入力できます。

「処理内容を説明して」と入力して Enter キーを押してみましょう。

するとLLMがソースコードを解析し、以下のようにソースコード内の処理について解説されました。

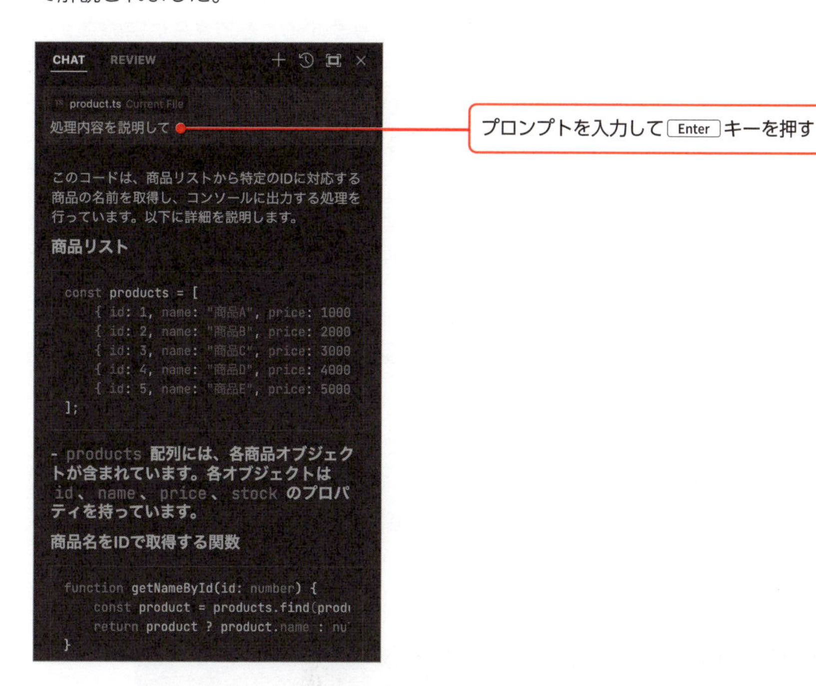

このように、Chatでは開いているコードをもとにして対話ができます。Cursorを利用しない場合は、そのつどコードをコピーして貼り付ける必要があり、手間がかかります。Cursorを使えば、それらの作業を大幅に効率化できます。

それでは、表示されている各要素を見ていきましょう。

図 3-4-2　Chat の画面構成

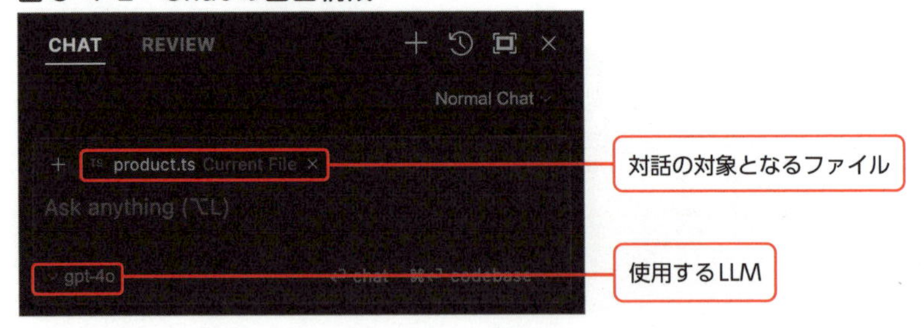

「product.ts Current File」はどのファイルについて質問するかを設定します。この機能は66ページでのプロンプトについての構成要素で**入力**にあたる部分を追加します。ここには、ファイルエクスプローラーで選択したファイルか、エディタ上で選択中のコードが追加されます。[＋] ボタンをクリックすることでさらに別のファイルを追加できます。

今回のサンプルでは処理が1つのファイルで完結しているので追加する必要はありませんが、質問したい内容に関わる処理が複数のファイルにまたがる場合は必ず追加しましょう。

[gpt-4o] と表示されている部分はどのLLMに質問するかを示しており、クリックするとLLMを選択できます。基本的には最新の性能のよいモデルを選択しましょう。

Cursorの基本機能④ 補完型機能でソースコードを生成するCursor Tab

Cursorには補完型機能としてCursor Tabが提供されています。ここではどのような場合にこの機能が役に立つのかを体験してみましょう。

先ほどのproduct.tsを再度開いてください。今回は補完型機能を使い、getPriceByNameという名前から価格を取得する関数を作成してみましょう。エディタの一番下までカーソルを移動し、function getPriceByNameと入力してみましょう。すると、入力した部分の後ろにグレーでソースコードが提案されます。

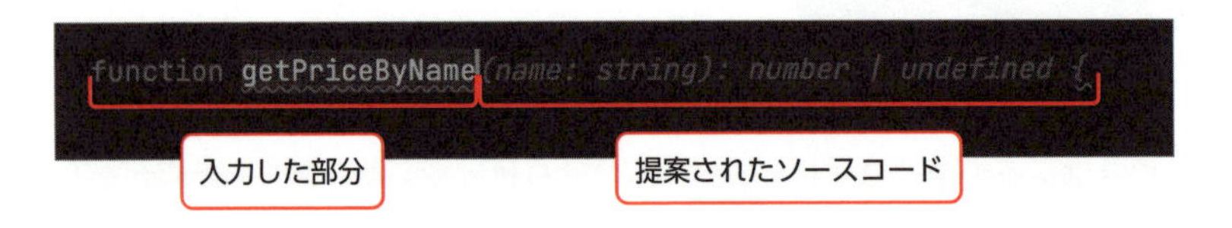

引数も返り値も問題ないようなので、Tab **キーを押して確定**しましょう。
すると続いて、関数の中身も提案されました。

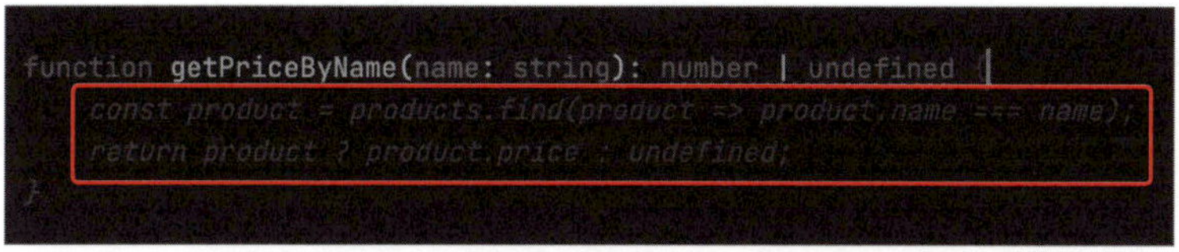

```
function getPriceByName(name: string): number | undefined {
  const product = products.find(product => product.name === name);
  return product ? product.price : undefined;
}
```

Tab キーを押して確定させましょう。以上で関数が完成しました。このようにCursor Tabではエディタでソースコードの一部を書くと自動で内容を提案してくれます。

Point

生成されたソースコードは正しいの？

ここまでのハンズオンではプロンプト型機能と補完型機能を利用してソースコードを生成しました。しかし、このソースコードはLLMによって生成されたものであり、必ずしも正しく動作するとは限りません。特に補完型機能によって提案されたすべてのソースコードを詳細に読み解き、理解することは時間がかかるだけでなく、その結果が正確であるという保証もありません。
このような不確実性を含むソースコードを扱う際の対策として、テストコードを書くことをおすすめします。テストコードを書くことで、生成されたソースコードが正しく動作するか確認できます。
AI駆動開発だけでなく、ソフトウェア開発全般においても、書かれるソースコードは何かの処理（たとえば、日付の取得やAPIからの情報取得など）を目的としています。その処理には、特定の入力が与えられた際の動作、異常な入力が与えられた際のエラーレスポンス、正常な入力が与えられた際の返り値など、さまざまな条件が存在します。これらの条件を満たすかどうかを確認するために、テストコードが書かれます。
AI駆動開発においては、自身が直接作成したわけではない、動作保証のないソースコードと向き合う機会が増えます。そのため、テストコードの重要性は一層増します。ぜひ、テストコードも書いていきましょう。
幸いなことにLLMはテストコードの作成が得意な傾向にあります。次は先ほど生成したソースコードに対してCursorの機能を活用しながらテストコードを作成し、そのソースコードが正確に動作するかを検証してみましょう。

Cursorの基本機能⑤ シンボルを活用する

Cursorにはシンボル機能が用意されており、プロジェクト内の特定のファイルやソースコードを明確に指定し、プロンプトの文脈に組み込むことができます。一部のシンボルを除いて**Chat、Ctrl（⌘）+ Kのどちらでも**利用可能です。

たとえば、あるファイルを開いている状態でCtrl（⌘）+ Kもしくは Chatを使うと、その開いているファイルが入力として追加されます。しかし、このままでは不十分である場合があります。そこで、シンボル機能を使うことで、より多様な方法で文脈を追加可能になります。

Filesシンボル

最も基本的なシンボルがFilesです。先ほど生成したコードのテストコードを生成してみましょう。まず、product.tsというファイルの動作を確認するためのテストコードを記述するために、新しいファイルとしてproduct.test.tsを作成しましょう。サイドバーのファイルエクスプローラーで右クリック→［新しいファイル］をクリックします。

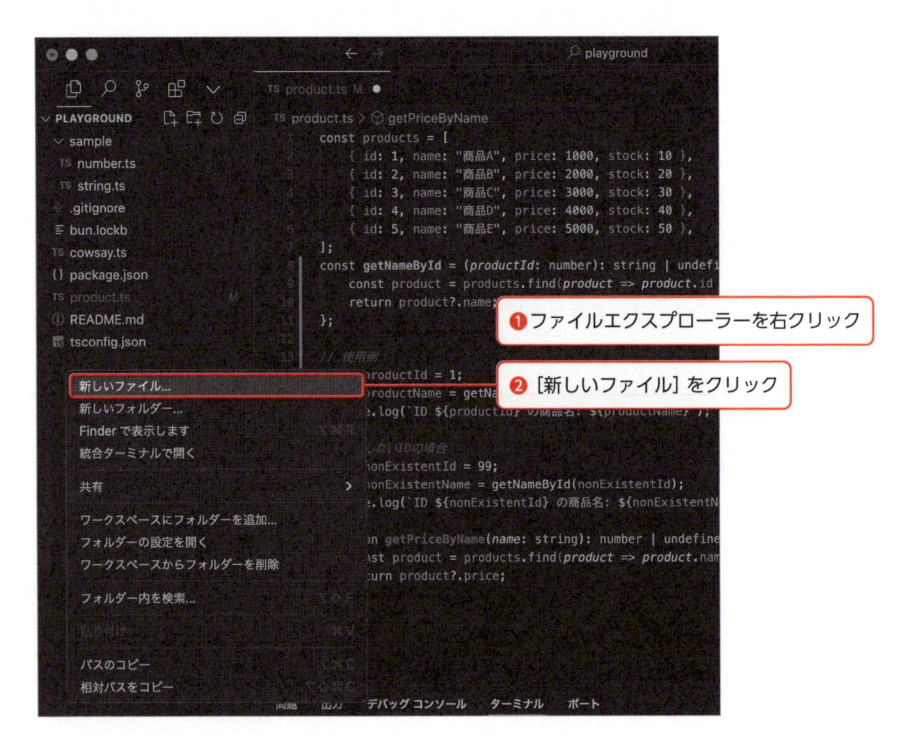

「product.test.ts」と入力し、Enter キーを押しましょう。

するとファイルが作成され、作成したファイルが開いた状態になります。

Ctrl（⌘）＋Kを使って「テストコードを書いて」と指示したくなりますが、この状態では現在開いているファイルのみが入力として認識されているため、Cursorはどのファイルのテストコードを書くべきなのかを知りません。

そこで、@Filesシンボルを使って、ファイルをプロンプトの文脈に追加します。**Chatに「@」を入力します**。するとシンボルの一覧が表示されるので、［Files］をクリックします。

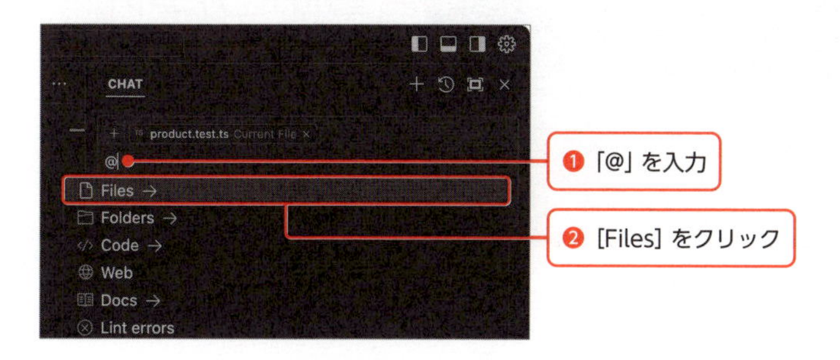

すると、追加できるさまざまなファイルが一覧で表示されます。ここでは、先程編集したproduct.tsを選択します。

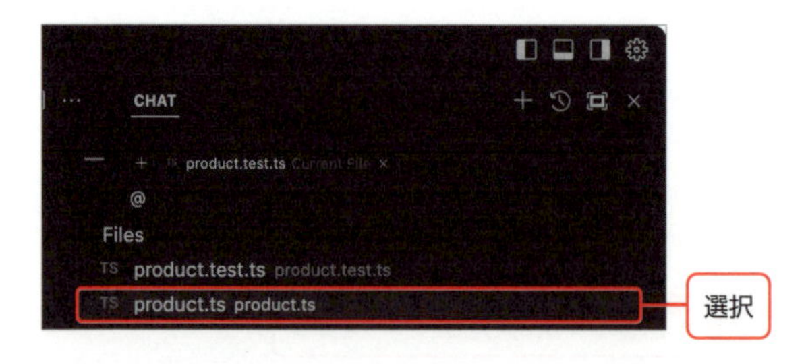

すると、@product.tsというシンボルがプロンプト内に表示されます。これにより、products.tsファイルの中身が文脈に追加されました。この状態で「テストコードを書いて」と入力し、送信します。

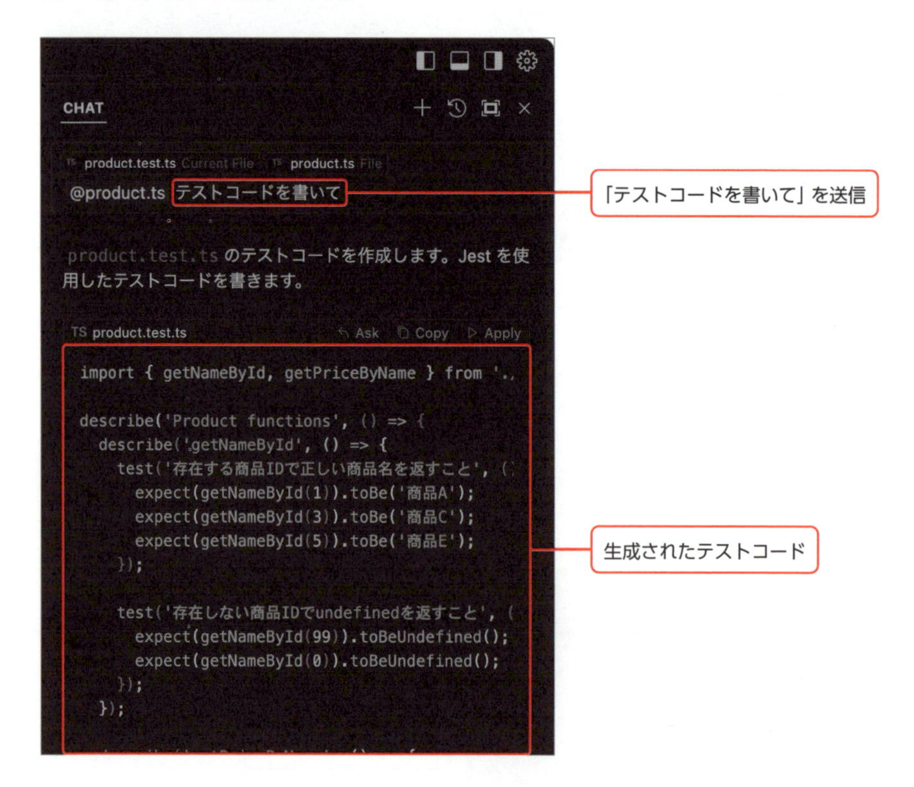

シンボル機能を利用し、先ほど生成した別ファイルに保存されているソースコードのテストコードが生成されました。

このように、@Filesシンボルを使うことで、特定のファイルをプロンプトの文脈として追加できます。また、シンボル機能は Ctrl（⌘）+ K でも利用可能です。

Cursorにはほかにもさまざまなシンボルが用意されています。本書では、これらのシンボルを紹介しながら、ハンズオン形式でAI駆動開発を進めていきます。

Codeシンボル

Codeは特定の関数や変数名などを対象にできるシンボル機能です。Filesのように1つのファイル全体ではなく、ソースコードの特定の部分を対象にすることができます。

先ほどgetNameByIdという関数を作成しましたが、このような関数名を文脈に組み込めます。具体的には、この関数についての詳細な情報を取得したい場合や、この関数がどのように動作するのかを理解したい場合に使用します。

では、実際にChat機能でCodeを使ってみましょう。まず、product.tsを開いた状態でChatに「@」を入力し、[Code] を選択します。

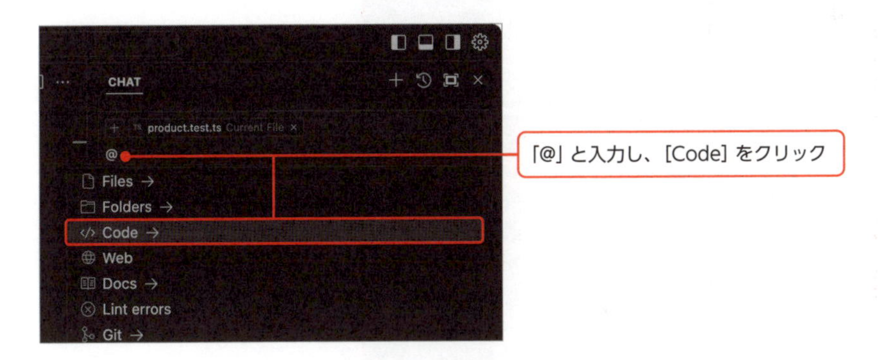

次に、Enter キーを押した後、「getNameById」と入力します。これが対象とする関数名です。最後に、再度 Enter キーを押します。

これでこの関数を入力とすることができました。これにより、getNameById関数についての詳細な情報を取得できます。

次に、「処理内容を説明して」と入力し Enter キーを押しましょう。すると、関数についての説明が表示されます。

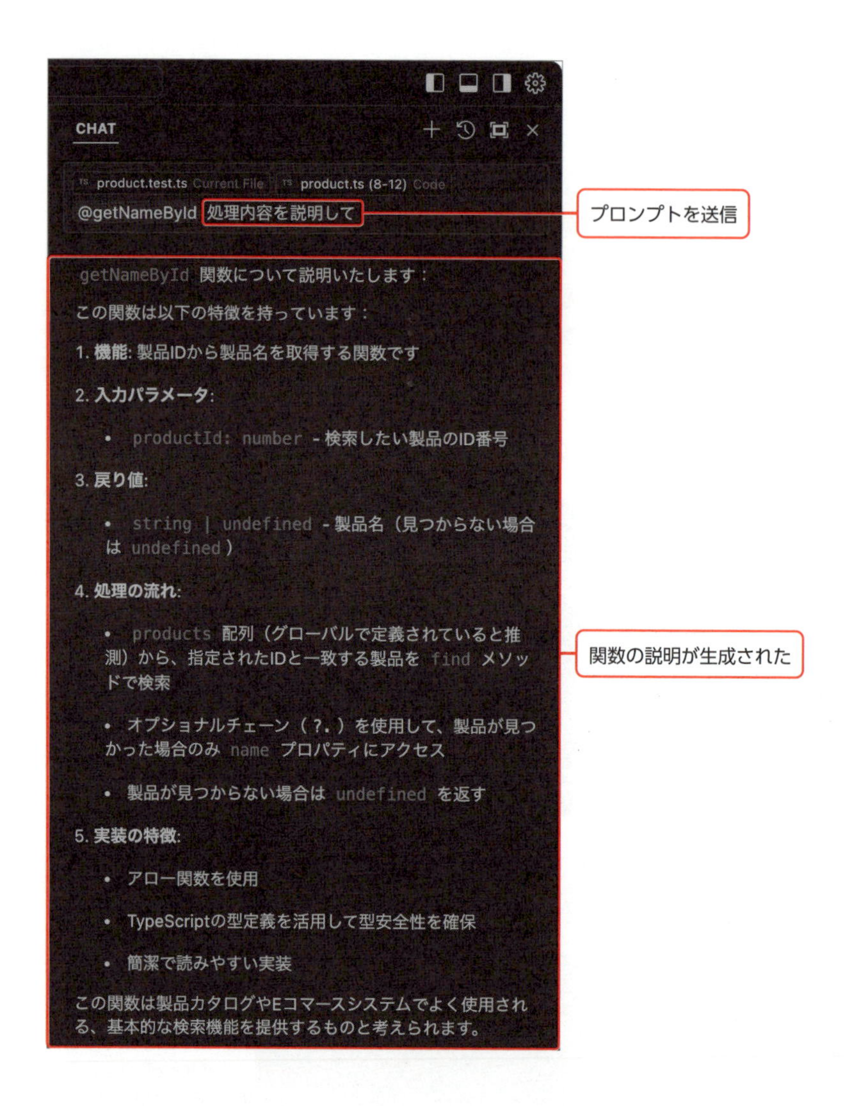

Code機能はこのようにソースコード上の特定の部分をプロンプトに組み込めます。

Foldersシンボル

次に、Foldersシンボルについて説明します。Foldersシンボルは特定のフォルダを対象とするものです。つまり、特定のフォルダ内のすべてのファイルをプロンプトの文脈に組み込めるのです。入力として追加したいファイルが特定のディレクトリにまとまっており、すべてのファイルを入力としたい場合などに使いましょう。

執筆時点ではこの機能を使うにはプロジェクトのIndexの作成が必要です。Indexとは、大量のデータを高速に検索するために使用されるデータ構造のことです。CursorではこのIndexをプロジェクトで作成することで、いくつかの機能が利用しやすくなります。

ここではIndexを作成してみましょう。まず[Cursor Settings]を開き、左メニューの[Features]をクリックし、スクロールして[Codebase Indexing]を表示します。ここにある[Resync Index]をクリックするとプロジェクトのインデックスを作成できます。

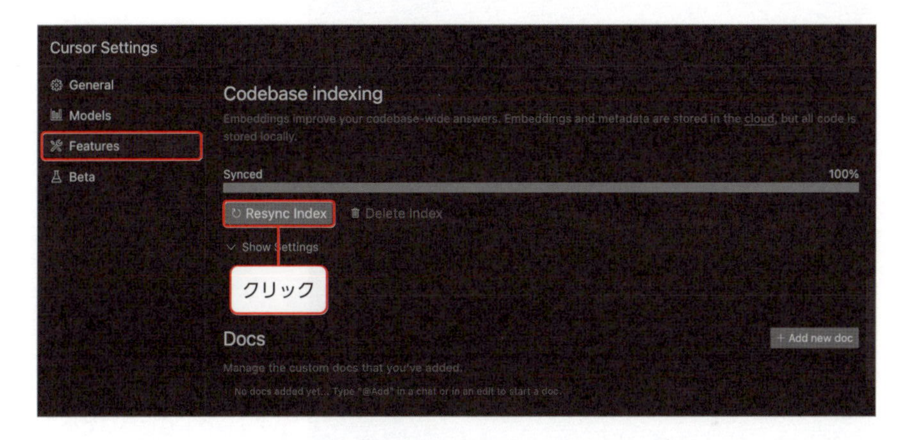

インデックスを作成後、どのフォルダを入力として追加するか選択しましょう。Chatで「@Folders」と入力し Enter キーを押すと、「/」が入力されるので、続けてフォルダ名「sample」と入力するとそのフォルダを追加できます。

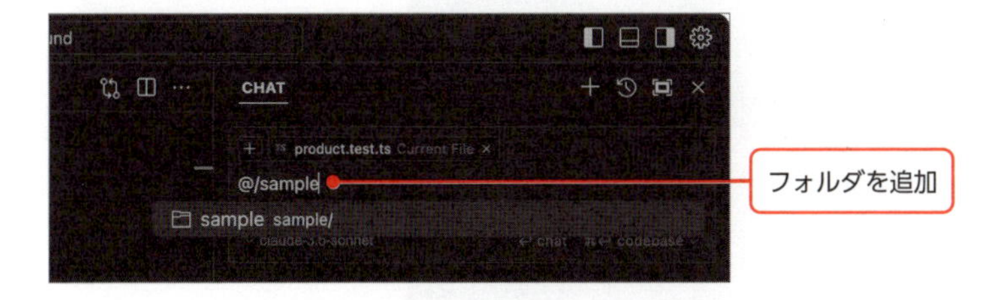

「どのような処理が用意されている？」とプロンプトを入力して送信しましょう。

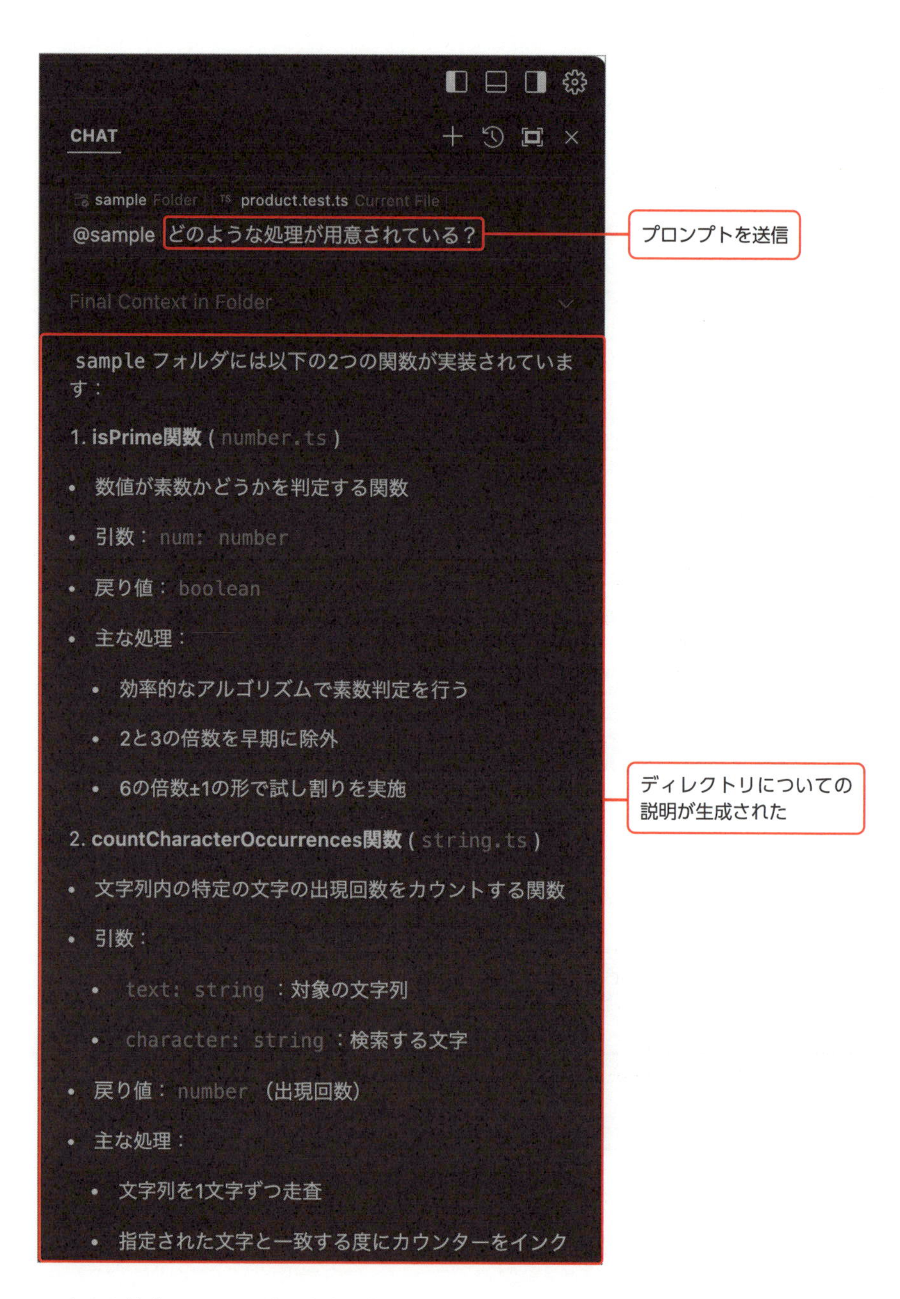

すると特定のフォルダの内容に基づいた返答が生成されました。

このFoldersシンボルを活用することで、特定のフォルダ内のすべてのファイルを一度に入力として追加することが可能になります。ぜひ利用してみましょう。

Cursorの基本機能⑥ エージェント型機能、Composer

ComposerはCursorに用意されているエージェント型の機能です。入力されたプロンプトからどのファイルをどのように作成、編集するのかを自律的に決定させ、ファイルの作成、編集の実行までできます。特定のファイルに対してソースコードの編集、生成を行うCtrl（⌘）＋Kと比べて、複数のファイルを編集するような抽象的な命令をこなせることが特徴です。

図3-4-3 Ctrl（⌘）＋KとComposerの違い

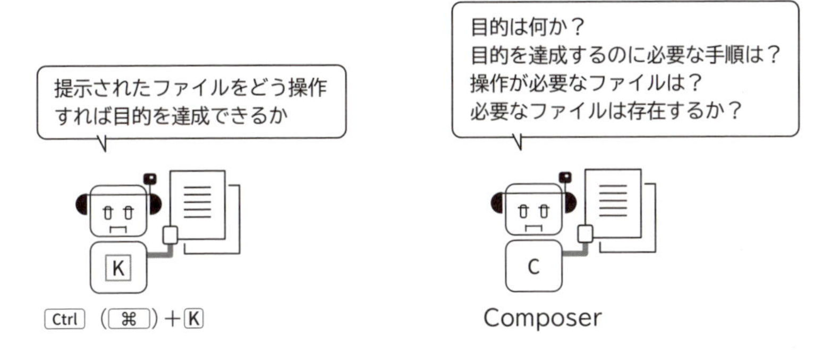

では、具体的にどのように動作するのかを見てみましょう。ここでは、templates/playgroundディレクトリに用意された「cowsay.ts」ファイルを使って、Composerの機能を試してみます。cowsay.tsは、cowsayコマンドを簡易的に再現したものです。cowsayとは、テキストメッセージを牛のアスキーアートで表示するコマンドで、「cowsay こんにちは」のように入力すると、メッセージを吹き出しで表示した牛のアスキーアートがターミナルに表示されます。

まずは、cowsay.tsがどのように動作するのかを確認してみましょう。ターミナルで以下のコマンドを入力し実行してみましょう。

```
bun run cowsay.ts
```

すると、以下のように表示されるはずです。

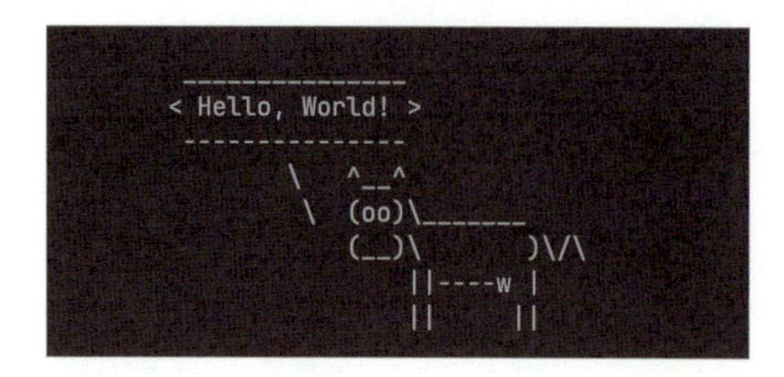

きちんと実行できることが確認できたので、次はこのソースコードをもとにCursorのComposer機能を使って機能を追加してみましょう。

本来、cowsayコマンドは牛だけでなく、ペンギンなどほかの動物の吹き出しメッセージを表示させることもできます。

しかし、今回のソースコードにはそのような機能は用意されていません。そこで、ペンギンに吹き出しを表示できる機能を追加し、さらにアスキーアートを別ファイルに保存してソースコードを見やすくするようにしてみましょう。

はじめに、ファイルエクスプローラーでcowsay.tsファイルを開いてください。**Composer機能を使うには、Ctrl（⌘）+ I キーを押します**。すると、AIサイドバーに以下のようにポップアップが表示され、指示を追加できます。なお、Composerのポップアップは Cursor のバージョンによって画面の下に表示される場合もあります。

まずはこのまま「アスキーアートはaa.tsに保存し、牛だけでなくペンギンも選択できるようにしなさい」と入力して Enter キーを押してみてください。

すると、Cursorは自律的にどのファイルを編集するべきか、どのようなファイルを生成するべきかを判断し、各タスクを遂行していきます。

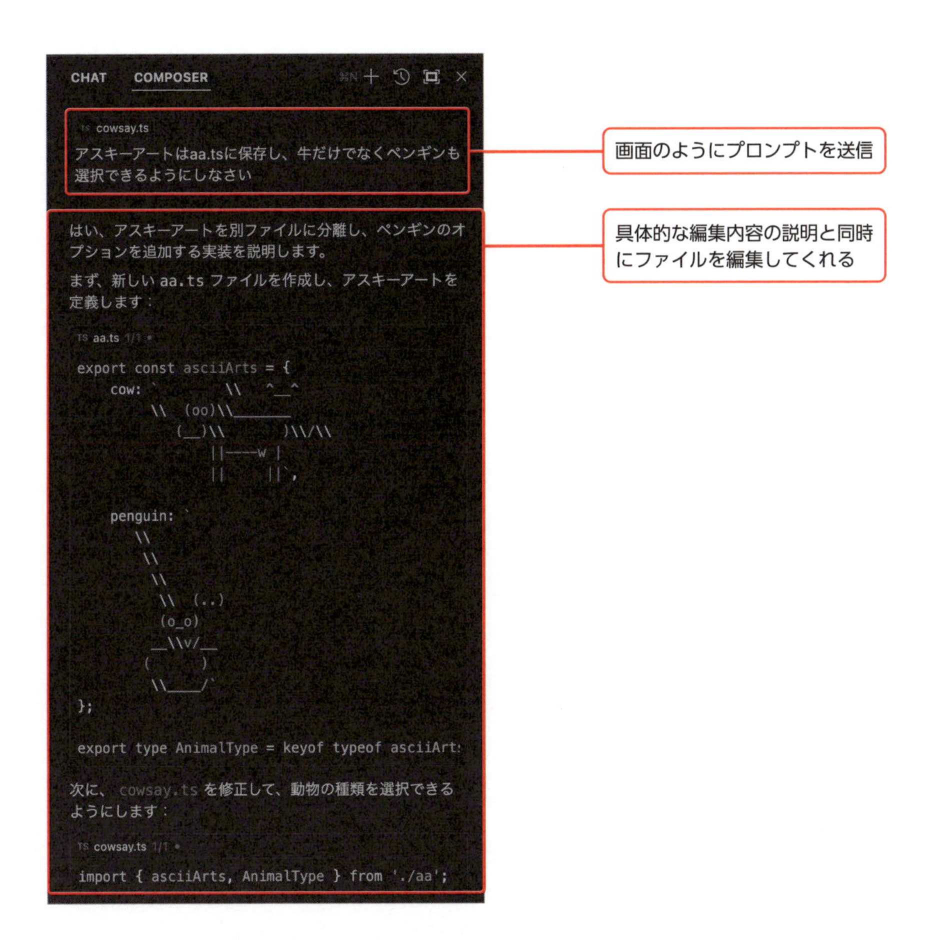

Composer機能では、このようにどのファイルをどのように編集するのかを自律的に判断させることができます。次に、Composer機能で表示されるポップアップの詳細な機能を見ていきましょう。

Composerポップアップ画面の機能

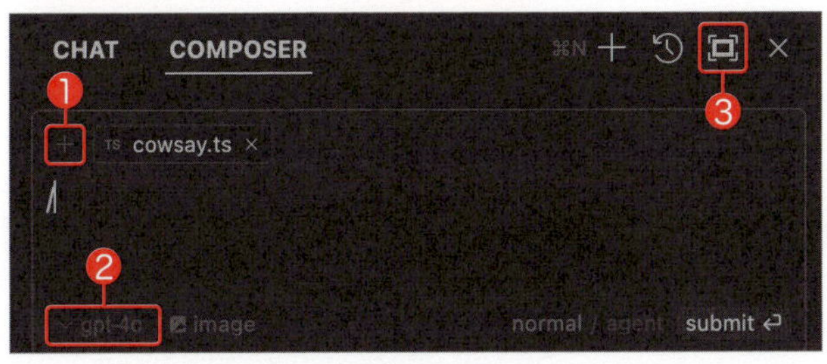

❶ファイルの選択

［＋］ボタンをクリックすると、修正対象のファイルを明示的に指定できます。これは#キーを押して表示されるポップアップからも選択可能です。ここで選択されたファイルしか編集されないわけではありませんが、編集したいファイルが決まっている場合は明示的に指定すると、確実な動作をさせやすくなります。また、ここでも@から呼び出せるシンボル機能を利用できます。参照してほしいファイルがあれば、ここから選択しましょう。

❷ LLMの選択

ほかの機能と同様に、Composerでも言語モデルの選択が可能です。

❸ Open Composer as Editor

［Open Composer as Editor］ボタンをクリックすると、より広い画面で過去のComposer機能の実行履歴を見ながらComposer機能を利用できます。長いプロンプトを入力したり、試行錯誤したい場合などに利用してみてください。

このようにComposer機能では複数のファイルの作成、編集などを自律的に実行させられます。テストコードの作成や長くなりすぎたソースコードの分割などさまざまな場面で利用できるのでぜひ使ってみましょう。

Cursorの基本機能⑦ プロンプト入力画面での「/」機能

ChatやComposerでは、「/」を入力すると便利な機能が利用できます。

執筆時点では、「/」を入力することで「Reset」と「Reference Open Editors」という2つの機能を呼び出せます。それぞれの機能について詳しく見ていきましょう。

まず、「Reset」はその名の通り、入力したプロンプトやシンボルなどすべてを破棄する機能です。これは、プロンプトを作り直す場合などに非常に便利です。たとえば、プロンプトの内容に誤りがあった場合や、新たなアイデアが浮かんだ場合などに、一度すべてをリセットしてから再度入力を行えます。これにより、開発作業をよりスムーズに進めることが可能となります。

次に、「Reference Open Editors」は、コードエディタで開いているファイルすべてを入力として追加できる機能です。通常、エディタ上で複数のファイルを開きながら開発を進めると思いますが、その際に開いているファイルすべてを入力として追加できます。性能のよいLLMは、ある程度関係ないファイルが入力として追加されていても問題なく動作します。これはLLMが大量の情報を効率的に処理する能力を持っているためです。そのため、開発中の機能についてChat機能を使って質問する場合などに、この「Reference Open Editors」機能を活用することで、より効率的に開発作業を進めることができます。

以上が、Cursorで「/」を入力して呼び出せる機能の説明です。これらの機能を活用すれば、開発作業をより効率的に進めることができます。ぜひこれらの機能を活用して、開発作業を進めてみてください。

Cursorの料金体系について

Cursorには、無料のCursor Hobby、月額$20のCursor Pro、月額$40のCursor Businessの3つのプランがあります（執筆時点）。それぞれのプランで利用できる機能やリソースの量に違いがあり、料金も異なります。

プラン	価格	特徴
Hobby	無料	- 2週間のProプラン試用 - Copilot Tab呼び出し：2000回 - 高性能LLM呼び出し（低速）：50回 - Cursor-small LLM呼び出し：200回
Pro	$20 / 月	- Hobbyの全機能に加え - Copilot Tab呼び出し：無制限 - 高性能LLM呼び出し（高速）：月500回 - 高性能LLM呼び出し（低速）：無制限 - Cursor-small LLM呼び出し：無制限 - Claude Opus使用：1日10回
Business	$40 / ユーザー / 月	- Proの全機能に加え - 集中請求 - 管理者用ダッシュボード - プライバシーモードの強制 - OpenAI/Anthropicのデータ保持ゼロ

Cursorでは、2通りの方法でLLMを利用できます。

1. **Cursorが提供するLLMを利用する:** Cursorが用意したLLM（上表に記載）を直接利用できます。追加料金はかかりませんが、プランごとに利用回数制限があります。特にHobbyプランでは高性能LLMの呼び出し回数に制限があるため、本書で紹介する高度な機能を十分に活用できない可能性があります。
2. **外部LLMサービスのAPIキーを利用する:** OpenAI、Anthropic、Googleなどの外部LLMサービスのAPIキーをCursorに設定することで、これらのサービスが提供するLLMを直接利用できます。この場合、各サービスが設定する利用料金が発生しますが、多くのサービスで無料トライアルや一定量の無料クレジットが提供されています。

プランによって利用できる機能にも違いがあります。本書で紹介する一部の機能はHobbyプランでは利用できません。そのため、本書ではProプラン以上を前提として解説を進めていきます。

Column

Cursorの新機能をキャッチアップする

Cursorは活発に開発が続けられており、便利な新しい機能が次々とリリースされています。Cursorではこのような新しい機能を確認できるページが用意されています。

図 3-4-4 Cursor の新機能や更新履歴がまとめられたサイト

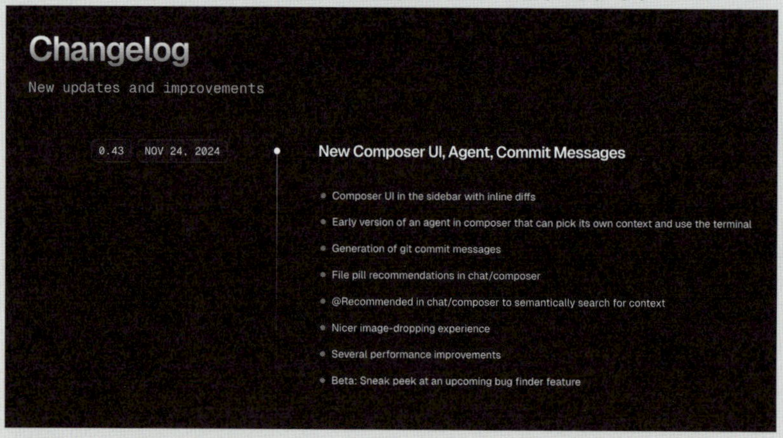

以下のURLから定期的に確認してみましょう。
https://changelog.cursor.sh/

#プロンプト型　#補完型　#エージェント型

AIを使った3つの機能の使い分けと使用例

このCHAPTERでは、AIを使った開発における3つの主要な機能、すなわちプロンプト型、補完型、エージェント型について説明しました。これらの機能をどのように使い分けるべきなのでしょうか？ ここでは、筆者の使い方を例として紹介します。

コードの書き始めには補完型

まず、コードを書き始める際には、補完型機能が使えないか考えます。補完型機能の大きなメリットとして、プロンプトを考える必要がないという点が挙げられます。

たとえばとある関数を作成する場合を考えてみましょう。AI駆動開発にかかわらず、関数名はその関数が何をするのかを明確に示すべきです。このような関数名を付けることができれば、補完型機能を活用してコードを実装できる可能性が高く、これだけで実装できてしまうことも多くあります。

プロンプト型を検討するケース

補完型機能は高速で動作しますが、プロンプト型で呼び出されるLLMよりも精度が低い傾向にあります。また、補完型機能はエディタの分割機能を使って開いているファイルを入力のソースコードとして追加することが多いですが、さらに多くのファイルを入力とすることはできません。したがって、補完型機能でうまく生成できなかったり、複数のファイルの情報が必要な場合は、プロンプト型機能の利用を検討します。

プロンプト型機能は、具体的な処理を明確に指示できます。したがって、プロンプトをうまく構築し、シンボル機能を適切に使えていれば、ほとんどの場合でこちらの機能で十分な精度で生成できます。

エージェント型を利用するケース

では、エージェント型機能はどのような場合に利用するのでしょうか？ Cursorのエージェント型機能であるComposerは執筆時点ではファイルの作成や編集、ディレクトリの作成などが可能ですが、これらの作業もできるプロンプト型機能と考えてみるのがよいかもしれません。

特に開発の中では、あらかじめ「この作業はエージェント型機能に任せる」と決めておくのは有効です。ここではエージェント型機能の活用方法として実用的であったユースケースを紹介します。

ファイルを分割する

一般的に、1つのファイルが長くなりすぎた場合は、開発しながらそのつど分割します。しかし、分割せずに1つのファイルに多くの処理を書いたほうが効率的な場合もあります。筆者の経験では、特に新規開発ではこの傾向があると考えています。

そういう場合は、コードを書き終えてからLLMを使って適切に分割するのがよいでしょう。この分割作業には、CursorのComposer機能が非常に便利です。たとえば、「util.ts内の処理はさまざまな処理が混在している。適切な粒度で新たなファイルを作りながら分割して」といった指示をComposerに与えると、適切に分割してくれます。

テストコードの生成

また、Composer機能はテストコードの生成にも利用できます。多くのプログラミング言語では、メインとなる処理とその処理が正しく動作するかを確認するテストコードは別のファイルになります。Composer機能ではテストコードの生成とファイル作成をAIに任せることができます。「main.ts、app.tsのテストコードを新たなファイルを作成し、生成してください。」と指示することで、テストコードを生成できます。ただし、執筆時点では生成されるテストコードは十分ではない場合が多いため、CursorのChat機能を使いながらブラッシュアップすることをおすすめします。

エージェント型機能の注意点

エージェント型機能の注意点として、アプリケーションによりエージェントができることが大きく異なることが挙げられます。たとえば、CursorのComposer機能は、ファイルの作成や編集、ディレクトリの作成などが可能ですが、ターミナルでのコマンド実行などはできません。しかし、ほかのエージェント型アプリケーション、たとえば79ページで紹介した「Replit」では、ファイルやディレクトリの作成だけでなくコマンド実行を含めたさらに広範な作業が可能です。したがって、エージェント型機能の利用は、その機能がどこまで対応しているかによって考えるべきです。

以上が、AIを使った開発における3つの主要な機能の使い分けと使用例です。これらの機能を適切に使い分けることで、開発効率を大幅に向上させることが可能です。ぜひ、自身の開発環境に取り入れてみてください。

CHAPTER 4

基礎編　シンプルなアプリケーションを実装する

#Webアプリケーション ／ #フロントエンドライブラリ

section 01

Webアプリケーションについて学ぶ

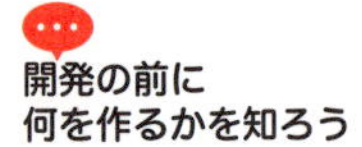
開発の前に
何を作るかを知ろう

このCHAPTERでは、オセロゲームのWebアプリケーションを開発しながらAI駆動開発の基本的な流れと手法を学びます。まずは、Webアプリケーションとは何かについて学びましょう。

Webアプリケーションとは？

Webアプリケーションとは、**ブラウザを通じて利用するアプリケーション**のことです。たとえば、ブラウザを通じてアクセスし利用するChatGPTもWebアプリケーションの1つです。

Webアプリケーションは主にフロントエンドとバックエンドという2つの要素から構成されます。フロントエンドは、ユーザーが直接触れる部分で、チャットの入力を受け付けたり、バックエンドとの通信を通じて結果を受け取り、それを表示する役割を担います。一方、バックエンドはユーザーから直接的には見えない部分で、フロントエンドからの情報を受け取り、要求された情報をフロントエンドに提供します。

図4-1-1　フロントエンドとバックエンド

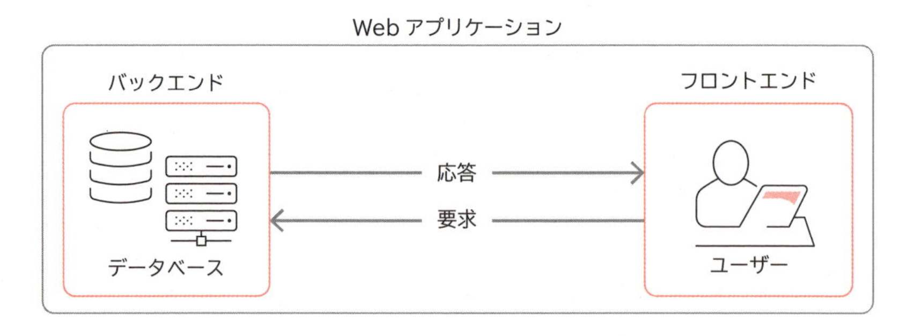

具体的な例として、SNSのようなアプリケーションを考えてみましょう。ここには、ユーザーが入力するフォームとほかのユーザーの投稿が閲覧できるフィードが存在します。フロントエンドは、ユーザーからの要求に応じてバックエンドに最新のフィードを要求します。バックエンドは、ほかのユーザーが投稿した内容を集約し、フロントエンドに提供します。そして、フロントエンドは、受け取った情報を見やすい形で表示します。また、ユーザーが投稿する場合、フロントエンドはブラウザ上にテキスト入力欄を表示し、投稿ボタンを押したらバックエンドに投稿を登録するように依頼します。

図 4-1-2　SNS アプリケーションにおけるフロントエンドとバックエンド

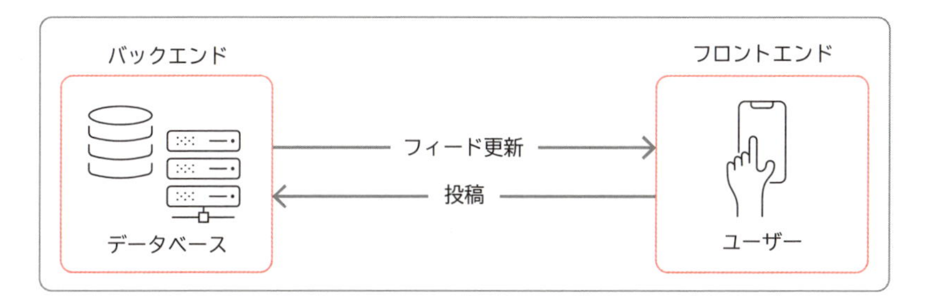

このCHAPTERではバックエンドでデータを保存する必要がないシンプルなアプリケーションの作成からAI駆動開発の基本的な流れを学んでいきます。

フロントエンドを構築するのに必要なもの

フロントエンドライブラリ

フロントエンドを構築するためのフロントエンドライブラリについて解説します。

Webブラウザ上で動作するフロントエンドは、一般的にHTML、CSS、JavaScriptという3つの言語を使って記述されます。HTMLはWebページの構造を、CSSはWebページのデザインを、JavaScriptはWebページの動作をそれぞれ定義します。これらの言語を組み合わせて、ユーザーが画面上で操作する部分、つまりユーザーインターフェース（UI）を作成します。ユーザーにとって使いやすいUIを提供することが、フロントエンドの重要な役割です。

図 4-1-3　フロントエンドを構成する HTML、CSS、JavaScript

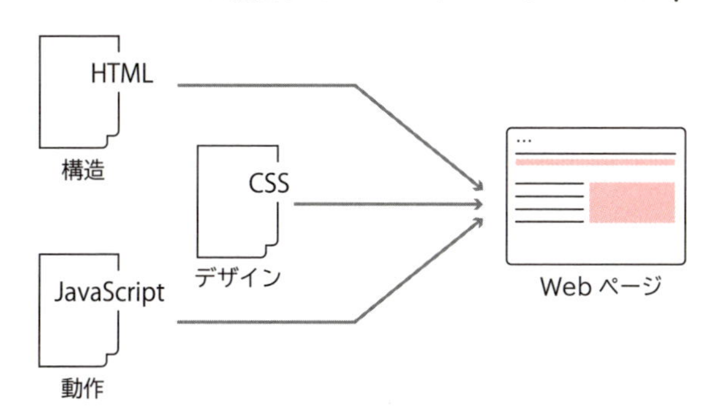

しかし、HTML、CSS、JavaScriptだけを使って複雑なUIを作成しようとすると、いくつかの問題が生じます。たとえば、コードの再利用が難しくなったり、フロントエンドで頻繁に発生する状態管理が複雑になったりします。

状態管理とは、アプリケーション内で扱われるデータの変化を管理することです。たとえば、ユーザーが入力したデータやAPIから取得したデータなどが「状態」として扱われます。これらの状態が変化すると、それに応じてUIも更新する必要があります。状態管理はフロントエンド開発において重要な要素の1つです。

これらの問題を解決するために登場したのが、React.js、Vue.js、Svelteなどのフロントエンドライブラリです。フロントエンドライブラリは、コンポーネントという概念を導入することで、UIを部品のように分割し、再利用性を高めます。コンポーネントはそれぞれ独立したHTML、CSS、JavaScriptの塊で、おもちゃのブロックのように組み合わせることで複雑なUIを構築できます。さらに、フロントエンドライブラリは状態の変化を検知し、効率的にUIを更新する仕組みを提供することで、開発者は複雑な状態管理のロジックを簡潔に記述できます。

このように、フロントエンドライブラリは、複雑なWebアプリケーションの開発を効率化し、保守性を向上させる役割を持っています。

Webアプリケーションフレームワーク

先ほども解説したとおりフロントエンドとは、Webアプリケーションでユーザーが直接目にする部分、つまりWebブラウザ上で動作する部分を指します。バックエンドがサーバー側の処理を担うのに対し、フロントエンドはUIを提供する役割を持っています。ほとんどのフロントエンドアプリケーションはJavaScript、もしくはTypeScriptという言語で開発されます。

Webアプリケーションではフロントエンドも含めて開発していきますが、フロントエンドライブラリはUI構築に特化したもので、Webアプリケーション全体の開発には不十分です。したがって、一連のWebアプリケーションを開発する際にはこのようなWebアプリケーションフレームワークを利用することが一般的です。近年のWebアプリケーション開発では、Next.js、Remix、Nuxt.js、SvelteKitなどのWebアプリケーションフレームワークを使用するのが主流です。

これらのWebアプリケーションフレームワークはReact.js、Vue.js、Svelteのようなフロントエンドライブラリを簡単に扱うためのさまざまな機能が用意されているだけでなく、バックエンド構築などWebアプリケーション開発に必要な機能が一通り揃えられています。これらの機能を利用することで開発効率や保守性を向上できます。

図4-1-4　Webアプリケーションフレームワーク

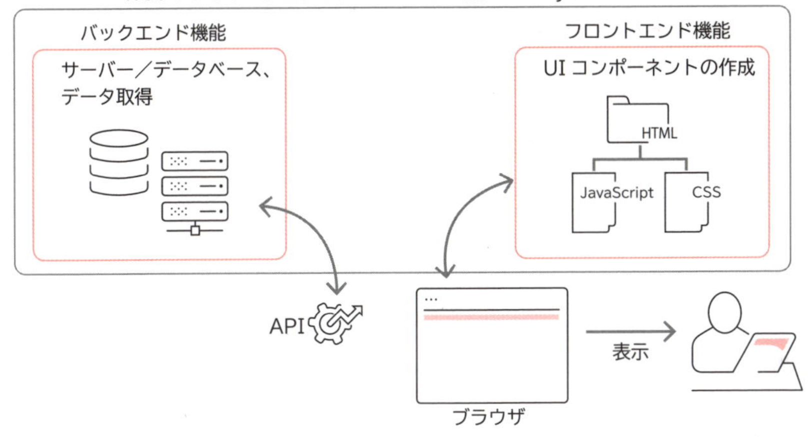

本書では、初心者でも扱いやすいフロントエンドライブラリ「Svelte」を利用するWebアプリケーションフレームワークである、SvelteKitを採用します。

テンプレートを開く

ここからはSvelteKitの準備をしていきましょう。38ページでクローンしたリポジトリでは、SvelteKitで必要な設定済みのテンプレートを用意しています。まずはこのテンプレートを前のCHAPTERでインストールしたCursorを使って開きましょう。

Cursorを起動し、以下のように表示されているなら［Open a folder］をクリックしてください。または、［ファイル］メニューの［フォルダーを開く］をクリックしてください。

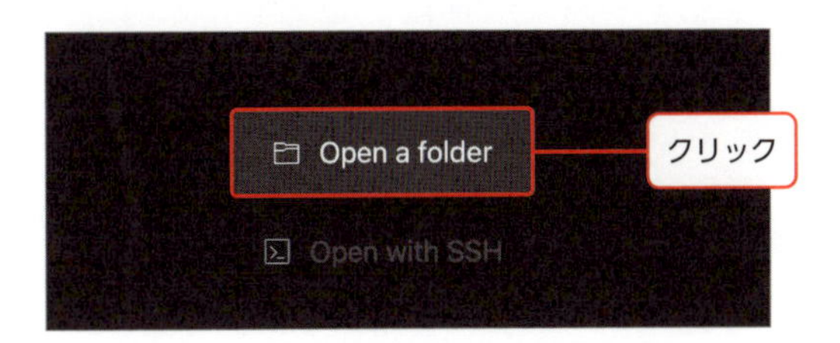

するとフォルダ選択画面が表示されるので、38ページでリポジトリをクローンしたディレクトリを探します。次に、templates/othello_templateディレクトリを選択して開きます。

4 基礎編 シンプルなアプリケーションを実装する

上の画像のように表示されたら準備は完了です。

必要なパッケージをダウンロードする

SvelteKitを含むJavaScript、TypeScriptのプロジェクトではパッケージと呼ばれる便利な部品を利用することが一般的です。package.jsonにはどのようなパッケージが必要かという情報が記載されており、開発を進めるにはこれらのパッケージのダウンロードが必要です。

図 4-1-5　開発に必要なパッケージをダウンロードする

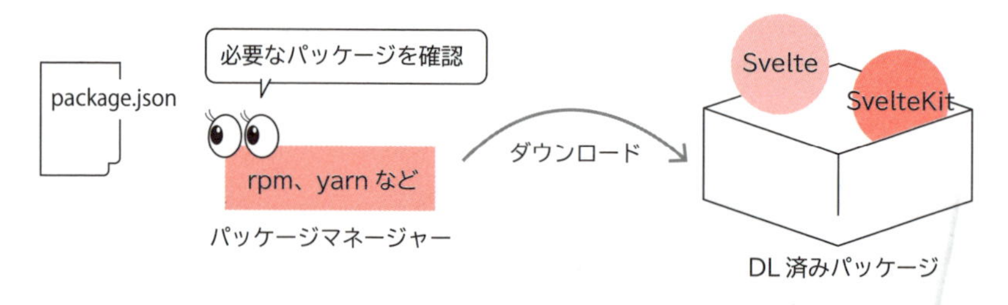

以下のコマンドではプロジェクトに必要なパッケージを記載したpackage.jsonファイルをもとに、それらのパッケージをダウンロードします。Cursorのターミナルを開き、以下のコマンドを実行しましょう。エラーなく実行が完了したらダウンロードは完了です。

```
bun install
```

開発サーバーの起動

次は以下コマンドで開発サーバーを起動しましょう。

```
bun run dev
```

開発サーバーが起動したら、ターミナルに表示されているURLにアクセスします。まれにダウンロードしたnode_modulesのファイルが破損することがあり、このコマンドを実行しても開発サーバーが立ち上がらないなど、何も起きないことがあります。そのような場合は、ターミナルでCtrl+Cキーを押して一度実行を終了し、node_modulesディレクトリを削除し、bun installを再度実行してみましょう。

ブラウザで以下のような画面が表示されれば、環境構築は成功です。

開発サーバーは、終了しない限り実行し続けられます。開発サーバーを終了する場合は、ターミナルをクリックしてからCtrl+Cキーを押します。

再度開発サーバーを起動したい場合は、bun run dev コマンドを再実行します。前ページで実行したbun installコマンドは通常、プロジェクトの初回セットアップ時にのみ必要です。依存関係に変更がない限り、再実行する必要はありません。

ファイルを編集し、反映を確認する

次は表示されているテキストを変更してみましょう。Cursorのファイルエクスプローラーからsrc/routes/+page.svelteを開いて中身を見てみましょう。

このファイルにはHTMLが記述されています。HTMLはWebページの構造を記述するためのマークアップ言語で、<h1>や<h2>、<p>などのHTMLタグでテキストを囲むことで見出しや段落などの意味付けができます。上記のコードでは、以下のようなタグが使われています。

- <h1>：最も重要な見出しを表す
- <h2>：2番目に重要な見出しを表す
- <p>：段落を表す

これらのタグでテキストを囲むことで、ブラウザがそのテキストを適切なスタイルで表示します。たとえば、<h1>で囲まれたテキストは大きく太字で表示されます。

上記のファイルを編集して、表示されるテキストやタグを変更してみましょう。「Svelteのサンプルです」を「AI駆動開発を始めましょう」と書き換えて保存します。

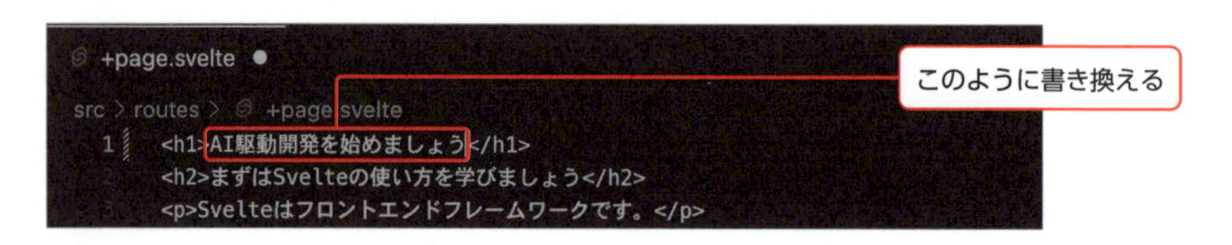

するとブラウザ上の表示が下の画像のように更新されるはずです。

AI駆動開発を始めましょう

まずはSvelteの使い方を学びましょう

Svelteはフロントエンドフレームワークです。

Svelteでは、このように開発サーバーを立ち上げた状態でファイルを編集すると、変更がすぐに反映されます。この機能はHot Module Replacement（HMR）と呼ばれ、フロントエンド開発ではこの状態でソースコードを記述していくのが一般的です。

Svelteの基本について簡単に紹介しましたが、ほかにもさまざまな便利な機能が用意されています。Svelteに興味を持った方は、ぜひ公式サイト（https://svelte.jp/）のチュートリアルにも目を通してみてください。

説明不足だと感じたら

本書では、Webアプリケーション開発を題材にAI駆動開発を説明しています。その過程で、多くの概念や用語が登場しますが、ページの都合上、すべてを詳細に説明することは難しいです。そのような場合はLLMに質問してみましょう。

CHAPTER 2のsection 05で紹介したプロンプト構築のポイントを踏まえながら実際にChatGPTに質問するプロンプトを構築してみましょう。

まずは、**明確**に**指示**を書きます。ここでの指示は、「Svelteとは何かを簡潔に説明してください」としてみましょう。これをChatGPTに入力してみると、以下のような回答が返ってきます。

Svelte（スベルト）は、JavaScriptのフレームワークの一種で、フロントエンド開発で使われます。ReactやVueと同様に、ユーザーインターフェースを構築するために利用されますが、Svelteの特徴は「コンパイル時」に処理を行うことです。Svelteでは、ブラウザ上でのランタイムが不要で、ビルド時にコードが最適化されて純粋なJavaScriptに変換されるため、より高速で軽量なアプリケーションが作成できるという利点があります。

しかし、この回答はWebについての基本的知識がある前提での説明になってしまっています。次に文脈として、**あなた自身の状況**、**経緯**を追加してみましょう。例として「私はWeb開発の経験がまったくない、初心者のエンジニア」という自分の状況と、「Webアプリケーション開発を通してAI駆動開発について学ぶ書籍でSvelteについて紹介されたが、理解できない部分がある」という経緯を追加してみましょう。

これらを組み合わせると、「私はWeb開発の経験がまったくない、初心者のエンジニアです。Webアプリケーション開発を通してAI駆動開発について学ぶ書籍でSvelteについて紹介されたが、理解できない部分があります。Svelteとは何かを簡潔に説明してください。」というプロンプトになります。

すると、以下のように回答が得られました。文脈を入れないで質問した場合と比べると、専門用語が少なくなって噛み砕いた説明になりました。

> メモリを更新しました
>
> Svelte（スベルト）は、WebサイトやWebアプリケーションを作るためのツールの一つで、他のJavaScriptフレームワーク（例: ReactやVue）と同じカテゴリに入ります。しかし、Svelteの特徴は、ブラウザで動くコードを「事前に用意しておく」ことです。開発時に書いたコードを事前にシンプルなJavaScriptに変換してくれるので、Webページの動作が速くなりやすいという利点があります。

このようにプロンプトを適切に構築し変更していくことで、必要な回答を引き出せます。この方法は本書の不明点の解決だけでなく、普段の開発でも役に立つはずです。ぜひ活用してみてください。

このあと開発を進めるにあたって

本書ではこのあと、シンプルなゲームから複雑なWebアプリケーションまで、ステップアップしながらAI駆動開発を体験していきます。その際、思うような挙動にならなかったり、エラーが発生したりする場面に遭遇することもあるでしょう。そういう場合は、129ページ、211ページ、226ページ、230ページ、254ページのエラーに関する記述を参考に修正してみてください。なお、開発を最初からやり直したい場合はCursorのターミナルで以下のコマンドを実行すると、作業中のリポジトリを初期状態にリセットできます。そのうえで、120ページに記載のパッケージのダウンロードおよびインストール、121ページに記載の開発サーバーの起動からやり直してください。また、本書のGitHubリポジトリ（https://github.com/harukaxq/ai-driven-development-book-code）では随時サポート情報を更新しています。

```
git checkout .
```

#オセロ ／ #フロントエンド

オセロの開発で AI駆動開発を体験する

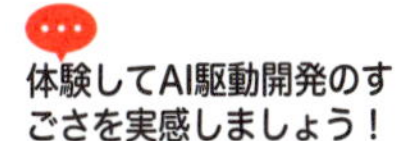

ここからはいよいよ実際のアプリケーションを開発していきましょう。AI駆動開発ならではのプロセスを意識しながら読み進めてください。

オセロのルールを確認する

section 01ではSvelteの構文と基本概念について学びましたが、ここからは習得した知識を活かして実際のWebアプリケーション開発に取り組んでいきます。まずはオセロを開発してみましょう。オセロは、シンプルなルールでありながら、世界中で親しまれているボードゲームです。

図 4-2-1　ここで制作するオセロのプレイ画面

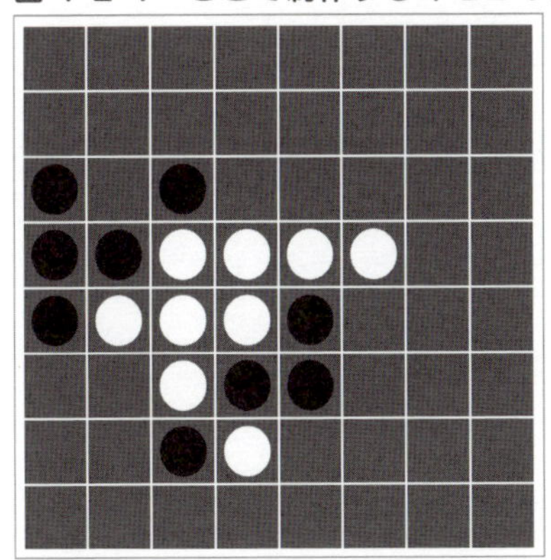

16ページで説明した通り、オセロは身近な存在ですが、プログラムとして実装するとなると想像以上に複雑な処理が必要となります。たとえば、以下のような点を考慮する必要があります。

1. ゲームの進行に合わせて、現在のターンがどちらのプレイヤーなのかを正確に管理すること
2. 盤面の状態を分析し、石を置ける位置を的確に判定すること
3. 石を置いた際に、挟まれた相手の石を裏返す処理を適切に実装すること
4. ゲームの終了条件を判定し、最終的なスコアを算出すること

これらの処理を一からバグなく実装するのは、初心者にとって容易な作業ではありませんし、初心者でなくても時間がかかる作業でしょう。AI駆動開発ではLLMを活用することで、これらのロジックを効率的に実装できます。しかし、単純に「オセロを作って」というプロンプトを実行しても、期待通りの結果が得られるとは限りません。LLMは強力なツールですが、人間の意図を完璧に理解することは難しく、曖昧な指示では複雑なゲームロジックの実装に失敗する可能性があります。

では、どうすればLLMの力を最大限に引き出せるでしょうか？ LLMに適切な指示を与えるためには、まず私たち自身がオセロのルールを深く理解する必要がありますが、それ以上に重要なのは、LLMにもそのルールを明確に伝えることです。曖昧な指示ではなく、具体的なルールに基づいた指示を与えることで、LLMはより正確に、より効率的にコードを生成できます。開発に着手する前に、まずはオセロのルールを再確認し、それをLLMに明確に伝えられるように準備しましょう。ChatGPTに「私はオセロを遊べるWebアプリケーションを実装したいです。知らない人でも理解できるようにオセロのルールを説明してください。」と入力してみましょう。

すると以下のように返答されました。

図 4-2-2　ChatGPT が生成したオセロのルール

オセロのルールはシンプルで、誰でも楽しめる戦略ゲームです。以下で、基本的なルールを説明します。

1. ゲームの目的

オセロは、黒と白のディスクを使い、相手のディスクを自分の色に変えながら、最終的に自分の色のディスクが盤上に多い方が勝利します。

2. 初期配置

- オセロは8×8のボードで行います。
- 最初に、盤の中央に黒と白のディスクを2枚ずつ、斜めに交互に配置します。
  - 左上から右下に向かう対角線で「白・黒」、右上から左下に向かう対角線で「黒・白」と並べます。

3. ゲームの進行

1. **交互にプレイ**: 黒から始まり、黒と白が交互にディスクを置きます。
2. **挟むことで色を変える**: プレイヤーは、相手のディスクを自分のディスクで「挟む」ように配置することで、その挟まれた相手のディスクを自分の色に変えることができます。
   - たとえば、黒のプレイヤーが白のディスクを挟むと、挟まれた白のディスクはすべて黒に変わります。
3. **有効な配置の条件**: ディスクを置く場所は、必ず相手のディスクを挟むような位置でなければなりません。挟める場所がなければ、そのターンはパスします。

4. ゲーム終了

- ボードがすべて埋まるか、どちらのプレイヤーも配置できる場所がなくなった時点でゲーム終了です。
- 最後に自分の色のディスクが多い方が勝ちです。

5. 特殊なルール

- **パス**: 自分のターンに置ける場所がない場合は「パス」します。
- **連続パスで終了**: 両者が連続でパスした場合、ゲームが終了します。

オセロは単純なルールでありながら、戦略を考える楽しさが詰まっています。

ルールの確認ができました。なぜこのようにオセロのルールを聞いたのでしょうか？ それは、これから行う「知識生成プロンプティング」のためです。

LLMの精度を上げる知識生成プロンプティングとは

知識生成プロンプティング（Generate Knowledge Prompting）は、プロンプトエンジニアリングで使われる手法の1つです。この手法では、LLMにまず関連知識を生成させ、その生成された知識をプロンプトに含めることで、より正確で質の高い結果を引き出します。LLMに入力情報として事前知識を与えることで、より正確な推論を行わせることができるのです。

図4-2-3　通常のプロンプティングと知識生成プロンプティングの違い

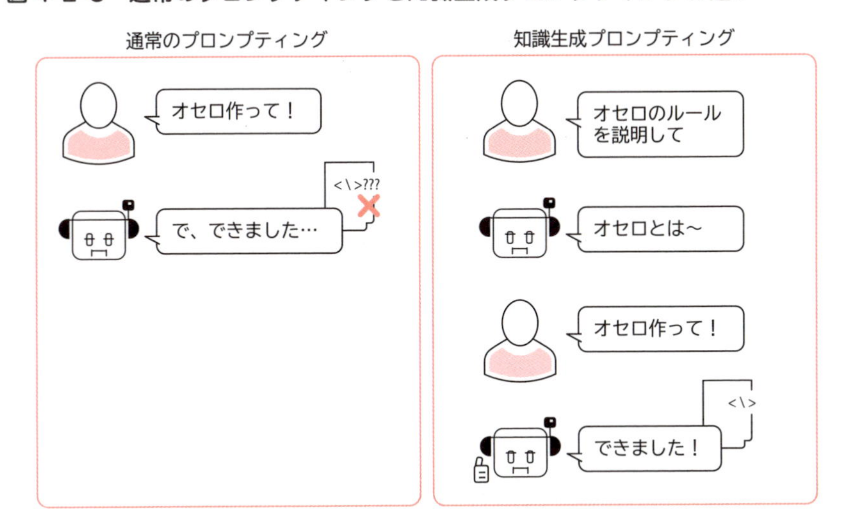

先ほどオセロのルールをChatGPTに質問したのも、この知識生成プロンプティングのためです。まずオセロのルールをLLMに生成させ、次に、その生成された知識（オセロのルール）をコード生成のプロンプトに含めることで、生成されるコードの質が向上します。

知識生成プロンプティングを使うことで、LLMは関連する知識を活用してより適切なコードを生成できるようになり、エラーや不具合の減少につながります。また、LLMがタスクに関連する重要な情報を見落とすリスクも軽減できます。

AI駆動開発では、生成されるソースコードの質を高めることが非常に重要です。このようなプロンプトエンジニアリングのテクニックを活用し、質を高めるための方法を学んでいきましょう。

オセロを実装する

それでは、準備が整ったので、いよいよコードの実装を進めていきましょう。

開発サーバーを起動していない場合は以下コマンドで開発サーバーの起動をしましょう（121ページ参照）。

```
bun run dev
```

まずはCursorのファイルエクスプローラーから./src/routes/+page.svelteを開きます。すでに記載されているソースコードはすべて削除してください。Ctrl（⌘）+Kキーを押してポップアップを開きプロンプトを構築していきましょう。

今回**指示**したいことは「オセロのソースコードの実装」です。執筆時点のLLMは**すべてのソースコードを実装する**ように明確に指示しないと関数の中身などを省略することがあります。したがって、以下のようにプロンプトを構築し送信しましょう。なお、**ポップアップ内で改行するときはShiftキーを押しながらEnterキーを押します**。

```
以下のルールに従い、オセロに必要なすべてのコードを実装してください。
{先ほど生成されたオセロのルール}
```

前の手順で生成したルールを貼り付け

これでオセロのルールに基づいたソースコードが生成されます。ここでは内容を確認せずに、まずは［Accept］をクリックしてからCtrl（⌘）+Sキーを押して保存しましょう。

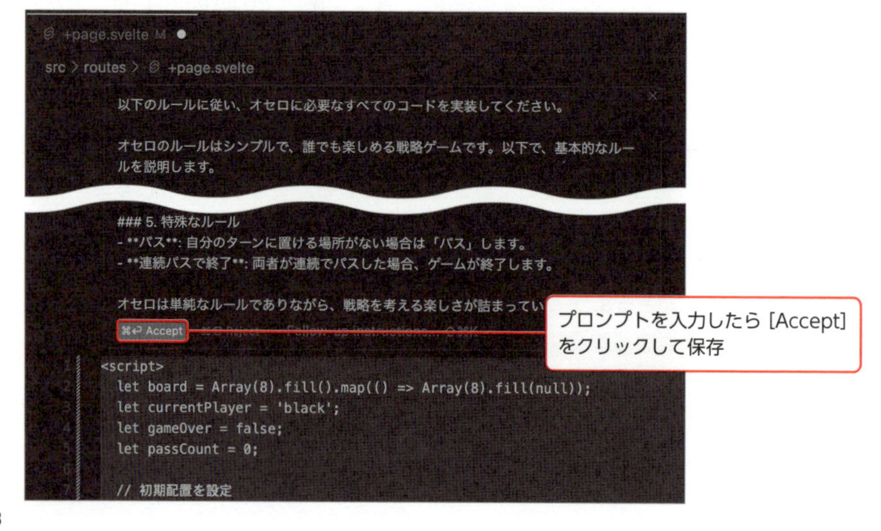

ターミナルに表示されているURLにアクセスすると、生成されたオセロゲームが遊べるはずです。盤面をクリックすると石を置くことができ、ルールに従って正しく石が裏返るか確認してみましょう。

従来の開発手法と比べ、圧倒的な速度でオセロの開発が完了しました。しかし**生成されるコードは完璧ではありません。**実行時エラーが発生したり、意図通りの動作をしない場合もあります。次の項目ではこのような場合の対処方法を紹介します。

実行時エラーやバグへの対処法

AI駆動開発では、指示に沿って生成されたソースコードが生成されます。この生成されたソースコードはうまく動作しない場合や想定外の動作になることが珍しくありません。これらの修正を効率的に行う方法を紹介します。

エラーが表示されている場合

コードに問題があり処理が完了できない場合は、ターミナルやブラウザ上にエラーが表示されることが一般的です。

図 4-2-4　実行時エラーの例

```
16:25:39 [vite] ✨ optimized dependencies changed. reloading
Internal server error: /Users/hal/dev/halst256/ai-driven-development-book-app/templates/othe
llo_template/src/routes/+page.svelte:148:6 Expected if, each or await
  Plugin: vite-plugin-svelte
  File: /Users/hal/dev/halst256/ai-driven-development-book-app/templates/othello_template/sr
c/routes/+page.svelte:148:6
   146 |     <div>
   147 |       <p>ゲーム終了</p>
   148 |       {#const { black, white } = countDisks()}
                 ^
   149 |       <p>黒：{black} 白：{white}</p>
   150 |       <p>{black > white ? '黒の勝ち' : white > black ? '白の勝ち' : '引き分け'}</p>
{
  name: 'ParseError',
  id: '/Users/hal/dev/halst256/ai-driven-development-book-app/templates/othello_template/src
/routes/+page.svelte',
  message: '/Users/hal/dev/halst256/ai-driven-development-book-app/templates/othello_templat
e/src/routes/+page.svelte:148:6 Expected if, each or await',
  frame: ' 146 |     <div>\n' +
    ' 147 |       <p>ゲーム終了</p>\n' +
    ' 148 |       {#const { black, white } = countDisks()}\n' +
    '               ^\n' +
    ' 149 |       <p>黒：{black} 白：{white}</p>\n' +
    " 150 |       <p>{black > white ? '黒の勝ち' : white > black ? '白の勝ち' : '引き分け'}</
```

ここでは簡単な方法としてChatと@Webシンボルを使う方法を紹介します。@Webシンボルを追加することでインターネットからの検索も組み合わせ、検索結果を考慮したうえでの修正方法が提案されます。

ターミナル上でエラーを範囲選択すると、[Add to Chat]や[Add to Composer]というボタンが表示されます。ここでは[Add to Chat]をクリックしてChatを表示し、「fix」に続けて「@Web」と入力して Enter キーを押してみましょう。するとWeb検索に基づく解決策が提示されるはずです。

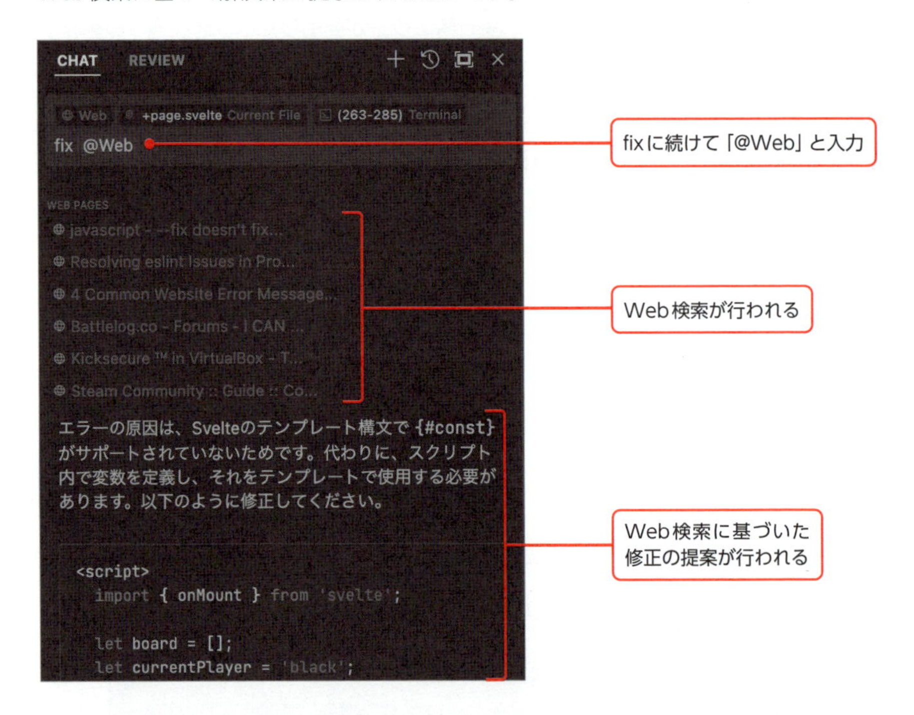

また、83ページで紹介した生成AIを使った検索エンジンであるPerplexityもエラー修正に利用できます。@Webシンボルを使ってもうまく動作しない場合はこちらを使ってみましょう。

これらの方法を活用することで、エラーの修正を効率的に行えます。エラーは開発の過程で避けては通れない問題です。AIを使って効率的に対処していきましょう。

動作が想定と異なる場合

エラーは表示されないが、期待する動きではない場合があります。たとえばオセロの場合だと、置けてはいけないマスに石が置けたり、勝敗がついているのにゲームが終了しない場合などです。このような場合でもLLMを使って修正できます。

まずはプロンプトを構築していきます。ここでの指示は「想定外の動作の修正」ですが「想定外の動作を修正してください。」というプロンプトのみだと、LLMは何が想定外なのかを理解できません。ここで期待する動作と現状の動作を文脈としてプロンプトに追加してみましょう。

例として「置けてはいけない場所に石が置ける」という問題がある場合を想定してみましょう。したがって、「置けてはいけないマスに石が置けてしまいます。修正してください。」とプロンプトを構築してみましょう。

実務での複雑なコードだとこのように文脈を入力しても修正できない場合があります。そのような場合は、さらに期待する動作も追加してみましょう。オセロの例だと期待する動作は「石はルールに従って置けるべきマスのみに置ける」になるでしょう。

したがって「置けてはいけない場所に石が置けてしまいます。石はルールに従って置けるべきマスのみに置けるように修正してください。」となります。

これでも解決が難しい場合、さらにルールを明示すると効果的です。60ページで紹介したようにマークダウン記法を活用しましょう。

```
置けてはいけない場所に石が置けてしまいます。石はルールに従って置けるべきマスのみに置けるように修正してください。

## ルール
{オセロで石が置ける場所に関するルール}
```

関連するルールを貼り付ける

オセロは一般に知られているゲームのため、ここまでプロンプトを組まなくても正しく動作するソースコードが生成されるはずですが、実務で開発するアプリケーションの場合はそのソースコードがどのように動作するべきなのかLLMは知りません。

したがって、プロンプト構築の際の段階的に指示する手法などを用いながらこのようにきちんと説明しましょう。

オセロに機能を追加する

ソフトウェア開発でコードを生成する機会は新規開発だけではないはずです。既存のコードを修正したり機能を追加したりすることも多いでしょう。ここでは、先ほど開発したオセロに機能追加をします。まずは、追加する機能を決定します。今回は「黒と白それぞれの石がいくつあるのかリアルタイムで表示する」としてみましょう。

今回はAIサイドバーのChatを活用します。Ctrl（⌘）＋Lキーを押してChatを開き、「黒と白それぞれの石がいくつあるのかリアルタイムで表示するようにするには？」と入力し、送信しましょう。

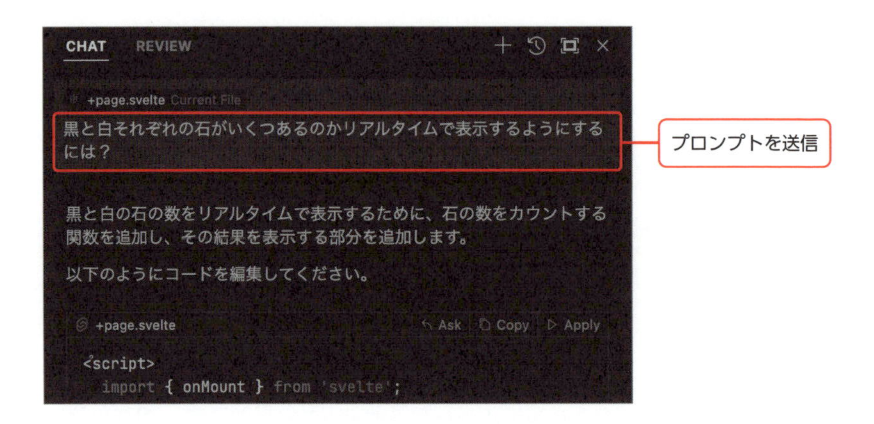

生成されたら、[Apply] ボタンをクリックして反映させ、Ctrl（⌘）＋Sキーを押して保存しましょう。ブラウザでURLを開き、反映されていることを確認します。

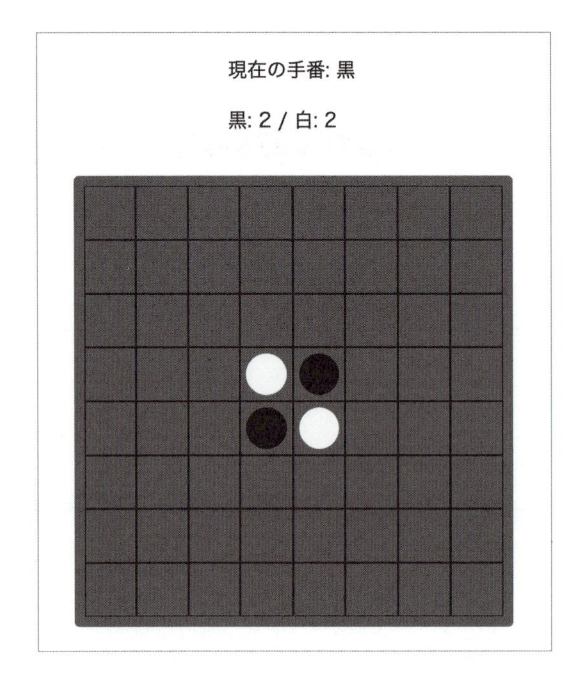

同様の編集はCursorのプロンプト型である、Ctrl（⌘）＋K機能でも対応できますが、機能追加はさまざまな条件をAIと議論することもできるChatの利用を検討してみましょう。このような方法でCPU対戦機能なども実装可能です。興味があればぜひ実装してみてください。

#2048 ／ #バックエンド

2048を開発しながらAI駆動開発を実践する

先ほどはフロントエンドで完結するオセロを開発しました。ここではパズルゲームの1つである「2048」を通じてバックエンドと連携できるアプリケーションを実装してみましょう。

2048とは

2048は、2014年3月にイタリア人プログラマーのGabriele Cirulliによって開発されたシンプルながらも奥深いパズルゲームです。4×4のグリッド上で、プレイヤーは上下左右にタイルをスライドさせ、同じ数字のタイルを合体させていきます。最終的な目標は、2048のタイルを作ることです。

図 4-3-1 ここで制作する 2048 のプレイ画面

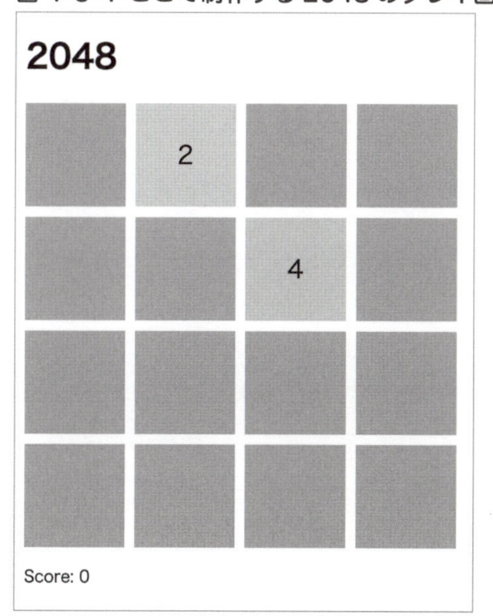

このゲームは、Asher VollmerとGreg Wohlwendが2014年2月にリリースした「Threes!」というゲームにインスパイアされて生まれたといわれています。Cirulliは、わずか1週間でブラウザベースの2048を開発しました。

2048は、シンプルなゲームプレイと中毒性の高さから、公開直後から大きな注目を集めました。2048のルールは簡単で、幅広い年齢層が楽しめます。また、ゲームを進めるにつれて難易度が上がっていくため、プレイヤーは常に新たな戦略を見出したり自己ベストのスコアを目指すことができます。

アプリケーションの仕様を検討する

section02ではフロントエンドで完結するアプリケーションを開発しましたが、ここではバックエンドと連携してハイスコアをデータベースに保存する機能を持ったアプリケーションを作成してみましょう。なお今回のスコア管理機能はあくまでAI駆動開発を実践するためのものです。セキュリティ上、インターネット上に公開することは避けましょう。

今回のアプリケーションは、以下の機能を持つことを目指します。これらの機能を実装することで、バックエンドとの連携やデータベースの操作、APIの設計など、Webアプリケーション開発の基本的な要素を学びましょう。

- **2048ゲームの実装**：ユーザーがプレイできる2048ゲームを実装
- **スコアの保存**：ゲーム終了時にユーザーのスコアをバックエンドに送信し、データベースに保存
- **ハイスコアの表示**：保存されたハイスコアを取得し、ランキング形式で表示

2048ゲームの実装

まずは、2048ゲーム自体をフロントエンドで実装します。オセロのときと同じようにここでもChatGPTを活用して、効率的に開発を進めましょう。

2048のルールを確認する

2048は、4×4のグリッド上で同じ数字のタイルを組み合わせて、2048のタイルを作成するパズルゲームです。プレイヤーは上下左右にタイルをスライドさせ、タイルを合体させてスコアを稼ぎます。

まずは2048のルールを確認しましょう。ChatGPTに以下のように指示します。

```
私は2048を遊べるWebアプリケーションを実装したいです。知らない人でも理解できるように2048のルールを説明してください。
```

オセロと同じように2048のルールを詳しく説明してくれるはずです。もし、2048をプレイしたことがなければ、生成されたルールを確認しながら実際に遊んでみましょう。2048と検索すれば実際に遊べるサイトが多数存在します。

2048ゲームを実装する

パッケージのダウンロードはテンプレートごとに実行する必要があります。まずはCursorのターミナルを開き、120〜121ページを参考に「bun install」コマンドを実行後、開発サーバーを立ち上げてください。次にCursorのファイルエクスプローラーからsrc/routes/+page.svelteを開きます。

その後エディタ上でCtrl（⌘）+Kキーを押してポップアップを開き、以下のようにプロンプトを構築します。

```
以下のルールに従い、2048に必要なすべてのコードを実装してください。
{先ほど生成された2048のルール}
```

前ページで生成したルールを貼り付け

上記のプロンプトを送信し、コードが生成されたら［Accept］をクリックしてからCtrl（⌘）+Sキーを押して、保存しましょう。ブラウザでターミナルに表示されたURLにアクセスすると、以下のような画面が表示されます。キーボードの上下左右キーを使い、正常に動くのか確認してみましょう。もし、正常に動かない場合は129ページで紹介した対応をしてみてください。

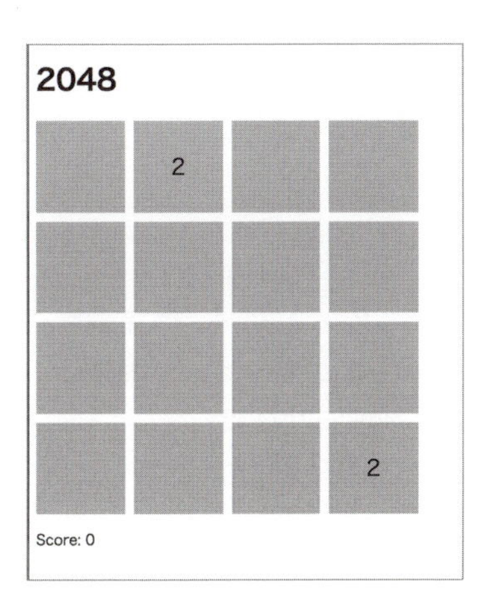

より表示を見やすくする

一般的な2048では、タイルの数字に応じて色が変化しますが、生成されたコードではすべてのタイルが同じ色になっている場合があります。色が同じだとタイルの数字がわかりにくいので、数字に対応して色を変えるように改修していきましょう。

どこを修正するかコードを確認するよりも先に、すべてのソースコードを選択し Ctrl (⌘) + K キーを押して「数字に合わせてタイルの色を変更するようにしてください。」と入力し送信しましょう。送信したプロンプトに従って、下の画像のように色が設定されます。生成できたら [Accept] をクリックして Ctrl (⌘) + S キーを押して保存しましょう。

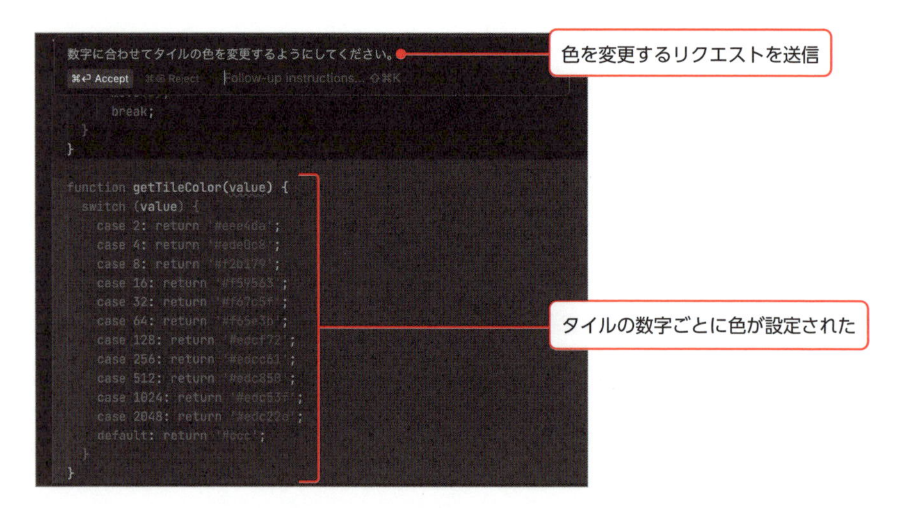

バックエンドとの連携

2048ゲームが完成したら、次はバックエンドと連携してスコアを保存する機能を実装します。バックエンドの実装は、フロントエンドのみの1ファイルで完結するここまでのアプリケーションと異なり、さまざまな実装が必要になります。

まずは作業の流れを確認しましょう。

- データベースの設定とPrismaの導入: スコアを保存するために、Prismaを使用してデータベースを設定
- Prisma Schemaでのテーブル定義と作成: schema.prismaファイルにテーブルの定義を記述し、マイグレーションを実行してデータベースにテーブルを作成

- **データベースの中身の確認**: SQLite Viewerなどのツールを使って、データベースが正しく設定されているか確認
- **バックエンドAPIの設計と実装**: スコアを保存・取得するためのAPIエンドポイントを設計し、SvelteKitの+server.tsファイルで実装
- **APIの動作確認**: コマンドラインからAPIにリクエストを送り、正しく動作するか確認
- **フロントエンドとのつなぎこみ**: フロントエンドを修正し、バックエンドAPIと連携させる

データベースの構築

スコアを保存するために、まずはデータベースを構築します。ここでは、データベースを簡単に扱えるようにするPrismaというORM（Object-Relational Mapping）ライブラリを使用します。

データベースへのアクセスを簡単にするPrismaとは

Prismaは、データベースとのやりとりを効率的に行うための強力なORMライブラリです。Prismaにはさまざまな機能が用意されていますが、本書では以下の2つの機能を活用します。

- **データベースに必要なテーブルを作成する**: Prismaのスキーマ定義を使って、データベースのテーブルやカラムを簡単に設定できる
- **データベースへの読み書き処理を簡素化する**: Prisma Clientを使用すると、データベース操作を直感的なコードで実装できる

これらの機能を実際に手を動かしながら確認していきましょう。なお、本書で用意しているテンプレートではPrismaはインストール済みなので、必要な設定を行い、データベースを構築していきます。

データベースにシステムに必要なテーブルを作成する

Webアプリケーションがどのようなデータ構造を必要とするかは、システムによって異なります。今回はハイスコア機能のみを用意します。

データベースでは、データをテーブルと呼ばれる形式で管理します。テーブルは、行と列で構成され、各行は1つのスコアを表し、各列は名前や点数などの情報を格納します。

図 4-3-2　今回必要となるテーブル

ハイスコアテーブル

ID	名前	点数	日付
1	xx_レモン_xx	98	2024.9.30
2	のんびり侍	98	2024.9.27
3	†幻影†	95	2024.10.01

新しいテーブルを作成する作業は、一般的に**マイグレーション**と呼ばれます。

schema.prismaの設定

Prismaでは、schema.prismaファイルに、データベースに作成するテーブルの定義やデータベースへの接続設定を記述します。ファイルエクスプローラーからprisma/schema.prismaを開いたら、まずはすでに記載されている内容の意味をCursorのChatで確認しましょう。

図 4-3-3　schema.prismaファイルの内容

```
generator client {
  provider = "prisma-client-js"
}

datasource db {
  provider = "sqlite"
  url      = "file:./database.db"
}
```

Ctrl（⌘）＋Lキーを押し、「ファイルの内容を解説して」と入力し送信します。すると以下のように返答されました。

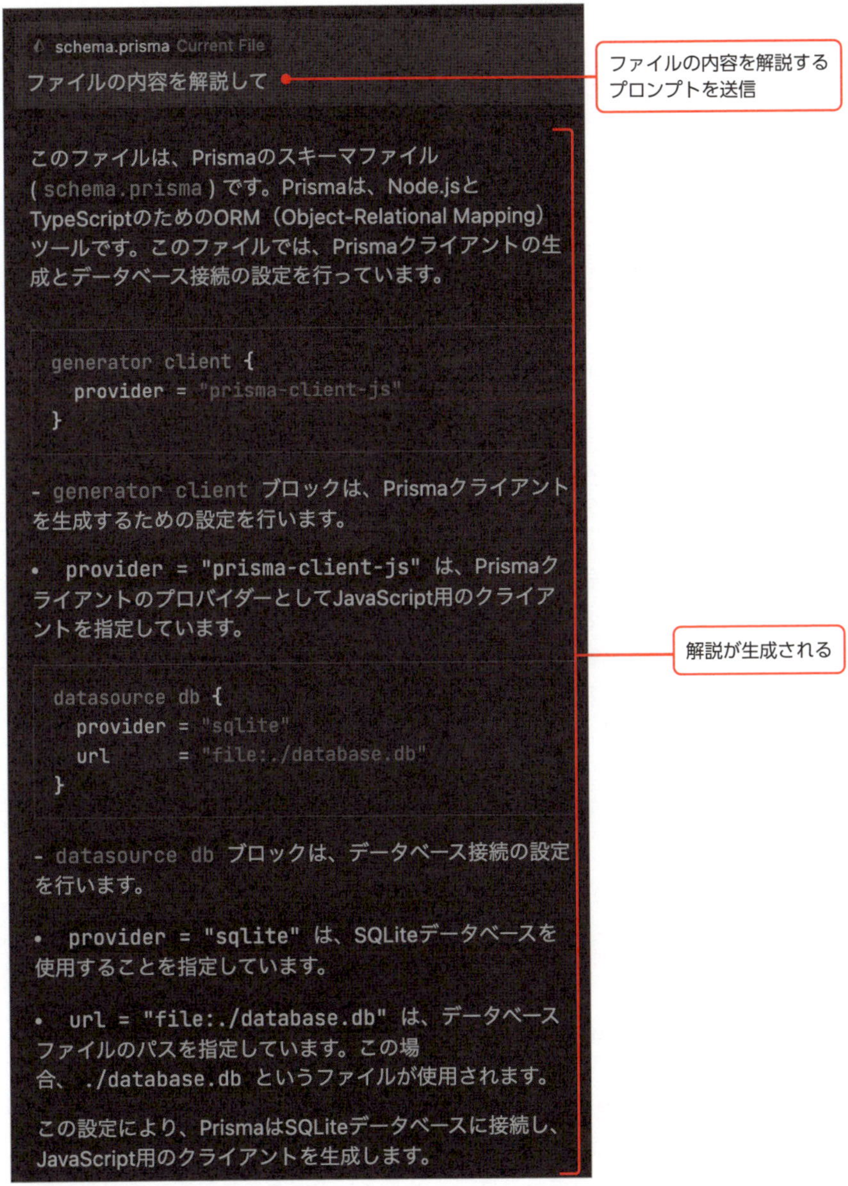

schema.prisma Current File

ファイルの内容を解説して

このファイルは、Prismaのスキーマファイル（schema.prisma）です。Prismaは、Node.jsとTypeScriptのためのORM（Object-Relational Mapping）ツールです。このファイルでは、Prismaクライアントの生成とデータベース接続の設定を行っています。

```
generator client {
  provider = "prisma-client-js"
}
```

- generator client ブロックは、Prismaクライアントを生成するための設定を行います。

• provider = "prisma-client-js" は、Prismaクライアントのプロバイダーとして JavaScript用のクライアントを指定しています。

```
datasource db {
  provider = "sqlite"
  url      = "file:./database.db"
}
```

- datasource db ブロックは、データベース接続の設定を行います。

• provider = "sqlite" は、SQLiteデータベースを使用することを指定しています。

• url = "file:./database.db" は、データベースファイルのパスを指定しています。この場合、./database.db というファイルが使用されます。

この設定により、PrismaはSQLiteデータベースに接続し、JavaScript用のクライアントを生成します。

ファイルの内容を解説するプロンプトを送信

解説が生成される

schema.prismaのテーブル定義と作成

今回はハイスコアと名前を保存するschema.prismaの一番下に以下のコードを追加してScoreテーブルを定義してみましょう。なお、projects/2048/prisma/schema.prismaには完成サンプルが用意されています。うまく動作しない場合は参考にしてください。

```
model Score {
  id String @id @default(uuid())
  player String
  points Int
  createdAt DateTime @default(now())
}
```

この定義により、id、player、points、createdAtというプロパティ（項目）を持ったScoreテーブルがデータベースに作成されます。

- idは各レシピを一意に識別するためのIDで、自動的に生成される
- playerはプレイヤーの名前を格納するテキスト型のカラム
- pointsはポイントを格納するテキスト型のカラム
- createdAtはハイスコアが作成された日時を格納する日時型のカラムで、自動的に記録される

schema.prismaにテーブルの定義を記述したら、Ctrl（⌘）＋Sキーを押して保存して、Prismaのコマンドを使って実際にテーブルを作成します。Cursorのターミナルに以下のコマンドを入力して実行します。

```
bun prisma db push
```

このコマンドで、PrismaはScoreテーブルをデータベースに作成します。

データベースの中身の確認

データベースの種類によって異なりますが、今回利用するSQLiteデータベースでは、作成されたデータベースはファイルとして保存されます。今回の例だとdatabase.dbに保存されます。

このファイルは何かしらのツールを使って開くと中身を確認できます。CursorはVS Codeの機能を拡張したものなのでVS Codeの拡張機能が利用できます。ここではSQLite Viewerを利用しましょう。

87ページで日本語拡張機能を導入したときと同じように拡張機能を選択し、「SQLite Viewer」と検索、インストールしましょう。

インストールが完了したらdatabase.dbを開くと、prisma.schemaで定義した通りにテーブルが作成されたのが確認できます。

バックエンドAPIの設計

次はスコアを保存するためのAPIの設計をしていきましょう。今回のアプリケーションでは以下2つのAPIを用意する必要があります。

- ユーザーのスコアを受け取り、データベースに保存する
- 保存されたスコアを取得し、ランキング形式で返す

以上2つのAPIをAIを活用しながら効率的に開発していきましょう。

バックエンドの開発

SvelteKitでは+server.tsというファイルを作成すると**バックエンド**の処理が可能です。ここでいうバックエンドの処理とはフロントエンドの処理とどう異なるのでしょうか？

SvelteKitでのフロントエンドは+page.svelteに記載されます。このファイルに記載された処理は**ブラウザ**上で実行されます。先ほどの2048のソースコードは+page.svelteのみに記載されているため、サーバー上では処理されずユーザーのブラウザ上で動作します。

一方+server.tsは**サーバー**上で実行されます。データベースのやりとりなど、フロントエンドでの対応ができない部分を担当します。フロントエンドからAPIで呼び出されるのが一般的です。

図4-3-4　+page.svelteと+server.tsの役割

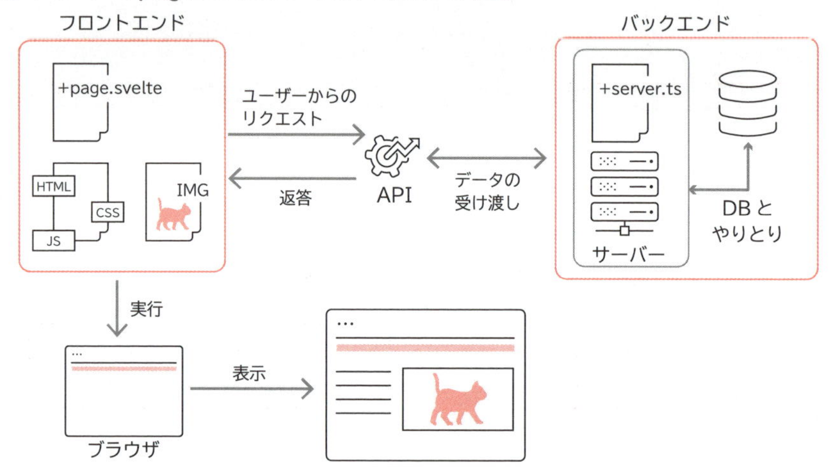

データベースから情報を取得するAPIはデータベースに情報が登録されていないと動作を確認できません。まずはデータベースに保存する処理であるユーザーのスコアを受け取り、データベースに保存する処理を実装しましょう。

ここではComposer機能を活用し、ファイル作成からファイル編集までを実行してみましょう。Ctrl（⌘）+Iキーを押し、Composerのポップアップを開きます。もし、database.dbや+page.svelteなどのファイルが追加されている場合は削除しておきましょう。

+page.svelteやdatabase.dbが追加されている場合は、[×]をクリックして削除し、[+]をクリックしてschema.prismaを追加する

次に先ほど作成したschema.prismaも@Filesシンボル機能（100ページ）を活用し、入力に追加しましょう。

SvelteKitは比較的歴史が浅いWebアプリケーションフレームワークです。したがって、LLMはSvelteKitについての知識を正しく持っていない可能性があり、正しく動作するソースコードを生成できないことがあります。マイナーなライブラリやフレームワークなどでも同様の問題が起こります。このような場合には51ページで紹介した**In-context Learning**を活用しましょう。ブラウザで「SvelteKit ルーティング」と検索し、トップに表示されたページ（https://kit.svelte.jp/docs/routing）を開きましょう。

図4-3-5 Svelte公式のルーティングに関するドキュメントページ

https://kit.svelte.jp/docs/routing

Cursorにはプロンプトに URL を貼り付けると、貼り付けた URL の内容を考慮した返答や生成が可能です。ここでは上の URL をコピーし貼り付けましょう。そのうえで以下のプロンプトを送信します。

```
src/routes/api/scores/+server.tsにスコアを登録する処理と、上位5位のランキングを表示する処理をPrismaを使って実装しなさい。+server.ts以外のファイルを編集してはいけません。
```

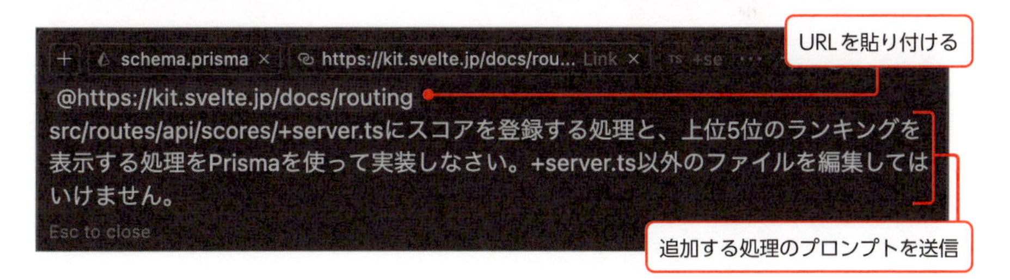

このようにシンボルを追加することで、LLMにどのようなテーブルが存在するのかを適切に知らせ、それに合わせた処理の生成が可能になります。

生成が完了したら、[Accept all] をクリックし、提案を受け入れたあとに、[Save all] をクリックし変更を保存しましょう。これでバックエンドの実装は完了となります。

バックエンドとフロントエンドのつなぎこみ

バックエンドのAPIが完成しましたが、現時点ではフロントエンドからバックエンドにアクセスする処理がありません。ここでは、フロントエンドを修正してバックエンドと連携し、ゲーム終了時にスコアを保存し、ランキングを表示できるようにしてみましょう。今回もAIを活用して効率的に開発を進めます。

先ほど作成した、+page.svelteをバックエンドと連携するように編集します。+page.svelteのすべてのソースコードを選択し、+server.tsをシンボルとして追加しましょう。次に以下のプロンプトを入力し、送信しましょう。

```
+page.svelteのみを編集しゲームオーバー時に以下の機能を実装してください：
1.　ユーザーのスコアをバックエンドに送信する処理
2.　ランキングを取得する処理
3.　ランキングトップのユーザー名とスコアを表示するスコアボード
4.　ゲームオーバー時にユーザー名を入力できるポップアップ
```

これでバックエンドの処理が実装されました。これで2048の完成です。保存してからターミナルのURLにアクセスしてプレイしてみましょう。

図4-3-6　完成した2048

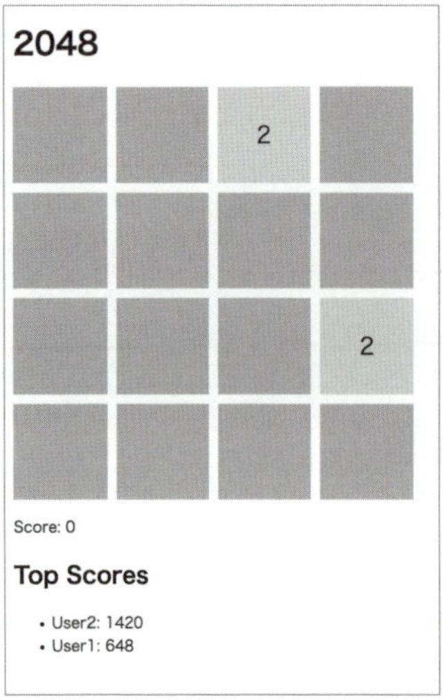

2048

		2	
			2

Score: 0

Top Scores

- User2: 1420
- User1: 648

正常に動作しない場合は129ページを参考に対応しましょう。

CHAPTER

5

実践編　Webアプリケーション開発①
仕様策定～テーブル設計

#音楽配信アプリ ／ #仕様策定 ／ #テーブル設計

section 01

AI駆動開発でWebアプリ開発の一連の流れを実践する

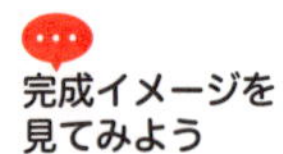
完成イメージを見てみよう

オリジナル音楽配信Webアプリケーション「SoundscapeOdyssey」を作るための前提知識をおさらいしましょう。

作成するアプリケーションを確認する

ここからは、オリジナルの音楽配信Webアプリケーションの開発を通してより実践的なAI駆動開発を学んでいきます。AI駆動開発と直接は関係ありませんが、公開するコンテンツ（曲、アートワーク）もAIを使って生成します。

まずはサンプルで公開されているアプリケーションを実際に触ってみましょう。

図5-1-1　SoundscapeOdyssey（完成サンプル）のトップページ

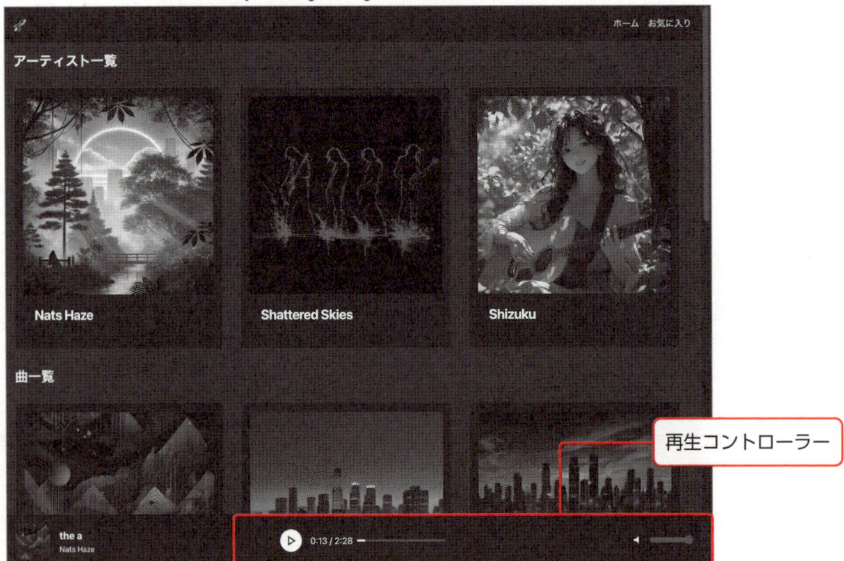

https://soundscape-odyssey.app.noaqh.com/

トップページでは、アーティスト一覧と曲一覧が表示され、アーティストページを見たり曲を再生したりできます。画面下部には再生コントローラーがあり、再生、停止、音量等の操作が可能です。また、お気に入りに曲を追加する機能もあります。

図 5-1-2 アーティストページ

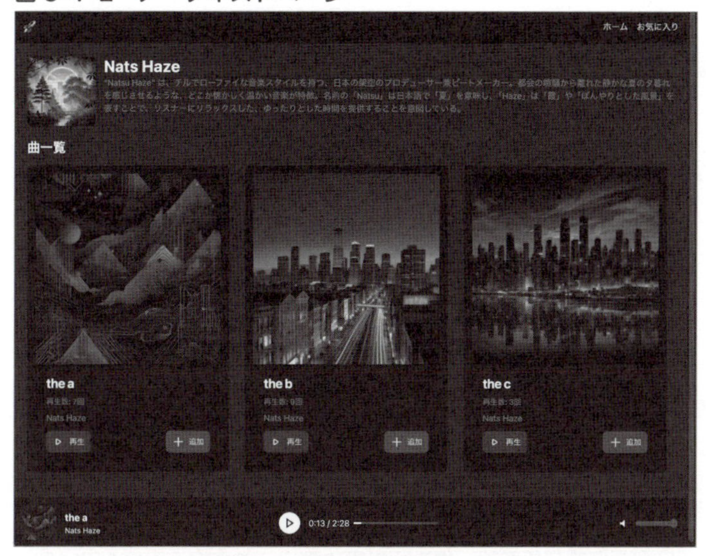

そしてアーティストページ（図5-1-2）を開くと、アーティスト名、アーティストの説明、アーティストがリリースした曲の一覧が表示されています。

図 5-1-3 管理画面

次に、管理画面（図5-1-3）を見ていきましょう。管理画面は管理者ログインからアクセスでき、アーティストの追加、曲、アートワークのアップロードなどが可能です。これらの機能により、サービス運営者は簡単にコンテンツを管理・更新できます。

Webアプリケーション開発の一連の流れ

Webアプリケーション開発は、いくつかのステップに分けて進められます。Webアプリケーション開発の流れやそれぞれのステップについてはプロジェクトやチームにより異なるので、ここではこのあとの実装に必要な最低限のステップと、各ステップでどのようにAIを活用できるのかを紹介します。

一部、ここまでのCHAPTERで解説した内容も含まれますが、おさらいの意味も込めてまず一連の流れを簡単に確認し、後の項目では各工程で**どのようにAIを活用できるのか**も含めて紹介していきます。

1. 仕様策定

仕様策定は最初に行う重要な作業で、**何を、何のために、どうやって作るのか**を決定します。これは、開発するアプリケーションの目的や機能、使用する技術などを明確にするためのものです。

システムを利用する予定のメンバーや発注元のクライアントなどと相談しながら文書としてまとめていくのが一般的で、目的はシステムを利用する予定のメンバーや発注元のクライアントと最終的な完成物の認識を合わせることと、システム開発に必要な情報を集めることです。

この工程で、必要な情報の不足や認識の齟齬があると、開発中に機能が矛盾していることに気がついたり、システムが完成したあとに認識の齟齬が判明したりすることがあります。そのため、このフェーズでは必要な情報が揃った文書を完成させることが重要です。

本書では完成物を統一するために事前に用意した仕様書を利用します。

2. テーブル設計

Webアプリケーションの多くはデータを扱います。このデータはデータベースに保存されます。データベースとは情報を整理して保存するための仕組みで、このデータをどのように整理して保存するのかを決めるのがテーブル設計です。

テーブル設計は仕様策定した際の情報をもとに行うのが一般的です。事前に用意されている仕様をもとにテーブル設計を進めていきます。

3. デザイン、HTML、CSSコーディング

Webアプリケーションの見た目や使い勝手は重要です。便利な機能が用意されていても、その機能がどこにあるのかわからなかったり、使い方がわからなかったりするようなデザインは避けるべきです。

Webアプリケーションの開発においては、デザインフェーズで使いやすいWebデザインを作成します。このフェーズでは、一般的にはFigmaなどのデザインツールを使って、画像やテキストなどの要素をどこに配置するのかを決め、アプリケーションの見た目や使い勝手を設計します。

なお、Figmaなどで作成したWebデザインはブラウザで表示するのに適した形式ではありません。そのため、HTML、CSSコーディングという作業をする必要があります。HTMLはWebページの構造を定義し、CSSはその見た目を定義します。これらを使って、デザインツールで作成したデザインをブラウザで表示できる形式に変換します。

このHTML、CSSコーディングの作業が完了すると、成果物としてhtmlファイルとCSSファイルが完成します。これらのファイルをブラウザで開くと、デザインツールで設計した通りの見た目のWebページを見ることができます。これにより、デザイン・HTML、CSSコーディングフェーズは完了となります。

本書では、手順を簡素にするためにFigmaなどによるデザインは行わず、LLMによるHTML、CSSコーディングを行います。ここまでがソースコードを書く前段階に必要な作業です。

4. フロントエンド、バックエンド実装

ここからいよいよソースコードを書いていきます。

まず、フロントエンド、バックエンドとは何かを再確認しましょう。フロントエンドは、ユーザーが直接触れる部分を開発する領域です。具体的には、Webサイトやアプリケーションの見た目や操作感、ユーザーインターフェースを実装します。HTMLやCSS、JavaScriptなどの技術を用いて、ユーザーが直感的に操作できるようなインターフェースを作り出します。たとえば、ユーザーがボタンをクリックしたときに何が起こるのか、どのような画面遷移が行われるのかなど、ユーザーの操作に対する動作を設計し、コーディングします。

次に、バックエンドについてもおさらいします。バックエンドは、フロントエンドからのリクエストに対して必要な情報を提供したり、フロントエンドから送られてきた情報を受け取ったりする役割を果たします。具体的には、データベースとのやりとりや、サーバーとクライアント間の通信などを担当します。たとえば、ユーザーがWebサイトで商品を購入したとき、その情報はフロントエンドからバックエンドへ送られ、バックエンドはその情報をデータベースに保存します。

また、バックエンドはフロントエンドからのリクエストに対して、データベースから必要な情報を取り出してフロントエンドに送り返す役割も果たします。たとえば、ユーザーがWebサイトで特定の商品の詳細情報を見たいとき、そのリクエストはフロントエンドからバックエンドへ送られ、バックエンドはデータベースから該当の商品情報を取り出してフロントエンドに送り返します。

なお、フロントエンドから直接データベースにアクセスすることは一般的にはありません。これは、セキュリティ上の理由や、データベースへのアクセスを制御するためのロジックが必要となるためです。そのため、フロントエンドとデータベースの間にはバックエンドが位置し、データのやりとりを仲介します。

このように、フロントエンドとバックエンドはそれぞれ異なる役割を果たしながら、Webアプリケーションを機能させるために連携しています。フロントエンドがユーザーの操作に対する反応を設計し、バックエンドがその操作に対する処理を行います。

本書ではAIを用いてフロントエンドとバックエンドの実装を進めていきます。また、実装と同時にテストも行います。

テストとは

アプリケーションの開発が完了したら、次に行うべきは作成した機能が期待通りに動作するかを確認するテストです。テストはソフトウェア開発において重要です。特にAI駆動開発では自分で書いていない大量のソースコードが存在するため、これが正しく動作するかの確認は欠かせない工程です。テストにはさまざまな種類が存在し、それぞれ目的や検証範囲が異なります。ここでは一般的に用いられるテスト手法を紹介します。

・**単体テスト**：単体テストは、個々の関数やメソッドなど、プログラムの最小単位が正しく動作するかを確認するテストです。たとえば、特定の入力値を与えたときに期待する出力が得られるか、エラー処理が適切に行われるかをチェックします。一般的には、ソースコードを書きながら、そのコードに対応するテストコードも同時に作成します。

・**統合テスト**：統合テストは、複数のモジュールやコンポーネントを組み合わせたときに、全体として正しく動作するかを確認するテストです。単体テストで各部分が正常に動作していても、組み合わせた際にインターフェースの不一致やデータの不整合が生じる可能性があります。そのため、統合テストでは実際のユーザー操作やビジネスロジックの流れに沿って、一連の処理が期待通りに機能するかを検証します。統合テストもテストコードを用いて自動化できますが、複雑なシナリオでは手動で確認することも一般的です。
本書ではこれらのテストコードをAIを用いて生成し、高いクオリティで高速に実装できるようにしていきます。

5. 機能追加

Webアプリケーションに限らず、ほとんどのアプリケーションは新規開発が完了してリリースしたあとも、機能追加や仕様変更などのアップデートを繰り返すのが一般的です。しかし実装にあたっては、単に新たな機能を追加するだけではなく、すでに実装済みの機能に意図しない影響を与えないように注意する必要があります。既存の機能が予期せず動作しなくなったり、バグが発生したりする可能性を最小限にしなければなりません。
本書では、一連の開発が終わったあとに、AIを活用してすでに開発済みの機能へ意図しない影響を与えないようにしつつ、新機能の追加や仕様変更を行う方法を学びます。具体的には、AIを用いた自動テストやコード解析について解説します。

図 5-1-4　最後に追加する再生数のカウント機能

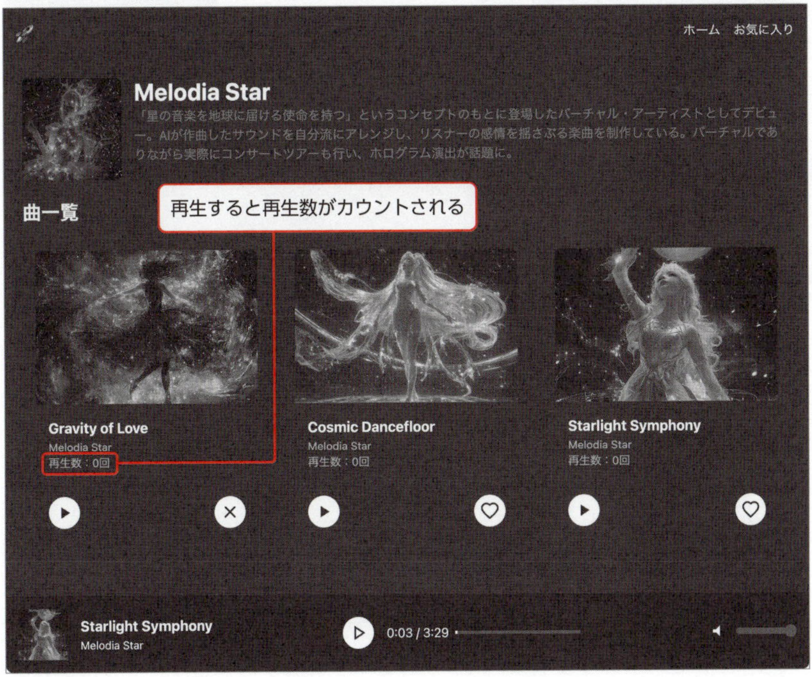

#ルーティング ／ #データベース ／ #APIルート ／ #.envファイル

section 02 テンプレートの確認と準備

必要なファイルを確認　ここでは開発に使うテンプレートの確認とその準備を進めていきましょう。

テンプレートを確認する

このCHAPTERで音楽配信アプリケーションを作るためのテンプレートを用意しています。

Cursorでtemplates/music_app_templateディレクトリを開きます。

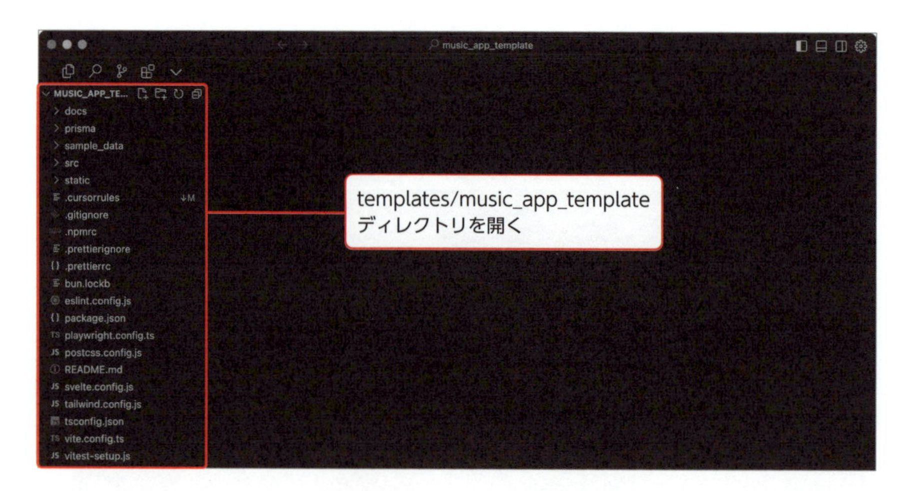

まずは、今回初めて使う**ルーティング**という機能について見ていきましょう。

ルーティングとは？

ルーティングとは、Webアプリケーションにおいて、URLとアプリケーション内の特定の処理（ページの表示やデータの取得など）を対応づける仕組みのことです。ユーザーがURLをもとに目的のページや機能にアクセスできるよう、適切なルーティングを設定します。

SvelteKitでは、src/routesディレクトリがアプリケーションのルーティング構造を管理します。このディレクトリ内のファイルやフォルダの構造が、そのままWeb

アプリケーションのURLパスになります。

URLのパスとは、Web上の特定のページやリソースへの場所を示すURLの一部です。たとえば、https://example.com/favoriteの/favoriteがパスにあたります。SvelteKitでは、このパスがsrc/routes内のフォルダ構造と直接対応しています。

SvelteKitでは、+page.svelteファイルが特定のページを表示するためのコンポーネントを定義します。たとえば、src/routes/favorite/+page.svelteを作成すると、/favoriteというURLパスでこのページが表示されます。

また、+layout.svelteを使うことで、ヘッダーやフッター、ナビゲーションといった共通のレイアウトを定義できます。このレイアウトは、そのディレクトリと子ディレクトリのページに適用されるため、全体のデザインを統一することが可能です。全ページに共通のデザインを適用したい場合は、src/routes/+layout.svelteにレイアウトを定義します。

URLに動的な値を埋め込むことが可能

SvelteKitでは、角括弧[]を使ったディレクトリ名で、動的なURLを持つルートを作成できます。たとえば、アーティストごとのページを作成するには、src/routes/artists/[id]/+page.svelteというファイルを作成します。これにより、/artists/1や/artists/abcといった任意のIDに対応するページが動的に生成されます。

フロントエンドとバックエンドの連携

ここまでに説明したように、フロントエンドはバックエンドと連携を行う必要があります。この連携のために141ページからの手順では+server.tsファイルを作成し、フロントエンドからのリクエストを受け取るAPIエンドポイントを定義しました。今回のアプリケーションではこの作成した+server.tsファイルでフロントエンドからのリクエストに応じてAPI経由でデータベースから情報を取得したり、更新する処理を実装していきます。

music_app_templateの内容

テンプレートには次のようなフォルダやファイルが用意されています。主なものを確認しておきましょう。

docs/

ここには今回作成するアプリケーションの仕様が記載されたrequirements.mdが保存されています。詳しくは次のsectionで説明します。

prisma/

ここにはschema.prismaが保存されています。CHAPTER 4で作成したアプリケーションと同様のテーブル構造を定義するファイルです。

sample_data/

本書では楽曲や画像などのコンテンツも生成AIで作成します。ここにはサンプルとしてあらかじめ生成済みのデータを保存してあります。

src/lib/

SvelteKitにおける共通処理などのファイルが保存されています。今回のテンプレートではあらかじめ用途に合わせたディレクトリが作成されています。

- **components**：Svelteコンポーネント。複数回利用するコンポーネントなどが保存されている
- **module**：アプリケーションの機能モジュール
- **server**：サーバーサイドの機能を実装するファイル

src/routes/

SvelteKitのルーティング構造を定義しています。ここには全ページのレイアウトを定義した+layout.svelteやトップページのコンポーネントを定義した+page.svelteが保存されています。また、以下のようなフォルダやファイルが含まれます。

- **admin**：管理者用ページ。/admin/api/は管理者としてのログインが必要な管理者用APIエンドポイントで、アーティスト情報、楽曲情報の追加や更新を行う管理用APIが含まれる
- **admin/artists/**：アーティスト管理ページ。アーティストの一覧表示や管理機能を提供
- **admin/artists/[id]/songs**：特定のアーティストの楽曲管理ページ。特定のアーティストに関連する楽曲の管理機能を提供
- **admin/login**：管理者用ログインページ
- **api/**：管理者としてのログインが必要ないエンドポイントで、アーティスト、楽曲情報の取得、楽曲ごとの再生数カウントアップの処理が含まれる
- **artists/**：アーティスト関連のページ。[id]は動的ルーティングを使用したアーティスト詳細ページ
- **favorite/**：お気に入りページ

より詳細な使い分けや役割などは後の項目で詳しく解説していきます。

.envファイルを作成する

環境変数を管理するために.envファイルが必要ですが、git管理から除外しているためリポジトリをクローンした時点では存在しません。このファイルはアプリケーションを正常に動作させるために必要なので作成します。Cursorのファイルエクスプローラーの余白部分を右クリックし、［新しいファイル］を選択して「.env」という名前のファイルを作成してください。

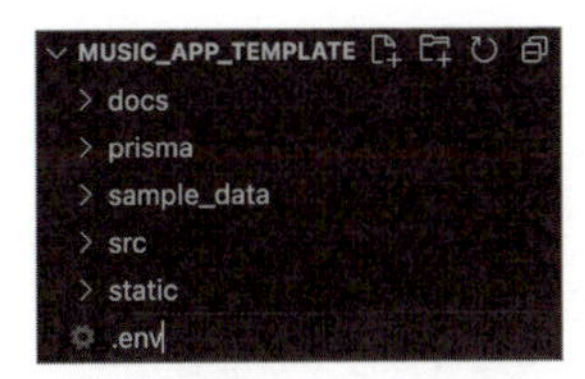

.envファイルには以下のように環境変数を記述し、Ctrl（⌘）＋Sキーを押して保存します。

```
DATABASE_URL="file:./dev.db"
SECRET_KEY="test"
```

#仕様策定 ／ #仕様書 ／ #機能要件 ／ #文字起こしAI

section 03 開発ステップ① 仕様策定

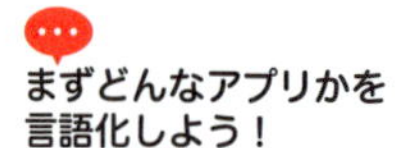

まずどんなアプリかを言語化しよう！

システム開発において、「何を」「どのように」「何のために」作るのかを明確にすることは非常に重要です。ここでは開発する音楽配信アプリケーションの仕様を確認します。

仕様書を確認する

仕様書は、システム開発における羅針盤のような役割を果たす重要な文書です。この仕様書に基づいてプロジェクトのメンバーが共通の認識を形成し、開発を進めていくことになります。

この仕様書もソースコードと同様にLLMを使って生成できますが、LLMはプロンプトが同じでも同じ出力をするわけではありません。書籍で紹介するにはこの特性は適切ではないため、本書ではあらかじめ用意したdocs/requirements.mdを仕様書にします。

仕様書には、特に決まったフォーマットはありません。今回用意した仕様書には具体的に以下の6項目を記載しています。

1. 背景と目的

なぜこのシステムを作るのか、その背景や目的を明確に記述します。今回の音楽配信アプリケーションの場合は、「新しい音楽との出会いを求める音楽ファンに向けて、空想のアーティストと楽曲を提供する」という目的を明示しています。ターゲットユーザーを明確にすることで、開発の方向性が定まり、ユーザーニーズに合致したシステムを構築できます。

2. 機能要件

システムが備えるべき機能を具体的に列挙します。たとえば今回のアプリケーションでは「管理者がアーティストや楽曲を追加・編集する機能」「ユーザーが曲を再生する機能」「お気に入りに登録する機能」などを挙げています。これらの機能がユーザーや管理者にとってどのように役立つのかを明確にすることで、開発の優先順位や実装方法を決定する際の指針となります。

3. 非機能要件

機能以外のシステム要件を定義します。パフォーマンス、セキュリティ、使いやすさ、保守性など、システムの品質に関わる重要な要素が含まれます。今回のアプリケーションでは、PCのみの対応、Tailwind CSSを用いた直感的なUIデザイン、キーボード操作への対応といった非機能要件を定義しています。これらの要件を満たすことで、ユーザーにとって快適で使いやすいシステムを実現できます。

4. 制約事項

開発における技術的な制約を記述します。使用可能な技術、開発環境、予算、スケジュールなどが含まれます。今回のアプリケーションでは、SvelteKit、Bun、SQLite、Prismaといった技術の採用を明記しています。制約を明確にすることで、開発の範囲を定め、実現可能な範囲でプロジェクトを進めることができます。

5. ユースケース

システムがどのように使われるかを具体的な利用シーンを想定して記述します。たとえば「管理者が新しいアーティストを追加する手順」「ユーザーが曲を再生し、お気に入りに追加する手順」などが挙げられます。各操作に対するシステムのフィードバックについても記述することで、開発者とクライアントの認識のずれを防ぎます。

6. 必要ページ一覧

Webアプリケーションに必要なページを一覧で示し、それぞれのページの概要とUI要素を記述します。トップページ、アーティスト詳細ページ、曲詳細ページ、管理画面などが含まれます。各ページの役割と構成を明確にすることで、デザインと実装を効率的に進められます。

仕様書を効率的に作成する

このように仕様書にはさまざまな項目が存在し、これらを漏れなく埋めていくことで適切な仕様書が作成できます。このように効率的に仕様書を作成するためにAIを活用できます。

アイデア、作りたいものを整理する

アプリケーション開発において、まずアイデアを整理することで、開発するアプリケーションの目的や機能を明確にし、プロジェクトの方向性を定めることができます。たとえば、Todoリストアプリを開発する場合、以下のような背景と目的が考えられます。

- 背景
  - 多忙な日常生活や業務において、やるべきタスクを効率的に管理することが難しい
  - 既存のTodoリストアプリには、機能が過剰すぎてシンプルなタスク管理に不向きなものも多い
  - プロジェクトごとのタスク管理や期限の設定、チームでの共有機能が不足していると感じることがある
- 目的
  - ユーザーが日常的に使いやすい、シンプルで直感的なインターフェースを提供する
  - タスクの優先順位付けや期限の管理が簡単に行える
  - タスクの完了状況を視覚的に把握でき、モチベーションを向上させる

これをもとにLLMを活用して今回のような仕様書を作成してみましょう。

テンプレートを用いて仕様書を生成する

ChatGPTなどのLLMは、作成する文章が決まっている場合はテンプレートを活用すると狙った結果を得やすくなります。以下のようにプロンプトを入力すると仕様書を作成できます。テンプレートのサンプルはリポジトリのsample/template_sample.mdに用意しています。

```
背景と目的をもとに、仕様書を作成しなさい。


背景と目的:
- 背景
    - 多忙な日常生活や業務において、やるべきタスクを効率的に管理することが難しい。
    - 既存のTodoリストアプリには、機能が過剰すぎてシンプルなタスク管理に不向きなものも多い。
    - プロジェクトごとのタスク管理や期限の設定、チームでの共有機能が不足していると感じることがある。
- 目的
    - ユーザーが日常的に使いやすい、シンプルで直感的なインターフェースを提供する。
    - タスクの優先順位付けや期限の管理が簡単に行える。
    - タスクの完了状況を視覚的に把握でき、モチベーションを向上させる。

テンプレート:
```

```
---
{テンプレートを入力}
```

すると以下のように仕様書が出力されます。

図 5-3-1 LLM が生成した仕様書

プロジェクト仕様書: シンプルなタスク管理アプリケーション

---

1. 背景と目的

背景

- 多忙な日常生活や業務において、やるべきタスクを効率的に管理することが難しい。
- 既存のTodoリストアプリは機能が過剰で、シンプルなタスク管理には不向きな場合が多い。
- プロジェクトごとのタスク管理、期限の設定、チーム共有機能が不足していると感じることがある。

目的

- ユーザーが日常的に使いやすいシンプルで直感的なインターフェースを提供する。
- タスクの優先順位付けや期限の管理を簡単に行える。
- タスクの完了状況を視覚的に把握でき、モチベーションを向上させる。

システムアーキテクチャ

mermaid　コードをコピーする

```
graph TD
    User[ユーザー] -->|ブラウザ経由| WebApp[Webアプリケーション]
    WebApp --> Backend[バックエンドAPI]
```

作成されたものが完璧であることは少なく、手直しが必要な場合が多いものの、自分で一から用意するより効率的です。次は文字起こしAIも使ってさらに効率化してみましょう。

文字起こしAIを活用する

対面やオンラインの打ち合わせ内容をもとに仕様を策定することはシステム開発では珍しくありません。この場合、打ち合わせでの内容をまとめる必要があり、手作業では時間と労力がかかります。文字起こしAIとLLMを活用することで、この作業を効率化できます。

ここではOpenAIが開発するオープンソースの文字起こしAIであるWhisperを利用し、これらの作業を効率化する方法を紹介します。

Whisperは英語だけでなく、日本語を含む多くの言語に対応した文字起こしAIで、音声ファイルから話している内容を文字起こしできます。オープンソースで公開されているため、自分のPCにダウンロードすれば無料で利用できるだけでなく、カスタマイズも可能です。

図 5-3-2　Whisper の README

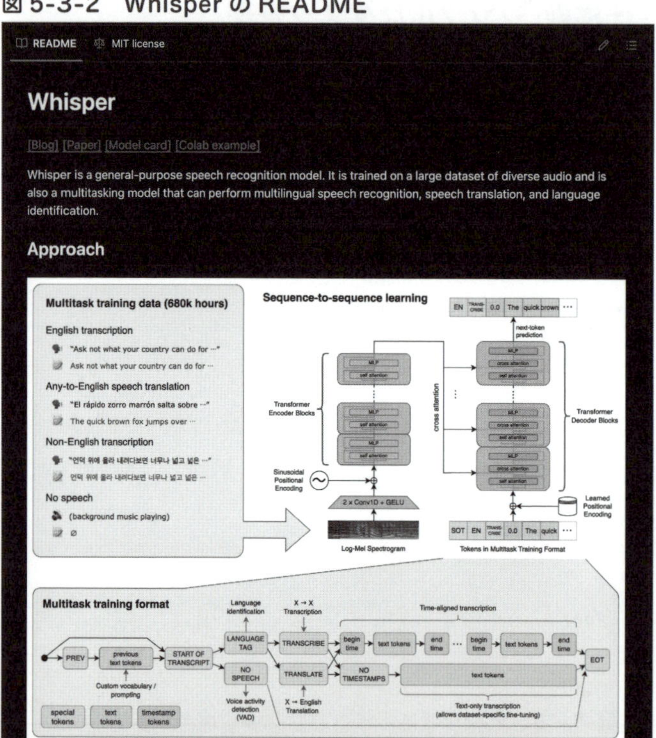

https://github.com/openai/whisper/blob/main/README.md

WindowsではMicrosoft Store、macOSではApp Storeで、Whisperを利用したさまざまな文字起こしアプリケーションが公開されています。また、Webサイト上で直接利用できるサービスもあります。

ここでは、Web上で利用できるReplicateというサービスを紹介します。Replicateは、さまざまなAIモデルを実行できるプラットフォームです。画像生成、テキスト生成、音声処理など、多様なAIモデルが用意されており、APIだけでなくブラウザから直接実行することも可能です。

打ち合わせの録音をWhisperで文字起こしすることで、テキスト化されたデータを得ることができます。サンプルとして用意した音声ファイルをダウンロードしてReplicateで文字起こししてみましょう。なお、この手順を進めると$0.03程度の費用がかかるので注意してください。

Replicateにサインインする

まずは、Replicateにアクセスし、右上の［Get started］をクリックし、登録を進めましょう。執筆時点ではGitHubアカウントでのログインが必要です。

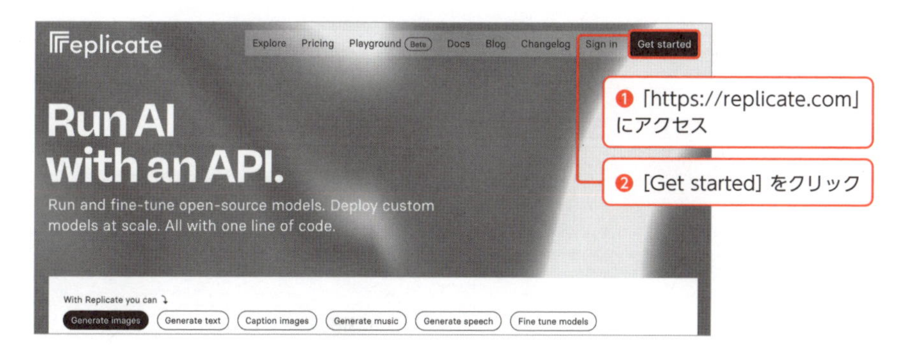

登録が完了したら、画面左上のユーザーアイコンをクリックし、［Account settings］をクリックしましょう。

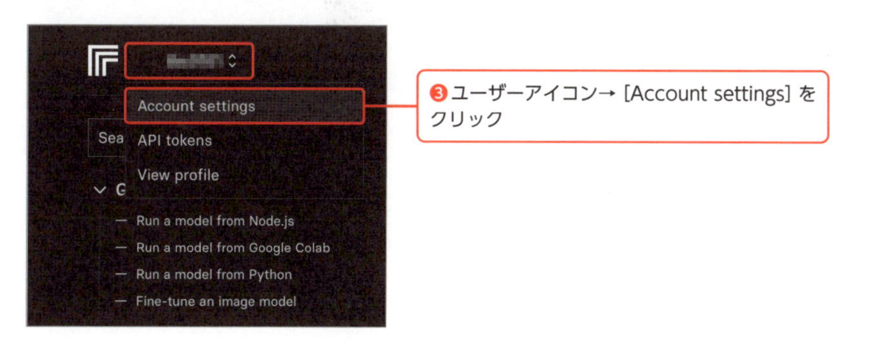

次に［Billing］を開き、［Set up billing］からクレジットカードを登録しましょう。なお、Replicateでは実行時間に応じて課金が行われます。不意の高額課金にならないように［Spend Limit］を設定しましょう。

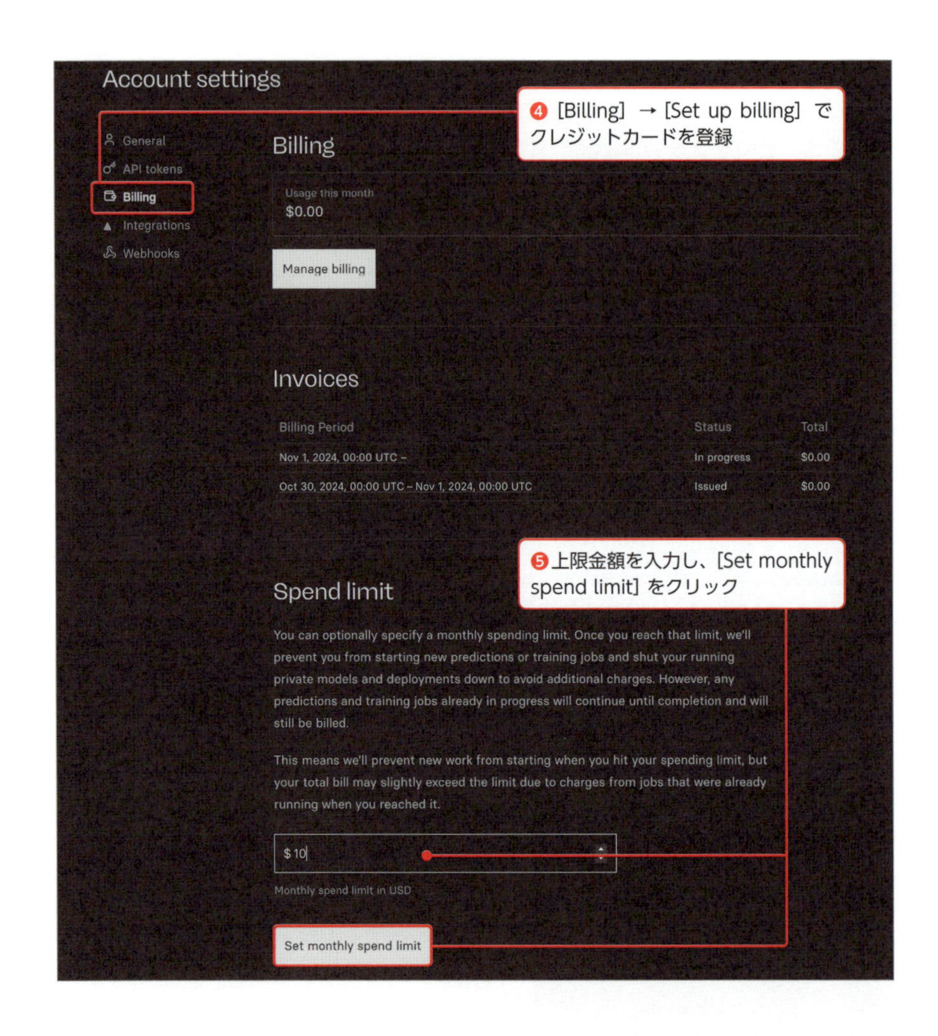

なお、クレジットカードの登録を解除するには、上の画面の [Manage billing] をクリックして表示される画面で、カード番号の右にある×印をクリックします。

以上で、アカウントの作成と登録、支払い方法の設定は完了です。次はいよいよ音声ファイルから文字起こししてみましょう。

Whisper で文字起こしする

検索ボックスに「openai/whisper」と入力し、ドロップダウンリストから [openai / whisper] をクリックします。

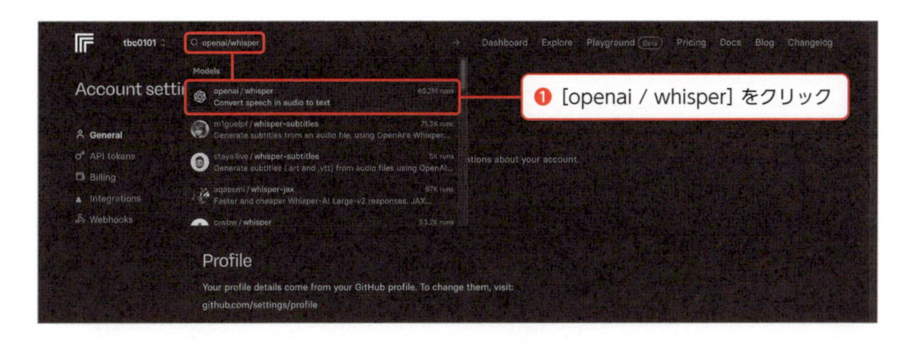

Whisperが開くので、[Input] の [audio] で文字起こしするファイルを選択します。ここではリポジトリのsample/todo_meeting_sample.mp3を選択しましょう。todo_meeting_sample.mp3はAIによって文字から音声に変換された5分未満のサンプルデータで、内容はTodoアプリの仕様策定について話し合ったものです。

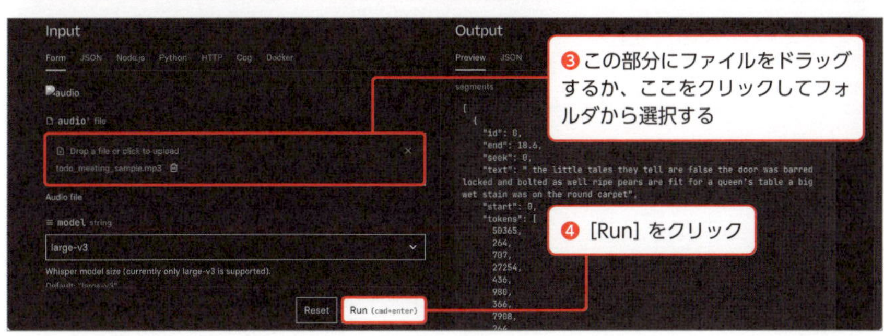

画面下部の［Run］をクリックすると、Whisperでの文字起こしが実行され、結果が画面右側に表示されます。

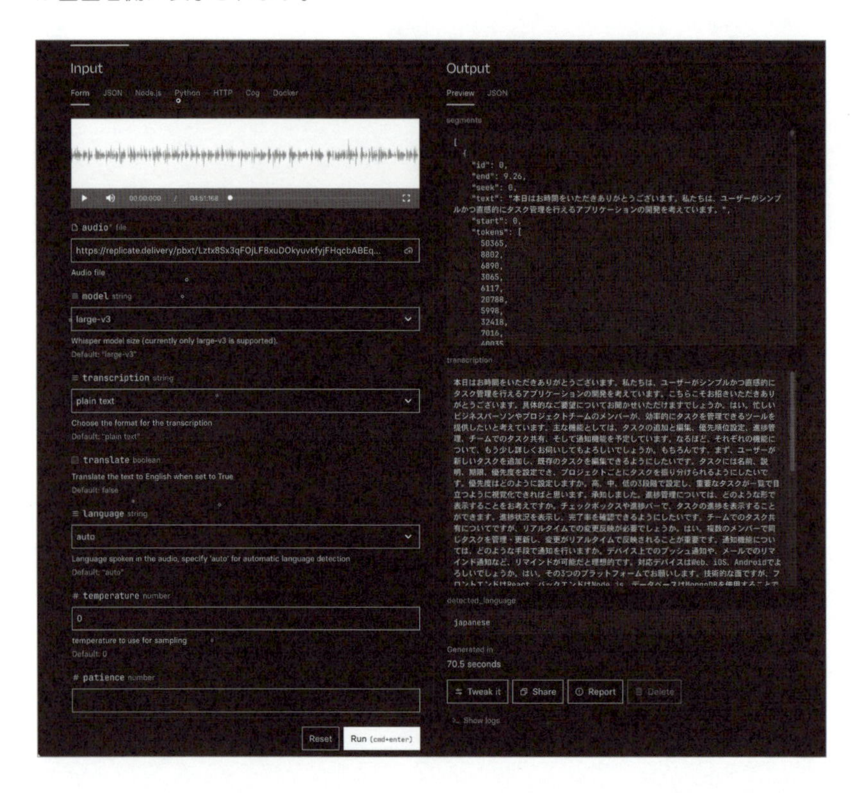

ここで生成された文字起こしの結果と先ほどのテンプレートを合わせて、以下のようにプロンプトを構築してみましょう。

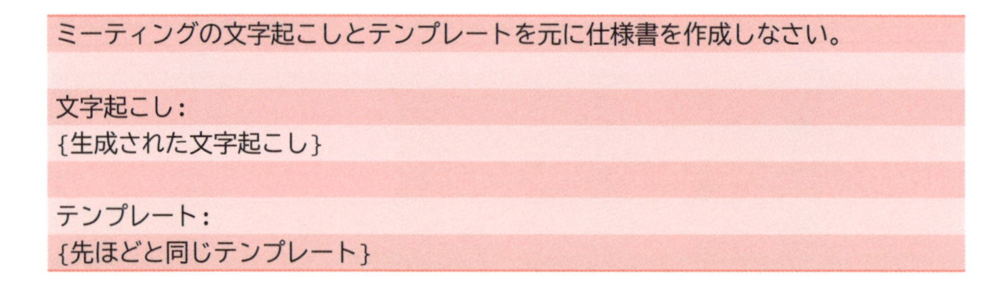
ミーティングの文字起こしとテンプレートを元に仕様書を作成しなさい。

文字起こし：
{生成された文字起こし}

テンプレート：
{先ほどと同じテンプレート}

先ほどと同様にミーティングの内容とテンプレートを踏まえたうえで仕様書が生成されます。

このように、文字起こしAIとLLMを組み合わせることで、アイデアの整理やまとめを効率的に行えます。AI駆動開発においては、このようなAIツールをうまく活用していきましょう。

Point より実務で活用しやすい文字起こしツール

今回はWhisperを使用した例を紹介しましたが、AIを活用したミーティングの文字起こしサービスにはほかにも多くの種類があります。

たとえばtl;dv（https://tldv.io/ja/）というサービスでは、ZoomやGoogle Meetと連携し自動で文字起こしを生成する機能を提供しています。

図 5-3-3　tl;dv の Web サイト

また、文字起こしだけでなく、そこからミーティングの要約を生成する機能なども提供されています。しっかり使っていくには課金が必要になりますが、非常に強力なツールです。本格的な開発を行う場合はぜひ活用してみましょう。

#テーブル設計

開発ステップ②テーブル設計

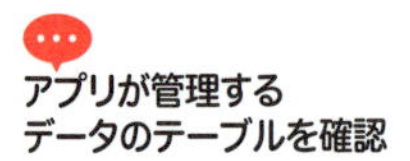

section03で確認した仕様書をもとに、AIを活用してテーブル設計を進めましょう。

仕様書からテーブル設計を行う

まずは120ページと同様に、ターミナルで以下のコマンドを実行して必要なファイルをダウンロードしましょう。

```
bun install
```

アプリケーションの仕様が定まったら、次はその仕様に基づいてテーブル設計を行います。テーブル設計では、アプリケーションが管理するデータをどのようなテーブルとして表現するかを決定します。仕様書と同様に、テーブル構造はテンプレートをそのまま使用します。テーブル構造が異なると後の手順でエラーが発生する可能性があるためです。ここでもPrismaを利用するのでschema.prismaを開いてテーブルを確認しましょう。

テーブル構造を確認する

以下は、schema.prismaファイルの一部です。

```
model Artist {
  id          Int       @id @default(autoincrement())
  name        String
  profile     String?
  image String?
  songs       Song[]
}

model Song {
  id          Int       @id @default(autoincrement())
  title       String
```

```
  artistId  Int
  audio     String
  image     String?
  playCount Int       @default(0)
  artist    Artist    @relation(fields: [artistId], references: [id])
}
```


簡単に説明すると、ArtistテーブルとSongテーブルがあり、SongテーブルはArtistテーブルと紐づいています。具体的には、SongテーブルのartistIdがArtistテーブルのidを参照することで、両者が**リレーション（関連付け）**されています。この関係により、1人のアーティスト（Artist）が複数の楽曲（Song）を持つことができる、いわゆる多対単（Many-to-One）の関係が構築されています。多対単とは、「複数のレコード（Song）が、単一のレコード（Artist）に関連づけられる」という関係を意味します。

テーブル構造を確認したら、ターミナルで以下のコマンドを実行し、テーブルを作成しましょう。

```
bun prisma db push
```

もし以下のようなエラーが出た場合は、155ページで作成した.envファイルの設定が正しく行われているか確認しましょう。フォルダの場所やファイルの中身が間違っている可能性があります。

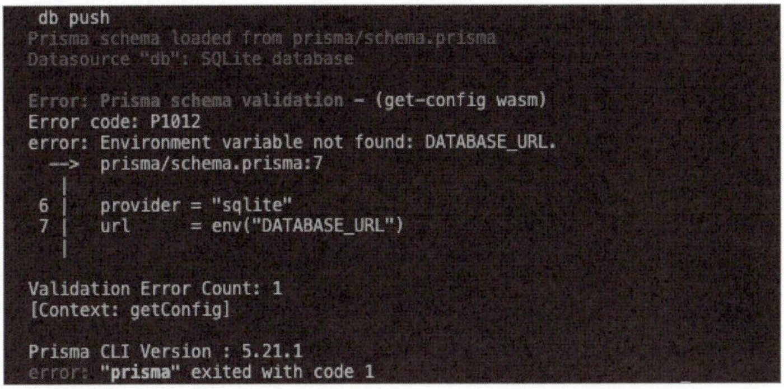

```
 db push
Prisma schema loaded from prisma/schema.prisma
Datasource "db": SQLite database

Error: Prisma schema validation - (get-config wasm)
Error code: P1012
error: Environment variable not found: DATABASE_URL.
  -->  prisma/schema.prisma:7
   |
 6 |   provider = "sqlite"
 7 |   url      = env("DATABASE_URL")
   |

Validation Error Count: 1
[Context: getConfig]

Prisma CLI Version : 5.21.1
error: "prisma" exited with code 1
```

エラーなく実行が完了したらテーブルの作成は完了です。

#LLM ／ #Webデザイン ／ #コンポーネント

section 05

開発ステップ③ デザイン、コーディング

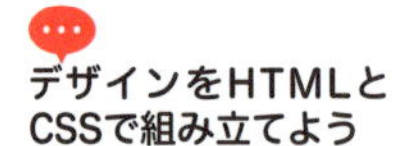

ここでは、LLMを活用してWebアプリケーションのデザインとコーディングを同時に行う方法について説明します。特に、コンポーネントごとにLLMを用いてUIを生成するアプローチを中心に、具体的な手順を見ていきましょう。

AIによるUI生成の課題

CHAPTER 2で説明したとおり、LLMはテキストの処理に特化したAIであるため、視覚的なデザインの生成については比較的苦手としています。たとえば、「モダンなWebサイトのトップページを作成して」といった抽象的な指示では、LLMは具体的なデザインを生成することが困難です。

一方で、「ヘッダーには、左にロゴ、右にナビゲーションメニューを配置し、背景色は青色で文字色は白色にする」のように、より具体的で詳細な指示を与えることで、LLMを用いてある程度のクオリティのデザインを生成することが可能です。

ただし、現時点ではLLM単体で完全なWebデザインを生成することは難しいため、本書ではコンポーネントごとにLLMを活用してUIを作成する方法を採用します。

作成するコンポーネントを確認する

まずは、トップページに必要なコンポーネントを見ていきましょう。

次ページの図5-5-1を見ると、Header、Player、SongCard、ArtistCardの4つのコンポーネントがあることがわかります。これらのコンポーネントに対応する空のファイルは、あらかじめsrc/lib/componentsディレクトリ内に作成されています。

ちなみに管理画面も同様にデザインを作成する必要がありますが、デザインがそこまで複雑ではないため今回はフロントエンド、バックエンドと合わせて生成していきます。

図 5-5-1　トップページのコンポーネント（画像はイメージ）

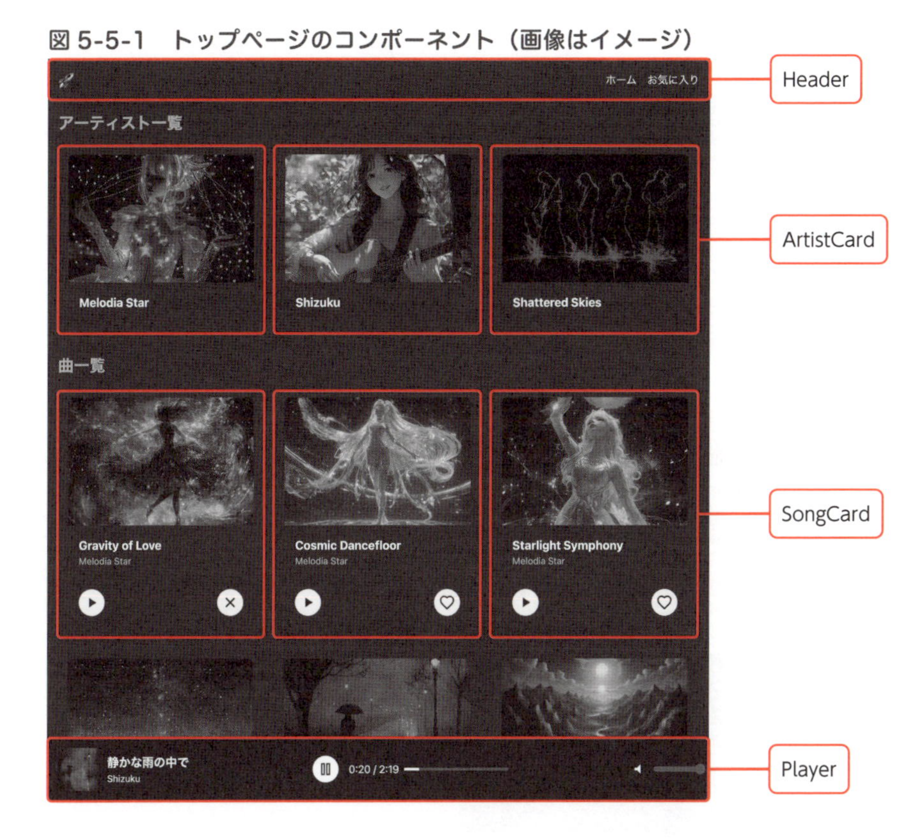

Headerコンポーネントの生成

では、Headerコンポーネントから生成していきましょう。まず、以下のコマンドを実行して開発環境を立ち上げましょう。

```
bun run dev
```

開発環境が立ち上がったら、表示されているURLをブラウザで開きます。

Headerの要素

次にCursorでsrc/lib/components/Header.svelteファイルを開いてください。まずはHeaderに必要な要素を確認しましょう。次ページの画面のような要素で構成された完成形を目指します。

① ロゴ、TOPページへのリンク、お気に入りページへのリンクが横一列に並ぶ
② ロゴはロケットのアイコンにする
③ ナビゲーションメニューの文字色は白色にする
④ ナビゲーションメニューの背景色は黒色にする

Headerコンポーネントの実装

これらの要件を満たすHeaderコンポーネントを作成するために、Ctrl（⌘）+ Kキーでポップアップを開き、@Filesシンボルを使ってdocs/requirements.mdをプロンプトに追加し以下のように入力します。

```
Headerコンポーネントを実装して
```

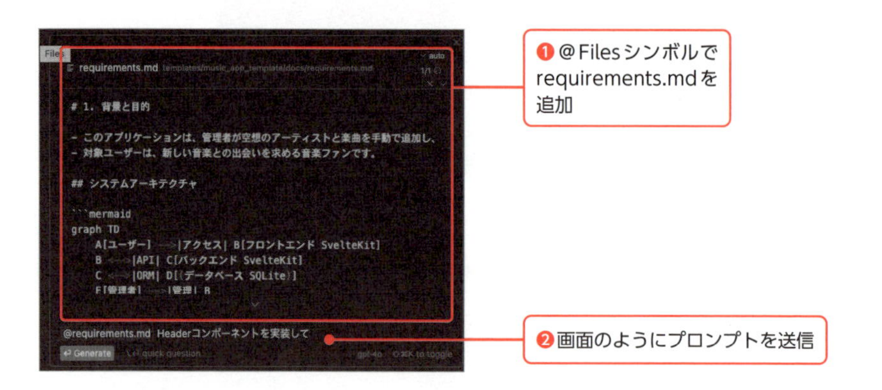

プロンプトを送信すると、LLMがHeaderコンポーネントのコードを生成してくれます。具体的に指示していないにも関わらずメニューやロゴを実装できました。これは、**仕様書（docs/requirements.md）にヘッダーをどのように実装するべきかという内容が記載されているから**です。詳細な仕様書を作成するとこのように単純な指示でも意図したコードの生成をしやすくなります。生成されたコードが下に挙げたものと完全に一致していなくても大丈夫です。生成したらCtrl（⌘）+ Sキーを押して保存しましょう。

```
<header class="bg-gray-800 text-white p-4 flex justify-between
items-center">
  <div class="text-2xl font-bold">
    <a href="/">🚀</a>
  </div>
  <nav>
    <ul class="flex space-x-4">
      <li><a href="/" class="hover:underline">ホーム</a></li>
      <li><a href="/favorite" class="hover:underline">お気に入り
</a></li>
    </ul>
  </nav>
</header>
```

次に、Cursorで**src/routes/+layout.svelte**ファイルを開きます。

```
<script>
  import '../app.css';
</script>
<slot />
```

このようにslotタグとscriptタグ内のimport文のみが記述されています。このimport文はCSSを読み込むために必要です。うまくスタイルが反映されない場合は、このimport文が記述されているか確認しましょう。

slotタグは+layout.svelteでは必ず必要になるので削除しないよう注意してください。**slotは、親コンポーネントから子コンポーネントへコンテンツを受け渡す役割**を果たします。+layout.svelteではすべての共通要素を記述し、各ページごとのコンテンツはslotタグ部分に表示されます。

一番上にヘッダー、その下にコンテンツを表示するので、Headerコンポーネント→slotタグの順序で記述します。

それでは生成したHeaderコンポーネントをインポートしましょう。エディタ上で</script>の次の行で「<Header」と入力すると補完リストにHeader.svelteが表示されるので、選択して入力してください。

❸「<Header」と入力して、補完されるHeader.svelteを選択

補完リストが表示されない場合は、scriptタグ内に以下のようにimport文を追加してください。

```
<script>
  import '../app.css';
  import Header from '$lib/components/Header.svelte';
</script>

<Header />

<slot />
```

上記のようにHeaderコンポーネントを配置したら、Ctrl（⌘）+Sキーを押して保存してからブラウザで表示を確認してください。画面上部に図5-5-2と同じように表示されていれば、Headerコンポーネントの生成は完了です。

配置や色、要素に過不足などの問題がある場合は、Header.svelteを開き、Ctrl（⌘）+Kキーで追加の指示を加えて再生成しましょう。細かな部分まで揃える必要はありませんが、なるべくサンプルと同じような見た目になるようにしてみましょう。

図 5-5-2　完成したHeaderコンポーネント

再生ウィジェットの生成

再生ウィジェットの見た目を実装します。再生ウィジェットは表示や機能が複雑なので、一度で生成することは難しいです。執筆時点でのLLMでは**一度に生成するソースコード量は少なく、機能は最小限にするほど精度が上がります。**再生に関わる機能はあとで実装し、見た目についても徐々に完成に近づけていきましょう。

src/lib/components/Player.svelteを開いてください。Ctrl（⌘）+Kキーを押してポップアップを開き、@Filesシンボルを使ってdocs/requirements.mdをプロンプトに追加し、以下のように入力しましょう。

```
機能に関わる部分は仮として再生ウィジェットの見た目のみを実装しなさい。
```

生成されたら［Accept］をクリックしてからCtrl（⌘）+Sキーを押して保存し

ましょう。

ここまでできたら、Headerと同様にレイアウトに追加します。**src/routes/+layout.svelte**を開き、<slot />の下に「<Player」と入力すると補完リストにPlayer.svelteが表示されるので、選択して入力を確定します。Playerは画面の最下部に表示したいので<slot />の下に挿入しています。以下のように入力されたことを確認して保存しましょう。

```
<script>
  import '../app.css';
  import Header from '$lib/components/Header.svelte';
  import Player from '$lib/components/Player.svelte';
</script>

<Header />

<slot />

<Player />
```

この状態でブラウザを開き、表示を確認しましょう。執筆時点でのLLMでは以下のように生成されました。

図 5-5-3　生成された Player コンポーネント

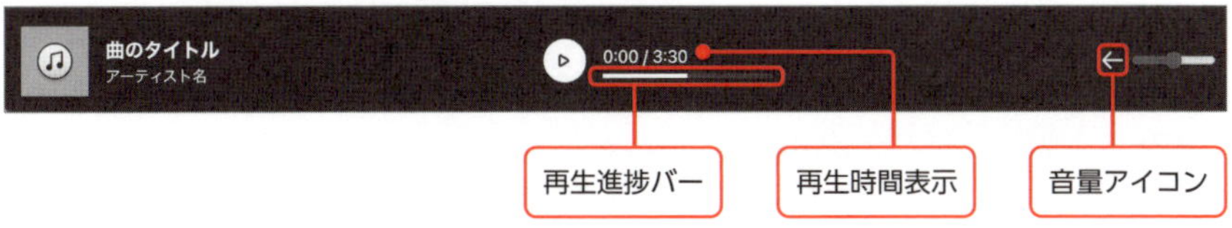

概ね大丈夫そうですが、以下の問題があります。

- **音量アイコンが左矢印になってしまっている**
- **再生時間表示と再生進捗バーが縦並びになっている**

こちらを129ページに記載の想定外のエラーへの対応方法を参考に修正しましょう。**Player.svelte**を再度開き、**すべてのソースコードを選択した状態でCtrl（⌘）+Kキーを押します**。ここでは想定外のエラーの修正方法として、現状の動作（表示）

と期待する動作（表示）を含めたプロンプトを追加しましょう。

まずは、先ほどと同様に@Fileシンボルでdocs/requirements.mdをプロンプトに追加し、以下のように入力しましょう。

```
表示に問題があるので以下修正を行って
- 音量アイコンが左矢印になっているので、スピーカーアイコンに
- 再生時間表示と再生進捗バーが縦並びになっているので、横並びになるように
```

以下のように正常に変更されました。

図 5-5-4　修正されたPlayerコンポーネント

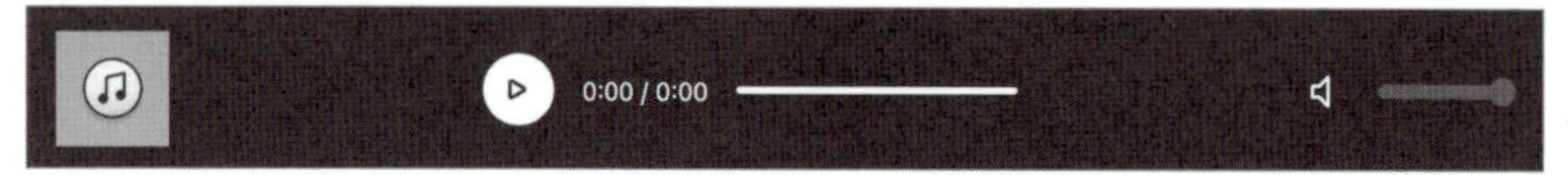

執筆時点のLLMでは、アイコンが正常に生成できない場合があります。もしアイコンが正常に生成されない場合は、再度すべてのソースコードを選択して、@Webをプロンプトに追加したうえで以下のようにプロンプトを書いてみましょう。

```
再生ボタン、音量アイコンをSVGで表して。
```

Web検索を組み合わせることでアイコンを正常に表示できるようになります。

曲カード、アーティストカードの実装

同様の手順で、曲カード（SongCard）とアーティストカード（ArtistCard）コンポーネントも生成していきます。曲カードにある楽曲の再生などの機能についてはあとで実装するのでここでは見た目のみを実装しましょう。src/lib/components/SongCard.svelteを開き、Ctrl（⌘）+Kキーを押してポップアップを表示したら、@Filesシンボルを使ってdocs/requirements.mdとprisma/schema.prisma、src/lib/type.tsをプロンプトに追加し、以下のように入力しましょう。

生成できたら保存してください。

```
曲カードの見た目のみを実装してください。上部にアートワーク、中央に曲名とアーティスト名、下部に再生ボタンとお気に入り追加ボタンを配置してください。表示するデータはSongWithArtist型でsongプロパティから受け取って表示しなさい。
```

ここでは曲カードを表示するために、曲にはどのようなデータが含まれているかをschema.prismaファイルを読み込ませることでプロンプトに追加しています。また、追加したtype.tsファイルには曲とアーティストの関連データを扱うために、Prismaが提供する型定義を利用した以下のような内容が記述されています。

```
import type { Prisma } from "@prisma/client";
export type SongWithArtist = Prisma.SongGetPayload<{
include: {
artist: true;
};
}>;
export type ArtistWithSongs = Prisma.ArtistGetPayload<{
include: {
songs: true;
};
}>;
```

上記で定義されているSongWithArtist型は、曲の情報に加えて、その曲に関連するアーティストの情報を含む型です。一方のArtistWithSongs型は、アーティストの情報に加えて、そのアーティストに関連する曲の情報を含む型です。これらの型を定義することで、曲とアーティストのデータをまとめて扱う際に、TypeScriptの型チェック機能を活用でき、バグの発生を防げます。

同様に、src/lib/components/ArtistCard.svelteを開き、Ctrl（⌘）＋Kキーを押してポップアップを表示したら、@Filesシンボルを使ってdocs/requirements.mdとprisma/schema.prisma、src/lib/type.tsをプロンプトに追加し、以下のように入力しましょう。曲カードと同様にschema.prismaファイルを読み込ませることでアーティストテーブルの情報を読み込ませテーブルの情報と一致するようにします。

```
アーティストカードを実装しなさい。上部にアーティスト画像、下部にアーティスト名を配置してください。アーティスト名をクリックすると/artists/[id]に遷移するようにリンクを設定しなさい。表示するデータはArtistWithSongs型でartistプロパティから受け取って表示しなさい。
```

生成したコンポーネントを表示してみましょう。今回作成するコンポーネントはトップページで使用します。したがって、src/routes/+page.svelteファイルを開きましょう。Ctrl（⌘）＋Kキーでポップアップを開いたら、docs/requirements.md、prisma/schema.prisma、src/lib/type.ts、SongCard.svelte、ArtistCard.svelteをプロンプトに追加し、以下のように入力しましょう。

> コンポーネントの表示確認のために曲一覧、アーティスト一覧セクションを作成し、SongCard、ArtistCardを見やすく表示しなさい。データはAPIから取得せず、仮情報を変数に入れて表示しなさい。

以下のように表示されました。

図 5-5-5　SongCard と ArtistCard が表示されたトップページ

画像は表示されていませんが、後の工程でバックエンドと連携させるので、ひとまずここでは問題ありません。

以上で各コンポーネントの実装が完了しました。次はこれらのコンポーネントを使ってトップページの実装を進めましょう。

トップページの実装

各コンポーネントの実装が完了したので、トップページの表示を整えていきましょう。

上の図5-5-5を見ると、背景が白になってしまっているので、背景色を追加し、曲一覧、アーティスト一覧の文字色を変更します。また、トップページだけでなく、アーティストページ、お気に入りページでも同様に背景色を設定したいので、+layout.svelteを編集しましょう。

src/routes/+layout.svelteを開き、すべてを選択して Ctrl （⌘）＋ K キーでdocs/requirements.mdをプロンプトに追加し、以下の通り入力してください。

画面の高さいっぱいに背景色を設定して。

ソースコードが編集され、背景色が変更されたのを確認しましょう。

もし文字色やカードの順番がおかしいときは、+page.svelteを編集します。すべてを選択して Ctrl （⌘）＋ K キーでdocs/requirements.mdを追加し、以下のようなプロンプトで編集後、保存してください。

アーティスト一覧を上にし、文字色を背景色に合わせて適切に変更して。

現時点では多少デザインが異なっていても問題ありません。

図 5-5-6　文字色や配置が意図通りの状態

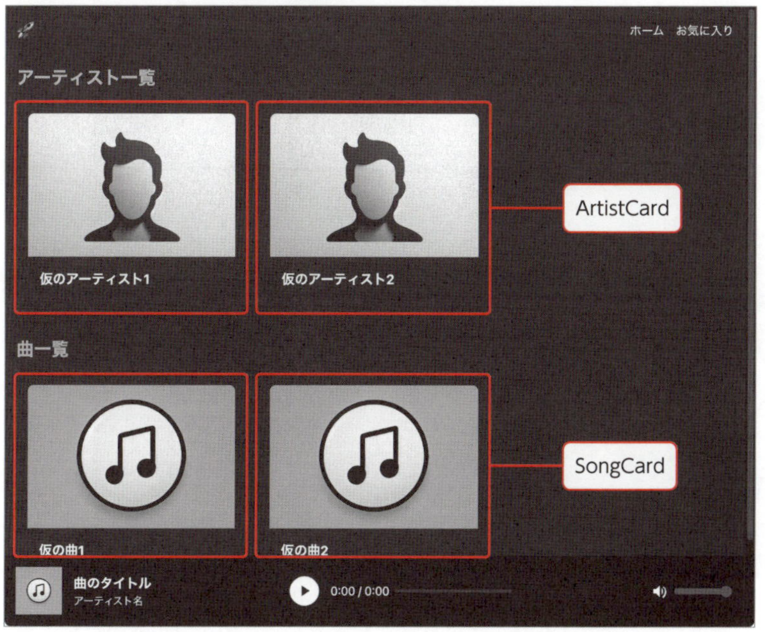

アーティストページの実装

次はアーティストページを実装しましょう。アーティストページではアーティスト名、アーティスト画像、アーティストプロフィール、リリースしている曲の一覧を閲覧できるページです。

src/routes/artists/[id]/+page.svelteを開き、Ctrl（⌘）＋Kキーを押して、ポップアップでdocs/requirements.md、schema.prisma、type.ts、SongCard.svelteをプロンプトに追加し、以下のようなプロンプトを入力します。

> アーティストページ表示確認のために機能を実装しなさい。画面上部にアーティスト情報を表示しなさい。アーティスト画像は左に表示し、右にアーティスト名を表示し、アーティスト名の下にはプロフィールを表示しなさい。アーティスト情報の下には曲一覧という見出しを作成し、曲一覧をSongCardを使って横並びに表示しなさい。データはAPIから取得せず、仮情報を変数に入れて表示しなさい。

プロンプトを送信すると、LLMがアーティストページのコードを生成します。保存してからブラウザでアーティスト名（「仮のアーティスト1」など）のリンクをクリックしてみてください。図5-5-7のようなアーティストページが表示されます。

図 5-5-7　生成されたアーティストページ

ここでも画像が表示されていなくても問題ありません。このように表示されたら、アーティストページの実装は完了です。

お気に入りページの実装

次はお気に入りページを実装しましょう。お気に入りページではユーザーが保存したお気に入りの曲やアーティストを一覧で表示します。

src/routes/favorite/+page.svelteを開き、すべてを選択したらCtrl（⌘）+Kキーを押してdocs/requirements.md、schema.prisma、type.ts、SongCard.svelteをプロンプトに追加し、以下のようなプロンプトを入力します。

> お気に入りページ表示確認のために機能を実装しなさい。お気に入りが一個も追加されていない場合は「お気に入りに追加されている曲はありません」と表示し、お気に入りに追加されている曲はSongCardを使って横並びに表示するようにしなさい。データはAPIから取得せず、仮情報を変数に入れて表示しなさい。

プロンプトを送信すると、LLMがお気に入りページのコードを生成します。保存してからブラウザで画面右上の「お気に入り」リンクをクリックしてみてください。図5-5-8のようなお気に入りページが表示されるでしょう。

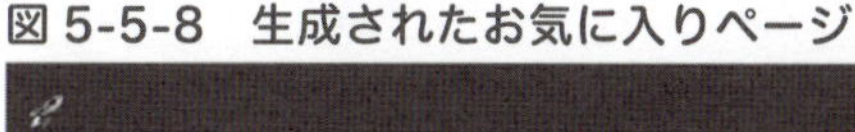

図 5-5-8　生成されたお気に入りページ

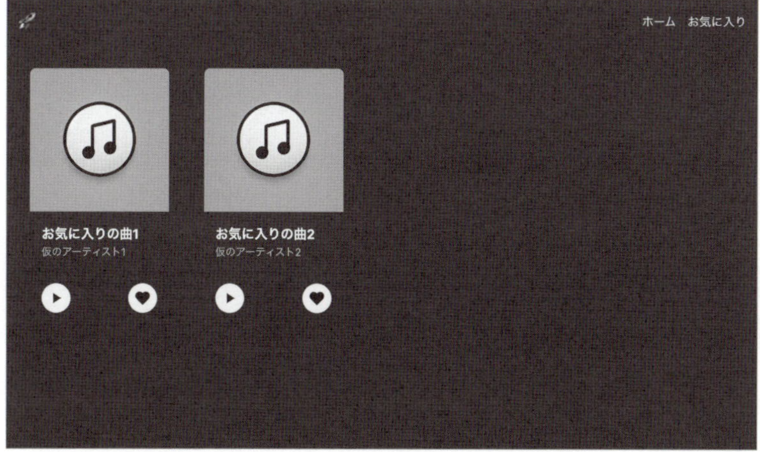

このように表示されたら、お気に入りページの実装は完了です。

以上でユーザーがアクセスできる各ページのデザインとレイアウトができました。管理画面については、バックエンドが完成してからのほうが実装しやすいので、後のCHAPTERで生成することにしましょう。

Point

WebデザインをAIで行うさまざまな方法

本書では、AIを活用してWebデザインを生成するためのツールについて解説しています。具体的には、指示（プロンプト）からソースコードを生成し、Webデザインを構築するツールを紹介しています。AIを用いてWebデザインを生成するためのツールはさまざま存在しており、本書ではその中からいくつかのツールを取り上げて紹介します。

Figma AI

Figmaは、Webブラウザ上で動作するクラウドベースのデザインツールで、一般的にデザイナーが利用しています。このFigmaには、AIを活用して効率的にデザインを行う「Figma AI」という機能が搭載されています。執筆時点では、Figma AIはベータ版であり、全ユーザーに公開されているわけではありませんが、入力されたプロンプトからWebデザインを生成する機能など、さまざまな機能が提供されています。

Uizard

Uizardは、デンマークの会社が提供するAIデザインツールです。このツールでは、どのようなプロジェクトのデザインを作成したいかを入力し、その内容に応じたデザインが生成されます。デザインの雰囲気は、スクリーンショット、手書きのデザイン、URL、またはテキストプロンプトを元に選択可能で、次のようなステップで簡単に生成できるのが特徴です。

1. どのようなプロジェクトのデザインを作成したいかを入力
2. デザインの雰囲気をどのように取り込むかを選択（スクリーンショット（手書きのデザインも可）、URL、テキストプロンプトなど）
3. 選択した方法に応じて、適切な情報を入力（URLを貼り付ける、画像をアップロードする、プロンプトを入力するなど）

また、UizardのPro版では、生成したデザインをReactコードやCSSコードに変換する機能も提供されています。

図 5-5-9　Uizardで子供向け音楽プレイヤーを生成した例

#コンテンツ要素 ／ #生成フロー

AIを使って
コンテンツを生成する

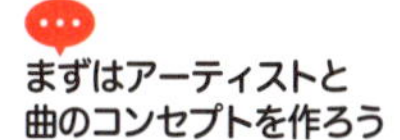

ここではAIを使ってコンテンツを作成しましょう。LLMや音楽生成AIなどさまざまなAIを駆使しながら、配信するコンテンツそのものも生成します。

コンテンツに必要な要素を整理する

まず、音楽配信アプリケーションにはどのようなコンテンツが必要か整理しましょう。アーティストとその楽曲を扱うため、次のような要素が必要です。

・アーティスト名（テキスト）
・アーティストプロフィール（テキスト）
・アーティスト画像（画像）
・曲名（テキスト）
・曲のアートワーク（画像）
・音声ファイル（音楽ファイル）

これらの要素をAIを使って生成していきます。

LLMを使ってコンテンツのイメージを膨らませる

コンテンツを生成する際、まずはどのようなものを作りたいかのイメージを膨らませることが重要です。LLMはプログラミングのようなタスクだけでなく、クリエイティブなイメージを膨らませるのにも活用できます。

ここでは最初に、どのような音楽のジャンルがあるのかを提示させ、選んだジャンルの中からアーティストを生成してみましょう。CHAPTER 2のsection 05で紹介したプロンプトの構築方法を踏まえて構築を進めましょう。

ステップ① ジャンルを選ぶ

まず、指示として「音楽のジャンルを表にして」とChatGPTに入力し送信します。

図 5-6-1　音楽ジャンルの一覧表を生成

以下に音楽のジャンルをいくつかの大分類に分けて表にまとめました。

ジャンル	特徴	代表的なアーティスト
ポップ (Pop)	親しみやすいメロディーと構造が特徴。幅広い層に支持される。	マイケル・ジャクソン、テイラー・スウィフト
ロック (Rock)	電気ギターを中心にしたサウンド。多様なサブジャンルが存在。	ザ・ビートルズ、ニルヴァーナ
ジャズ (Jazz)	即興演奏が特徴。ブルースやスウィングの影響を受けて発展。	マイルス・デイヴィス、ビル・エヴァンス
クラシック (Classical)	西洋音楽の伝統を基盤としたジャンル。オーケストラやピアノの演奏が中心。	ベートーヴェン、モーツァルト
ヒップホップ (Hip-Hop)	ラップ、ビートボックス、DJが中心。ストリート文化と深く結びついている。	エミネム、カニエ・ウェスト
R&B / ソウル (R&B / Soul)	感情的な歌唱とリズム重視のサウンドが特徴。	アレサ・フランクリン、アリシア・キーズ
エレクトロニック (Electronic)	シンセサイザーやデジタル技術を駆使したサウンド。ダンスミュージックに影響大。	デヴィッド・ゲッタ、デッドマウス
カントリー (Country)	アコースティックギターが中心。アメリカ南部の伝統音楽から派生。	ドリー・パートン、ジョニー・キャッシュ
ブルース (Blues)	哀愁のある歌詞とブルーノート（音階）が特徴。ロックの原点となる音楽。	B.B.キング、ロバート・ジョンソン
レゲエ (Reggae)	ジャマイカ発祥。特徴的なリズムと社会的メッセージを持つ歌詞が中心。	ボブ・マーリー、ピーター・トッシュ
ラテン (Latin)	サルサ、メレンゲ、ボサノヴァなど、ラテンアメリカの多様なリズムを含む。	シャキーラ、カルロス・サンタナ

代表的なジャンルとその説明が一覧表として生成された

架空のアーティストを生成するのに十分な量のジャンルが提示されたので、次のステップに進みましょう。

ステップ② ジャンルから架空のアーティストを生成する

ポップを選び、架空のアーティストを生成させてみましょう。プロンプトは「ポップの架空のアーティストを提案して」という内容を送信してみます。

図 5-6-2　架空のアーティストを生成

以下はポップの架空のアーティストの例です。キャラクター性やバックストーリーも含めて提案します！

名前:

メロディア・スター (Melodia Star)

特徴:

- 若者を中心に爆発的人気を持つポップアイドル。
- 未来的なサウンドにクラシカルなメロディーを融合させた楽曲が特徴。
- ファンタジー世界から来たという設定で、衣装には星や宇宙をイメージしたデザインが多い。

バックストーリー:

「星の音楽を地球に届ける使命を持つ」というコンセプトのもとに登場したバーチャル・アーティストとしてデビュー。AIが作曲したサウンドを自分流にアレンジし、リスナーの感情を揺さぶる楽曲を制作している。バーチャルでありながら実際にコンサートツアーも行い、ホログラム演出が話題に。

架空のアーティスト名と、プロフィールや音楽スタイルなどが生成された

ステップ③ 曲の概要と歌詞を生成する

アーティストが生成されました。これも問題なさそうなので、次に曲と歌詞を生成していきましょう。

ここではシンプルに、「曲と歌詞を提案して」と入力します。なお、ここで「曲」も生成する指示を送信していますが、楽曲そのものを生成するのではなく、曲の概要を生成しています。この概要（やジャンル、歌詞）をプロンプトとして、後の工程で音楽生成AIで楽曲を生成します。

図 5-6-3　曲の概要と歌詞を生成

前のステップで生成した架空のアーティストのための曲の概要と歌詞が生成された

提案されたもので問題なさそうです。

ここまででLLMを使って、アーティスト名、アーティストプロフィール、曲名、楽曲コンセプトの生成が完了しました。次は画像と楽曲コンテンツの生成を行っていきましょう。

#Stable Diffusion ／ #Midjourney ／ #Poe

イメージ画像を生成する

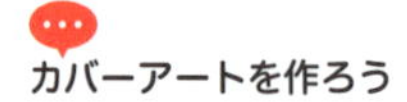

前sectionで生成したアーティストや曲の情報から、ArtistCardとSongCardのイメージ画像を生成します。

画像生成AIについて知る

画像生成AIは、人工知能技術を用いてテキストや画像などの入力から新しい画像を生成するAIです。大量の画像データを学習することで、そのパターンや特徴を認識し、新しい画像を生成できます。今回は画像生成AIで最もメジャーな方法である、テキストからの生成を行っていきます。

画像生成AIは、LLMと同様にオープン系とクローズ系の2種類に分けられます。オープン系の代表的な例はStable Diffusionです。Stable Diffusionは、Stability AIが開発した画像生成AIで、自分のPCにダウンロードして利用できます。また、Stable Diffusionを活用したWebサービスやサードパーティ製アプリケーションも多くリリースされています。

一方、クローズ系の画像生成AIとしては、Midjourneyなどがあります。Midjourneyは比較的簡単に高品質な画像を生成できます。

図5-7-1　Midjourneyで生成した作品例

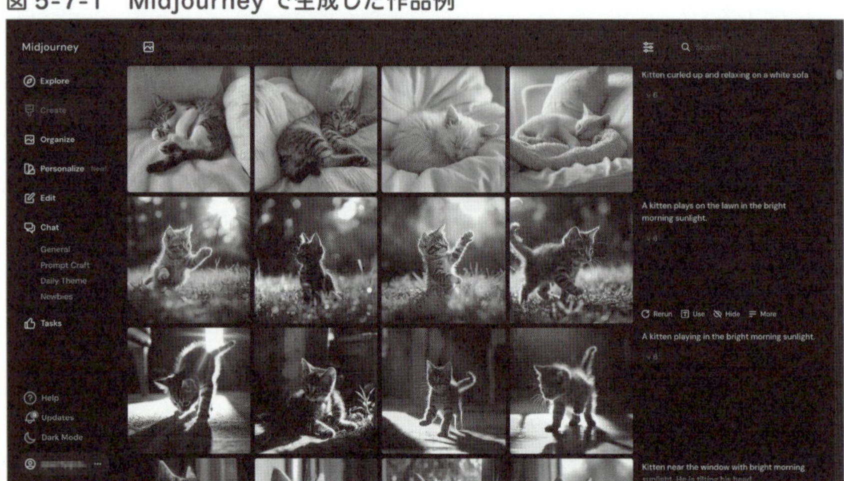

これらの画像生成AIも、LLMと同様にプロンプトを入力して、作りたい画像の詳細を指示する必要があります。また、プロンプトには独自のルールやベストプラクティスがあり、それらを使いこなすことで高品質な画像を生成できます。

たとえば、「赤い花が咲く春の公園の風景」を作成したい場合、以下のように英語で詳細に記載する必要があります。

```
A vibrant spring park with red flowers in full bloom, lush
green grass, and trees starting to grow fresh leaves.
The flowers create a colorful contrast against the green
background. Soft sunlight filters through the branches,
casting gentle shadows. Natural, immersive lighting, hd
quality, natural look
```

このようなプロンプトを手軽に書くのは難しいですが、LLMを使ってプロンプト自体を生成することもできます。今回はChatGPTを使ってプロンプトを生成しましょう。

アーティスト画像を生成する

先ほどのアーティストの画像を生成してみましょう。以下のステップで進めます。

1. 画像生成AIに入力するプロンプトをLLMで生成する
2. 作成したプロンプトを画像生成AIに入力する

1については、今回はsection 06で生成した架空のアーティストのプロフィールから以下のようなプロンプトにします。

```
ファンタジー世界から来たバーチャルアイドルという設定で、衣装には星や宇宙をイメージしたデザインが多い
```

ChatGPTに、このプロフィールをもとに画像生成AIのプロンプトを生成してもらいます。

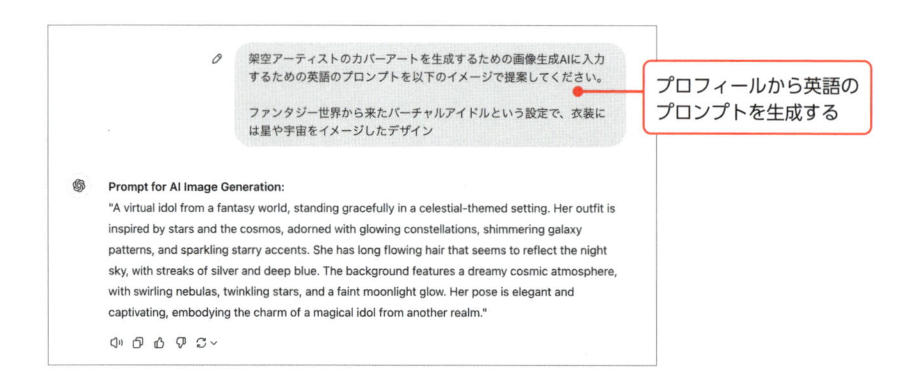

こうしてできたプロンプトをコピーして、画像生成AIのプロンプトとして貼り付けましょう。

さまざまなAIを利用できるWebサービス、Poe

Poe（https://poe.com/）はQ&A投稿サイトQuoraを運営するQuora社が2023年2月に公開した、さまざまなAIを利用できるWebサービスです。ChatGPT、Gemini、Claude等のさまざまなLLMが利用できるだけでなく、Stable Diffusionのような画像生成AIや動画生成AIも利用できます。

ここではPoeでのStable Diffusionの使い方を紹介します。Googleアカウントなどで登録後、ログインしたら画面左の［検索］というリンクをクリックし、「StableDiffusion」と入力しましょう。

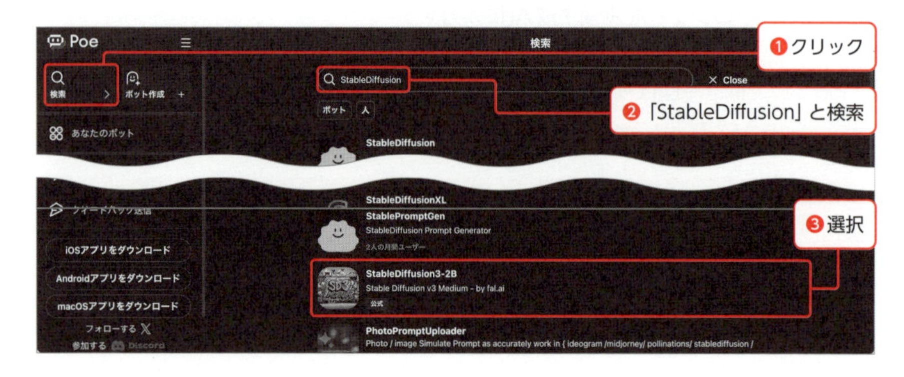

Official（公式）とタグがついているものを選択しましょう。チャット画面が表示されるので、プロンプトを入力して送信すると画像が生成されます。

同様にアートワーク画像も曲名や歌詞などからプロンプトを作り、生成しましょう。

#Suno

section 08

楽曲を生成する

オリジナルの楽曲を作ろう

ここまでの作業で、アーティスト名、アーティストプロフィール、曲名、歌詞、アーティスト画像、楽曲アートワークの生成方法を学びました。次は、音楽生成AIで楽曲（音声ファイル）を生成していきましょう。

音楽生成AI、Sunoを利用する

音楽生成AIもさまざまなツールやサービスが存在していますが、今回はSunoを利用します。

図 5-8-1　Suno の Web サイト

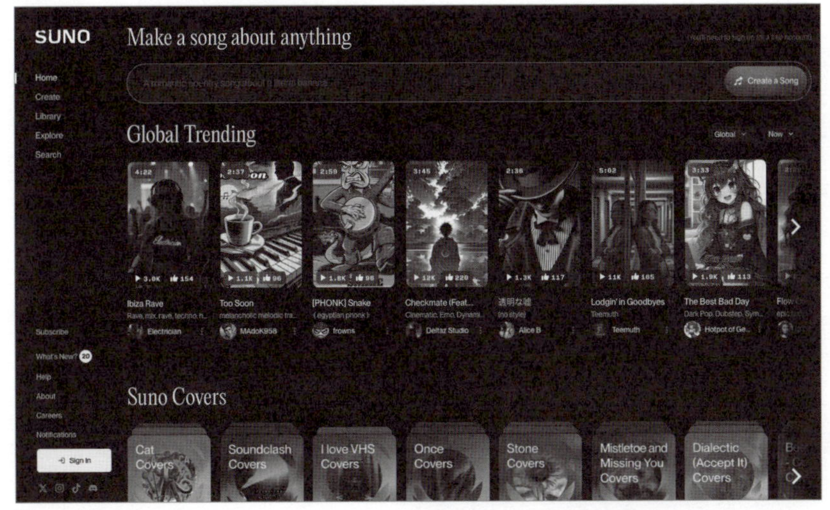

https://suno.com/

Sunoは、テキストの入力だけで簡単に非常に高品質な音楽を生成できる無料のサービスです。

ポップ、ロック、ジャズ、ヒップホップなど、さまざまなジャンルの音楽に対応しているため、自分の好みに合わせた音楽を生成できます。さらに、歌詞を入力するとボーカル付きの曲も生成可能です。Sunoは日本語にも対応しているのも特徴で、日本語の歌詞を入力すると、日本語のボーカルが自動的に生成されます。

Sunoに登録する

それでは、実際にSunoを使ってみましょう。まず、https://suno.com/ にアクセスし、左下の［Sign in］をクリックします。

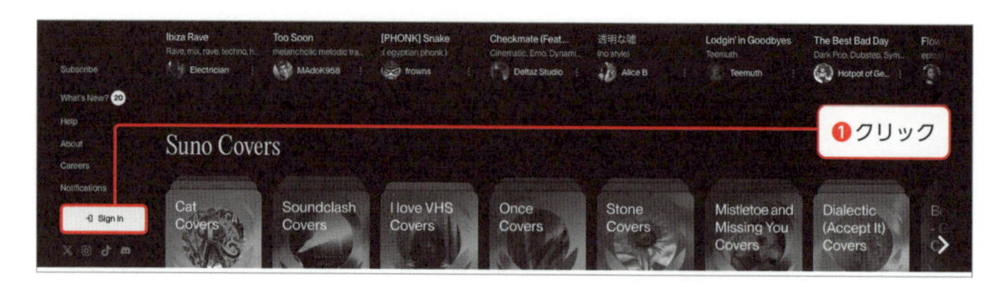

Googleアカウントや Facebookアカウントなど、任意の方法でサインインしてください。

楽曲を生成する

ログインが完了したら、画面左の［Create］をクリックしましょう。

楽曲生成画面が表示されました。このままだと、歌詞やジャンルなどを入力できないので、左上の[Custom]ボタンをクリックし[Custom]モードに変更しましょう。

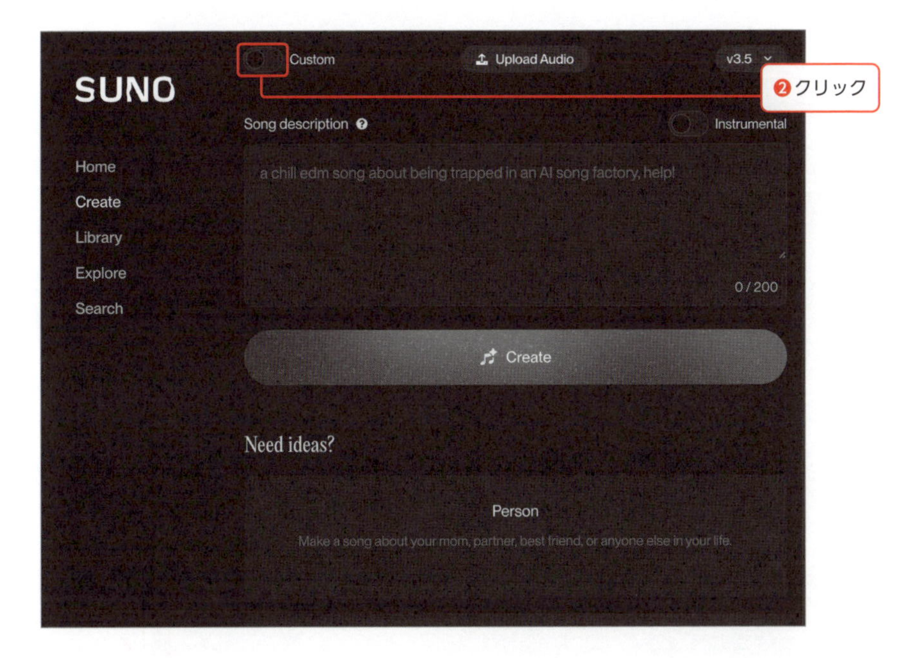

先ほど生成した歌詞を[Lyrics]、ジャンルを[Style of Music]、曲名を[Title]に入力しましょう。ジャンルは英語で入力する必要があるので注意しましょう。入力が完了したら[Create]ボタンをクリックすると、一度に2曲生成されます。

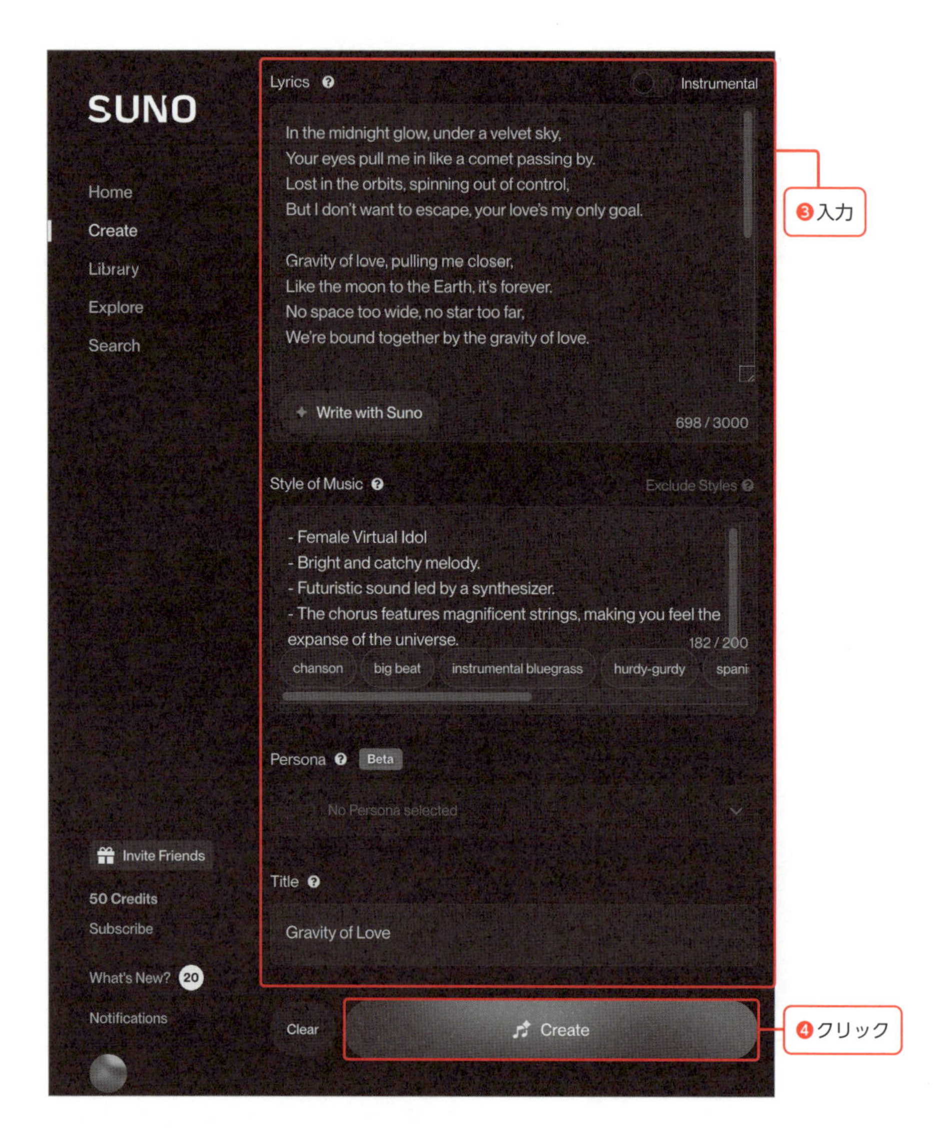

生成された2曲のうち、好みの曲をダウンロードします。オプションボタンをクリックして表示されたメニューから［Download］→［Audio］をクリックしましょう。これで楽曲も用意できました。

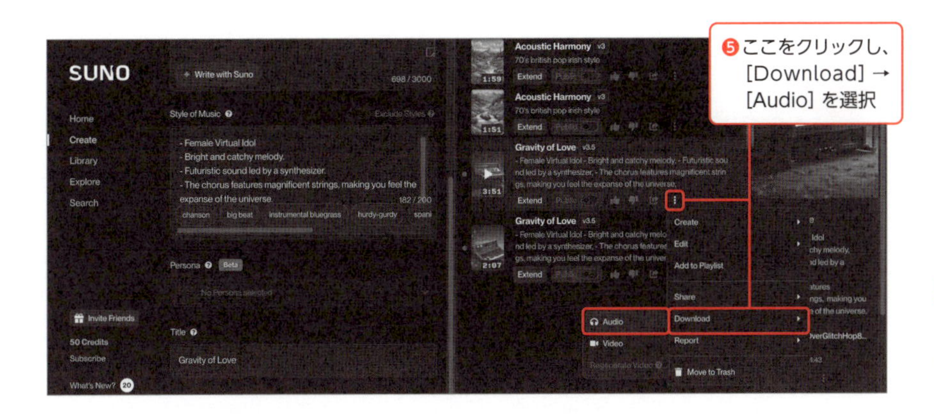

なお、Sunoでは画面左側の [Home] や [Search] からほかのユーザーが作成した楽曲を聴くことができます。好みの曲を見つけて、[Style of Music] や [Lyrics] の参考にしてより好みの楽曲を作成するのも面白いかもしれません。

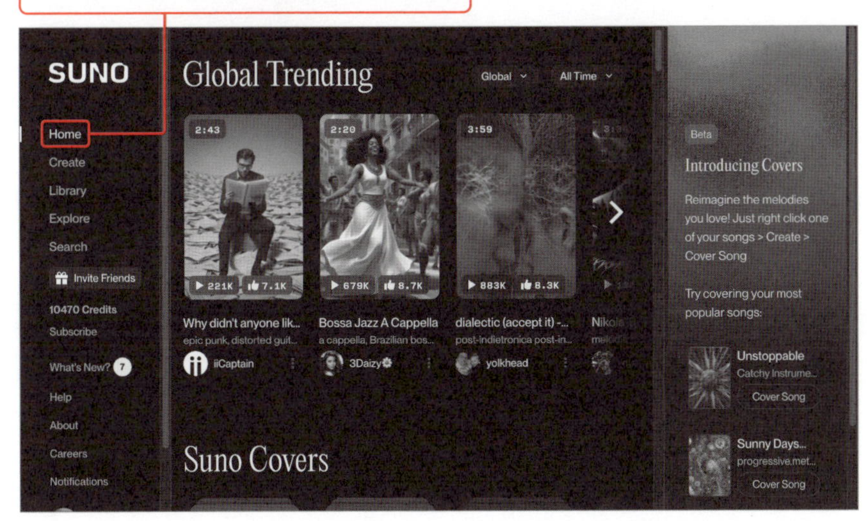

Sunoの無料プランと有料プランの違い

Sunoは無料でも使えますが、有料プランにするとさまざまなメリットがあります。ここでは無料プラン（Basic Plan）と有料プラン（Pro Plan）の違いをいくつか紹介します。

まずPro Planの料金ですが、本書執筆時点では月額10ドルとなっています。その金額に見合う価値があるかどうかは使い方次第ですが、Pro Planの場合、AIモデルの新しいバージョンが利用できるため、楽曲のクオリティがBasic Planに比べて高い点がまずは大きな違いとなります。また、利用範囲や著作権の帰属先についても大きく異なります。Basic Planでは、生成した楽曲は非営利目的でしか利用できません。また、生成した楽曲の著作権はSuno側に帰属します。一方のPro Planでは、生成した楽曲の商用利用が可能であり、また著作権はユーザー自身に帰属します。これらの生成物に関する権利や所有権については、Sunoのヘルプページにある［Rights & Ownership］ページで確認できるので、利用前によく読んでおくとよいでしょう。

なお、AI生成物は、著作権者の許諾を得ていない作品データを学習して生成されたものである可能性があります。利用規約上は問題ないとしても、気づかずに他者の著作権を侵害する恐れがあることを念頭において利用しましょう。

図5-8-2　Sunoの［Rights & Ownership］ページ

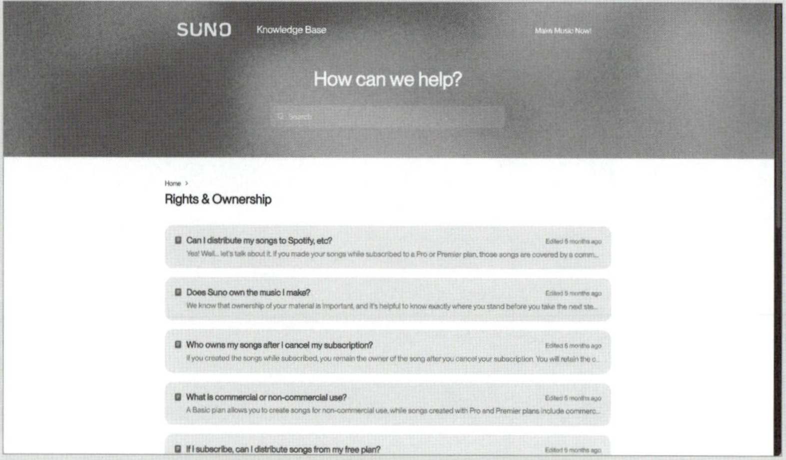

https://help.suno.com/en/categories/550145-rights-ownership

CHAPTER

6

実践編　Webアプリケーション開発②

フロントエンド、バックエンド実装～機能追加

#管理画面 ／ #お気に入り機能 ／ #再生機能 ／ #API

フロントエンド、バックエンド構築のステップ

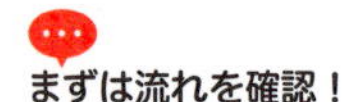

前のCHAPTERまででテーブル設計とデザインの作成は完了しました。ここからは機能が動くように実装していきましょう。

フロントエンドとバックエンドの実装手順

このCHAPTERで進めるフロントエンドとバックエンドの実装手順を説明します。実装するのは、「管理画面」「お気に入り機能」「トップページ」「アーティストページ」「お気に入りページ」「再生機能」です。それぞれの機能について確認しましょう。

1.管理画面の実装

管理者がシステム全体を操作・管理できるインターフェースです。以下の機能を含みます。

・**ログイン画面**
　認証機能を実装し、ユーザー名とパスワードで管理者がログインできるようにする
・**アーティスト管理画面**
　アーティスト情報の追加、更新、および一覧表示ができる機能
・**曲管理画面**
　曲の追加、更新、一覧取得などをサポートし、効率的にデータ管理を行う

2.お気に入り機能の実装

ユーザーが気に入ったアーティストや曲を「お気に入り」に追加・削除できる機能を実装します。

3.トップページの実装（ユーザー向け）

ユーザーが最初にアクセスするトップページを実装し、直感的に利用できるようUI/UXを重視して設計します。

アーティストカードコンポーネントや曲カードコンポーネントを使って、アーティストや曲の一覧を表示します。

4.アーティストページの実装(ユーザー向け)

アーティストの詳細情報や楽曲リストが表示されるページを実装します。

5.お気に入りページの実装(ユーザー向け)

ユーザーがお気に入りに追加した曲を一覧表示するページを実装します。

6.再生機能の実装

音楽の再生、停止、音量調整などを提供する以下の要素で構成された機能です。

- **再生コンポーネントの実装**
  CHAPTER 5で作成した再生状態を視覚的に示すコンポーネントと再生機能を連動
- **Playerモジュールの実装**
  再生やスキップ、音量調整などを行うPlayerモジュールを実装する

v0でUIを作成する

AI使ってデザインとHTML、CSSコーディングを行う方法はほかにもあります。たとえば「v0」(https://v0.dev/)は、Next.jsなどを開発するVercel Labsがリリースしたサービスで、プロンプトからshadcn/uiとTailwind CSSベースのReactコードなどを生成できます。生成されたコードはコピー&ペーストしてプロジェクトですぐに使用でき、テキストプロンプトで柔軟な変更や追加もできるだけでなく、インターネット上に公開することも可能です。バックエンドが必要なく、フロントエンドだけの実装でよい場合はv0だけで完結することも珍しくありません。執筆時点ではReact.js以外の活用は限定的ですが興味があればぜひ触ってみましょう。CSSベースのReactコードなどを生成できます。生成されたコードはコピー&ペーストしてプロジェクトですぐに使用でき、テキストプロンプトで柔軟な変更や追加もできるだけでなく、インターネット上に公開することも可能です。バックエンドが必要なく、フロントエンドだけの実装でよい場合はv0だけで完結することも珍しくありません。執筆時点ではReact.js以外の活用は限定的ですが興味があればぜひ触ってみましょう。

#管理画面 ／ #認証

section

02 管理画面を実装する

管理画面の機能を理解しよう！

管理画面は、管理者のみがアクセスできる特別な画面で、アーティストや曲の情報を登録、編集するための機能を提供します。今回のアプリケーションでは、アーティスト情報や曲を追加するために利用します。

管理画面に必要な機能

管理画面にはセキュリティ上の理由から、アクセスしてきたユーザーが本当に管理者であるかを確認する機能である**認証**が必要不可欠です。この認証により、管理者のみが管理画面にアクセスできるようになり、悪意のある第三者が勝手にデータを改ざんしたり、重要な情報を削除したりするのを防ぐことができます。

認証の方法としては、メールアドレスや電話番号を用いるなどさまざまな方法が考えられますが、本書のサンプルアプリケーションでは、シークレットキーを使った簡易的な認証方式を採用しています。事前に管理者に配布したシークレットキー（長くて推測困難な文字列）をログイン時に入力してもらうことで、本人確認を行います。ただし、この方法は簡易的であるため、実際のアプリケーションではより高度な認証方法（例：ユーザー名とパスワードによる認証、多要素認証）を用いるのが一般的です。

なお、本書のテンプレートでは、認証に関わる部分と管理画面の一部機能は実装済みです。どのように動作するのかを確認しながら進めていきましょう。

管理画面の構成

管理画面は、「ログイン画面」「アーティスト管理画面」「曲管理画面」の3つで構成されます。これらの画面の役割と、主な機能について見ていきましょう。

なお、このうちログイン画面、アーティスト管理画面はすでに実装済みです。ログイン画面は、セキュリティの観点から特に重要であり、安全性を確保するためには慎重に実装する必要があります。不十分な実装はリスクを伴うため、本書ではテンプレートに実装済みのものを使います。管理画面についてもこれまで通りLLMでコードを生成していきますが、LLMは**同じプロンプトでも生成される結果が異なる**ことが珍しくありません。このような特性のあるLLMで開発を進めていくと、動作しないコードが生成される可能性があります。本書では曲管理画面を実装していきますが、アーティスト管理画面の機能を参考とすることでより確実なコード生成をできるようにしています。

ログイン画面：シークレットキーを入力して管理画面にアクセスする

　ログイン画面では、シークレットキーの入力欄とログインボタンを表示します。ログインボタンが押されると、入力されたシークレットキーがサーバーに送信され、サーバー側ではシークレットキーのチェックを行います。

図6-2-1　ログイン画面のイメージ

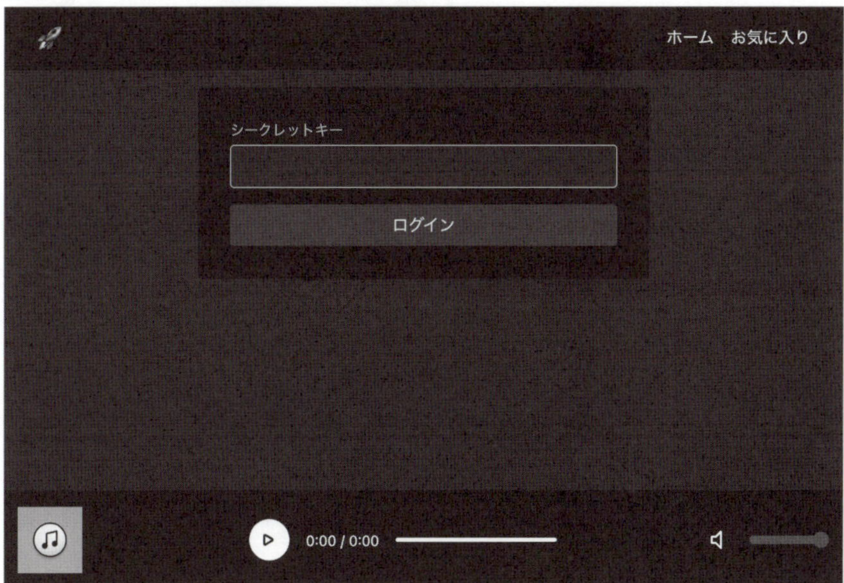

アーティスト管理画面：アーティストの追加、編集を行う

　アーティスト管理画面では、登録されているアーティストの一覧を表示します。一覧は、以下のようなテーブル形式で表現するのが一般的です。

　各行には、アーティストの名前、プロフィール、編集ボタン、曲管理ページへのリンクを配置します。編集ボタンをクリックすると、そのアーティストの情報を編集するためのモーダルウィンドウが開きます。これらの操作は、バックエンドのAPIを呼び出すことで実現します。

　次ページの図6-2-2がアーティスト管理画面の例です。［新規アーティスト追加］ボタンをクリックすると、［新規アーティスト追加］のモーダルウィンドウが表示され、アーティストを追加できます。また、アーティスト管理画面で［編集］ボタンをクリックすると、登録したアーティスト情報を変更できます。

図 6-2-2　アーティスト管理画面のイメージ

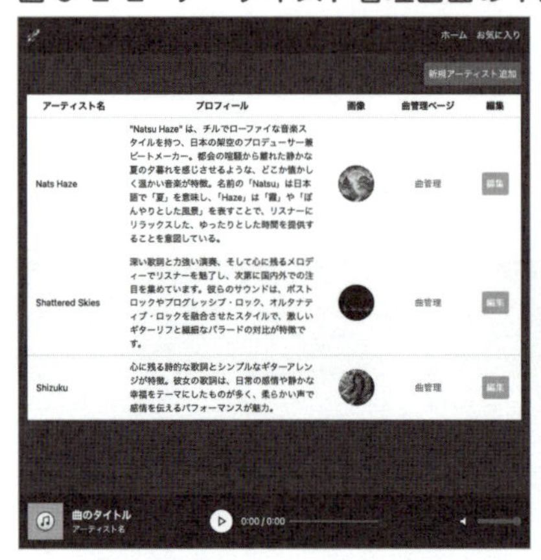

曲管理画面：曲の追加、編集を行う

曲管理画面は特定のアーティストに属する曲の一覧と、編集、追加機能を提供するほか、アップロードした音声ファイルのプレビュー再生機能も実装します。

音声ファイルのアップロードは、フロントエンドでファイル選択用のフォームを用意し、バックエンドでファイルを受け取って保存するという流れになります。

曲の編集・検索などの機能は、アーティスト管理画面と同様の考え方で実装していきます。図6-2-3は曲管理画面の例です。[新規曲追加] ボタンをクリックすると、曲を追加するフォームが表示されます。

図 6-2-3　曲管理画面とアップロードフォーム

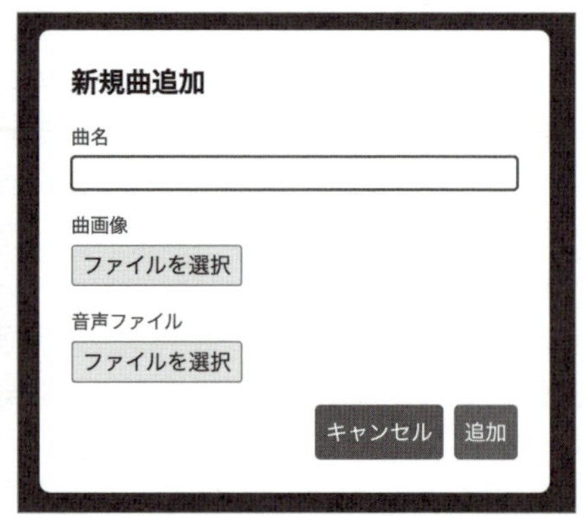

#ログイン ／ #管理画面 ／ #シークレットキー

ログイン画面の実装を確認する

ログイン処理は実装済みですが、どのように動作するのかを確認しながら進めていきましょう。

開発環境の立ち上げ

まだ開発環境を立ち上げていない方は、121ページを参考に起動してください。ターミナルに表示されているURLにアクセスし、URLの末尾に「/admin」と追加してログイン画面が正しく表示されることを確認しましょう。未ログインの場合は/admin/loginページにリダイレクトされ、197ページの図6-2-1のような管理者ログイン画面が表示されます。この画面でシークレットキーを入力してログインします。このシークレットキーは、155ページで設定した.envファイルに記載されています。今回は、testという文字列をシークレットキーとして設定しているので、これを入力してください。ログインが成功もしくは、すでにログインしている状態ではadmin/artists ページにリダイレクトされます。

ログイン処理の確認

ログイン画面では、シークレットキーの入力欄とログインボタンを表示します。ログインボタンがクリックされると、入力されたシークレットキーがサーバーに送信され、サーバー側ではシークレットキーのチェックを行います。本書のテンプレートではこれらの処理は実装済みなので、ここでは簡単に動作を確認するのみにしましょう。以下の図は、ログイン処理の流れを簡単にまとめたものです。シークレットキーが一致しない場合は、適切なエラーメッセージを含んだURLにリダイレクトします。エラーメッセージはログイン画面に表示され、ユーザーにログインの失敗を通知します。

図 6-3-1　ログイン処理の流れ

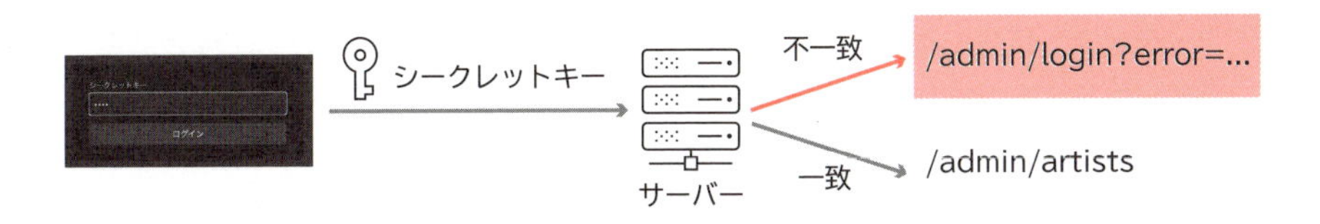

#アーティスト管理／#バックエンド／#Vitest

section 04

アーティスト管理に関わる処理を確認する

アーティスト画像やプロフィールを登録！

アーティスト管理画面では、アーティストの一覧表示、追加、編集などの機能を提供します。今回のテンプレートでは、これらの機能は実装済みです。どのように実装されているのかを見ていきましょう。

バックエンドの確認

まずは、バックエンドの実装から見ていきましょう。SvelteKitでは、バックエンドのみで利用するコードは、/src/lib/serverディレクトリに配置します。このディレクトリ内のコードは、サーバーサイドでのみ実行されます。ここに、データベースとのやりとりや、ビジネスロジックの実装を行います。

テンプレート内のsrc/lib/serverディレクトリ内の以下のファイルに、アーティスト管理画面で必要な機能を実装しています。

図6-4-1　アーティスト管理画面に必要なファイルとその役割

ファイル名	役割
addArtist.ts	新しいアーティストをデータベースに追加する
addArtist.test.ts	addArtist.tsのテストコード
updateArtist.ts	既存のアーティストの情報を更新する
updateArtist.test.ts	updateArtist.tsのテストコード
listArtist.ts	データベースからアーティストの一覧を取得する
listArtist.test.ts	listArtist.tsのテストコード

src/lib/server/addArtist.tsファイルを開いて追加処理を簡単に確認してみましょう。このファイルにはaddArtist関数が記述されており、アーティスト情報をデータベースに保存するために、次の手順でデータを処理します。

1. アーティスト情報（名前、プロフィール、画像ファイル）を引数として受け取る
2. 画像ファイルをサーバー上に保存するためのディレクトリとファイル名を設定する
3. 受け取った画像ファイルをサーバーの指定フォルダに保存する
4. Prismaを使用して、アーティスト情報（名前、プロフィール、画像の保存パス）をデータベースに登録する

これにより、アーティスト情報がデータベースとサーバー上に保存され、管理ページで表示や操作が可能になります。さらに詳細に知りたい場合はCursorのChatで「詳しい処理内容を説明して」のようなプロンプトを入力し質問してみましょう。

ファイルのアップロード

src/lib/server/addArtist.tsでは、名前、プロフィールをデータベースに保存するだけでなく、アーティストの画像ファイルをアップロードする処理が行われています。アーティスト名や、プロフィールはデータベースに保存しますが、画像ファイルや音声ファイルはデータベースに保存しないことが一般的です。

今回は画像ファイルや音声ファイルは./static/uploads/ディレクトリに保存されます。このディレクトリは、画像のような静的ファイルを配置するための専用のディレクトリとして利用しており、データベースにはファイル名のみが保存されます。

ここでのポイントは、ファイル自体はデータベースに保存されておらず**データベースにはファイルのパスのみが保存される**ということです。データベースには、そのファイルへのパス（/uploads/ファイル名）が保存されます。

テストの実行

次に、アーティスト管理に関する処理のテストコードを実行します。テストは、実装したコードが意図通りに動作することを確認するために重要です。たとえば、addArtist関数がアーティストの名前を正しくデータベースに保存するかをテストする必要があります。テンプレートでは、JavaScriptやTypeScriptで書かれたプログラムをテストするためのツールであるVitestを利用しています。まずターミナルをクリックし、ctrl+Cキーを押して開発環境を終了して、以下のコマンドを実行します。なお、テストコードは、src/lib/serverディレクトリ内にあります。

```
bun run test
```

テストがエラーなく終了すると以下のような表示がされます。

```
✓ src/lib/module/player.test.ts (3)
✓ src/lib/server/addArtist.test.ts (1)
✓ src/lib/server/listArtist.test.ts (2)
✓ src/lib/server/updateArtist.test.ts (1)

Test Files  4 passed (4)
     Tests  7 passed (7)
  Start at  13:39:16
  Duration  2.12s (transform 127ms, setup 190ms, collect 455ms, tests 65ms, environment 889ms, prepare 140ms)
```

テスト結果画面ではテストの成功を表すpassと表示されており、すべてのテストケースが問題なく完了したことを示しています。アーティストの追加、編集、一覧表示などに必要な基本機能が期待通りに動作することが検証できました。

管理者がアーティスト情報を操作する仕組み

ここまでにも述べてきたように、Webアプリケーションにおいて、フロントエンドはユーザーインターフェースを担当し、バックエンドはデータの処理と保存を担当します。そしてフロントエンドとバックエンドを連携させるために用いられるのがAPIです。フロントエンドからのリクエストに応じて、バックエンドがデータベースの操作などを行い、結果をレスポンスとして返します。

CHAPTER 4の2048と同様にAPIの実装に+server.tsファイルを使用します。アーティストの一覧を取得するsrc/lib/server/listArtist.tsは、一般ユーザーと管理者のどちらからもアクセスできるため、認証は不要です。よって、/src/routes/api/artists/+server.tsで利用できるようにします。

一方で、アーティスト情報の追加や更新は管理者のみが行えるようにする必要があります。管理者のみがアクセスできるようにするには、/src/routes/admin内にアーティスト情報の追加や更新に関わるAPIを配置し、認証を行います。具体的には、/src/routes/admin/api/artists/+server.tsにAPIを配置しています。アーティスト情報の追加や更新、取得についての構成は以下のようになっています。

図6-4-2　アーティスト情報の追加、更新、取得

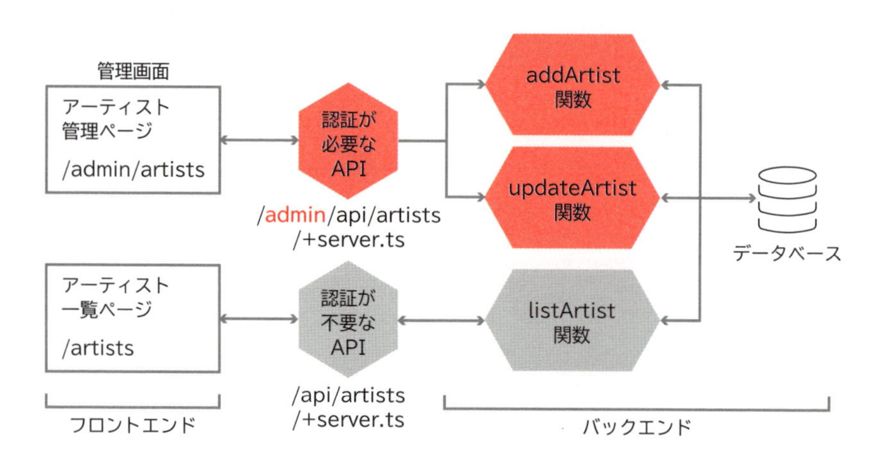

本来は、認証処理も実装する必要がありますが、テンプレートでは、認証処理は既に組み込み済みで/admin以下のページにはログインしていないとアクセスできない設定になっています。また、特定のAPIエンドポイントにも未認証状態ではアクセスできません。詳しくは、hooks.server.tsに設定が記述されているので、興味がある方はそちらを確認してみてください。

管理画面でのアーティスト管理機能の動作確認

テンプレートでは、アーティスト管理機能の実装が完了しています。実際に動作確認を行ってみましょう。

1.開発環境を起動する

以下のコマンドを実行して開発環境を起動し、表示されるURLをブラウザで開きます（ここまで順番に読んできた場合はすでに起動済みです）。

```
bun run dev
```

2.アーティスト管理画面にアクセスする

URLの末尾に「/admin/artists」を追加してアーティスト管理画面にアクセスします。管理画面では認証が必要なので、ログイン画面が表示される場合は197ページを参考にログインしましょう。

3.アーティストの一覧表示を確認する

アーティストが追加されていなければ「アーティストが登録されていません」、追加されていればアーティストの一覧と追加ボタンが表示されます。

4.アーティストを追加する

/prisma/dev.dbファイルを開き、左上の更新ボタンをクリックしてアーティストのテーブルの状態を確認しましょう。レコードが追加されていない場合は、以下のような表示になります。

もし上の画面ではなくエラーメッセージが表示された場合は、拡張機能（SQLite Viewer）がインストールされていないか無効になっている可能性があるため、141ページを参考にインストールし直してみましょう。

ブラウザで［新規アーティスト追加］ボタンをクリックすると、アーティスト追加フォームが表示されます。

CHAPTER 5のsection 06ページで作成したアーティスト名、アーティストプロフィール、アーティスト画像を追加し、［追加］ボタンをクリックしてみましょう。

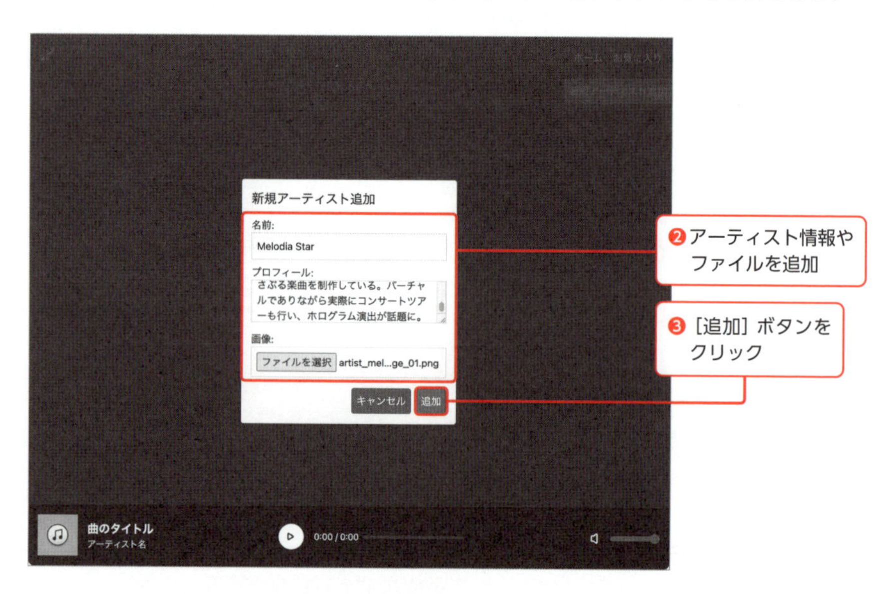

確認メッセージが表示されたら［OK］ボタンをクリックします。

正常に追加されたら、アーティスト一覧画面に追加されているはずです。

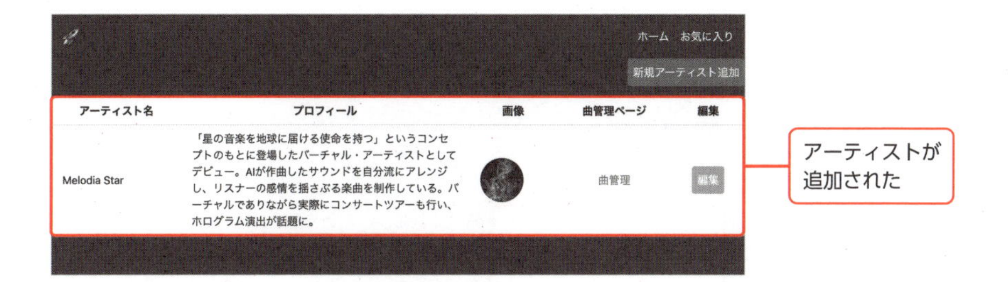

/prisma/dev.db ファイルで**更新ボタンをクリック**してアーティストのテーブルを確認すると、以下のようにデータが追加されているはずです。

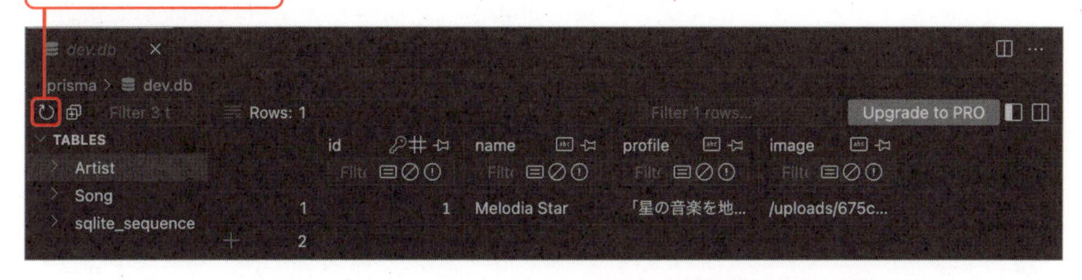

もしこのように動作しない場合は、**node_modulesディレクトリを削除してbun installコマンドを実行**してみましょう。また、手順が間違っていないか、GitHubリポジトリで補足情報がないかも確認してみてください。

5.アーティストの更新

テーブルの［編集］ボタンをクリックすると、アーティスト更新フォームが表示されます。フォームには変更前のアーティスト情報が正しく表示されていることを確認しましょう。変更したい情報を入力し、［保存］ボタンをクリックします。

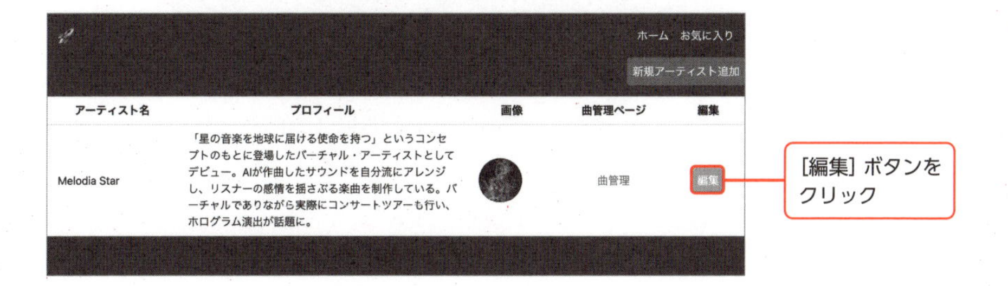

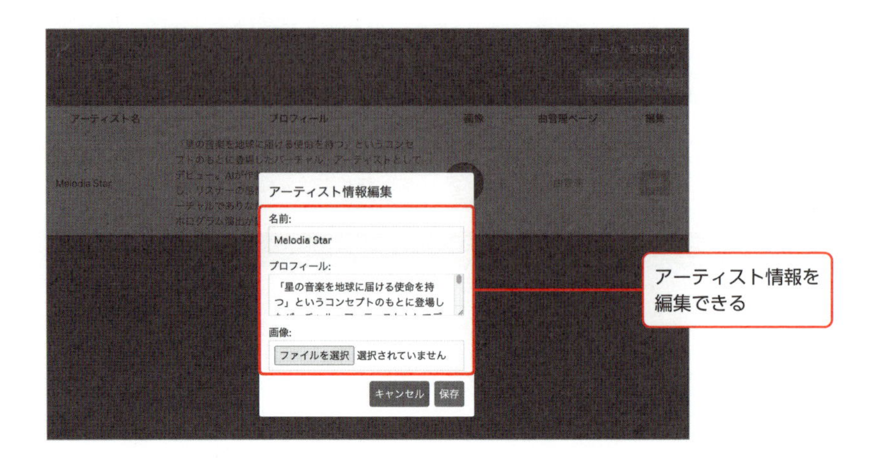

情報を編集すると、アーティスト一覧に更新された情報が表示されるはずです。

データの削除

このテンプレートにはアーティストや曲の削除機能はありません。動作確認のために追加したデータを削除したい場合やデータベースの挙動に問題がある場合のみ、以下のコマンドで**テーブルごと全データ**を削除できます。

```
bun prisma migrate reset
```

コマンドを実行すると、「Are you sure you want to reset your database?」と削除してよいかを確認するメッセージが表示されます。

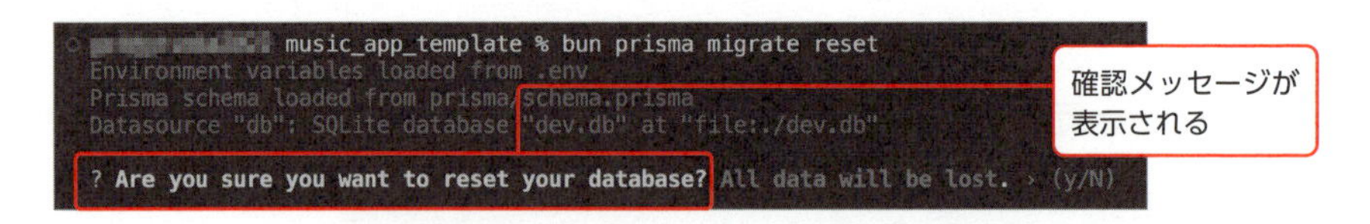

「y」と入力して Enter キーを押すと、データベースのテーブルごと全データが削除されます。この操作により、データだけでなくテーブル自体も削除されるため、以下のコマンドで再度テーブルを作成して、アーティスト情報を追加してください。

```
bun prisma db push
```

#曲管理 ／ #フロントエンドとバックエンドの連携

曲管理画面を実装する

テストコードの実行も学ぼう！

曲管理画面はテンプレートを用意していません。ここではアーティスト管理画面を参考に、実際に曲管理画面を生成してみましょう。

曲管理画面の機能

アーティスト管理画面と同様に、曲管理画面では、曲の一覧表示、追加、編集の機能を提供します。これらの機能を実装するには、フロントエンドとバックエンドの連携が必要です。

まずは、曲管理画面を開いてみましょう。アーティスト一覧ページ(/admin/artists)内のアーティストテーブル内に「曲管理」というリンクがあるので、これをクリックしてみましょう。

アーティストデータがない場合は、203～205ページを参考にアーティストを追加してから行ってください。曲はアーティストに紐づいているため、曲を追加するにはアーティスト情報が必要です。

曲管理画面には、/src/routes/admin/artists/[id]/songs/+page.svelteの内容が表示されます。ここにアーティストごとの曲の一覧が表示されるように実装を進めていきます。

図6-5-2　曲管理画面

次に、曲管理画面のURLを確認してみましょう。

図6-5-3　曲管理画面のURL

```
localhost:5173/admin/artists/1/songs
```

URL内の「1」はアーティストのIDです。必ずしも1であるとは限りませんが、アーティストごとに任意のIDが振られます。153ページでの動的ルーティングでも説明しましたが、このようにURLの一部を動的な値として扱うことができます。

曲管理画面のバックエンドの実装

表示を確認したところで、バックエンドの実装を進めていきましょう。バックエンドのコードは、src/lib/serverディレクトリに配置します。このディレクトリ内のコードは、サーバーサイドでのみ実行されます。ここに、データベースとのやりとりなどの実装を行います。

Cursorでテンプレート内のsrc/lib/serverディレクトリを開き、以下のファイルが存在することを確認してください。

図6-5-4 src/lib/serverディレクトリ内の曲管理の実装に必要なファイル

ファイル名	役割
addSong.ts	新しい曲をデータベースに追加する
updateSong.ts	既存の曲の情報を更新する
listSong.ts	データベースから曲の一覧を取得する

これらのファイルを使ってAPIを実装し、フロントエンドからそのAPIを呼び出して機能を利用します。また、アーティスト管理用の処理では、動作を確認するtest.tsファイルを作成済みでしたが、曲管理用の処理ではまだtest.tsファイルがありません。よってtest.tsファイルもLLMを使って生成していきます。

addSong.tsの実装

src/lib/server/addSong.tsは、曲の追加処理を担当するファイルです。曲を追加する際には、次の4つの情報をアップロードする処理を行います。

・曲名（テキスト）
・アーティストID（テキスト）
・曲の画像（画像ファイル）
・音声ファイル（音声ファイル）

では、実際にLLMを活用しながら実装していきましょう。まず、Cursorでsrc/lib/server/addSong.tsファイルを開いてください。Ctrl（⌘）＋Kキーを押してポップアップを開き、@Filesシンボルを使って以下のファイルをプロンプトに追加します。

・docs/requirements.md
・prisma/schema.prisma
・src/lib/server/addArtist.ts

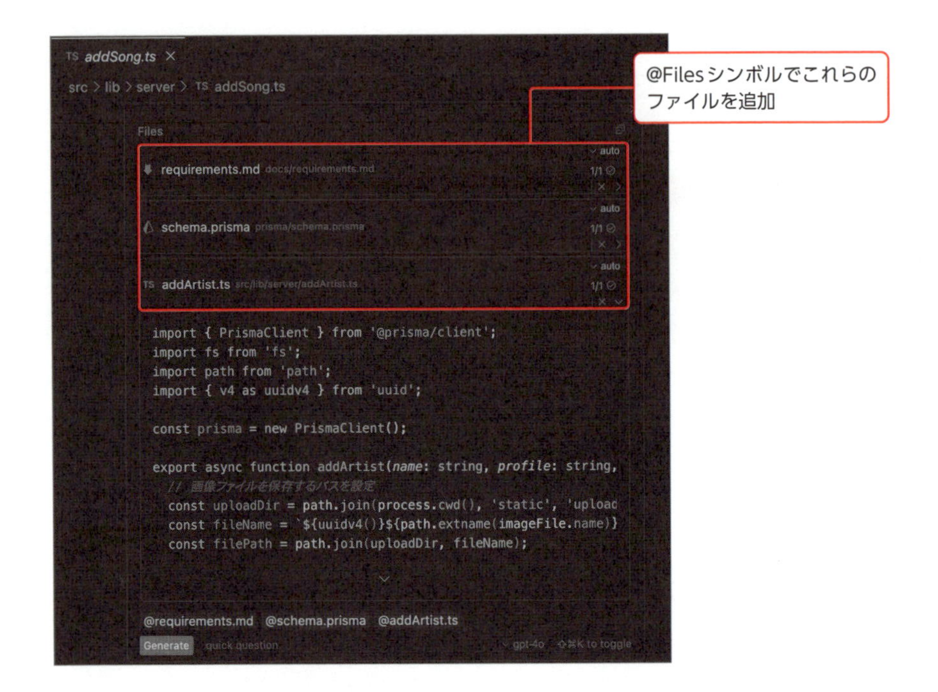

prisma/schema.prismaファイルには、データベースのテーブル構造が定義されています。この構造をLLMに伝えることで、適切なデータベースアクセスコードを生成してもらえます。また、すでに実装済みのsrc/lib/server/addArtist.tsファイルも追加することでどのような実装にするかの参考とさせます。このように既存の似た処理を追加し参考にするように指示することで実装方法に一貫性をもたせることができます。

シンボルを追加したら、次のようなプロンプトを入力します。

```
addArtist.tsを参考に画像ファイルと音声ファイルを保存し、曲情報とともにPrismaを使ってデータベースに保存するaddSong関数を実装してください。
```

プロンプトを送信すると、LLMがコードを生成してくれます。コードが生成できたら［Accept］ボタンをクリックして反映させ、保存しましょう。

LLMの特性上、同じプロンプトでも同じコードが生成できるとは限りません。完成サンプルは以下のディレクトリに用意されています。このあとの手順に従ってもコードがうまく生成できない場合はprojects/music_app/にあるサンプルコードを参考に入力してください。

作成したファイルに赤い波線がある場合

生成した、TypeScript（.tsファイル）で以下のような赤い波線が表示されることがあるかもしれません。これは通常、エラーや警告を示しています。

図 6-5-5　Cursorのエラー表示の例（赤い波線）

```
await image.arrayBuffere();
```

このようなエラーや警告が表示されていても正常に動作する場合がありますが、以下に挙げるような原因と対処法を知っておくとよいでしょう。

- **文法エラー**：コードの構文が間違っている
- **型エラー**：型が一致しない
- **モジュールやインポートに関するエラー**：モジュールが見つからない、またはモジュールのパスが間違っている
- **未定義の変数や関数**：定義されていない変数や関数を参照している

Cursorでは波線が表示されている部分にマウスポインターを合わせると、以下の画像のように表示されます。「Fix In Chat」をクリックしてみましょう。

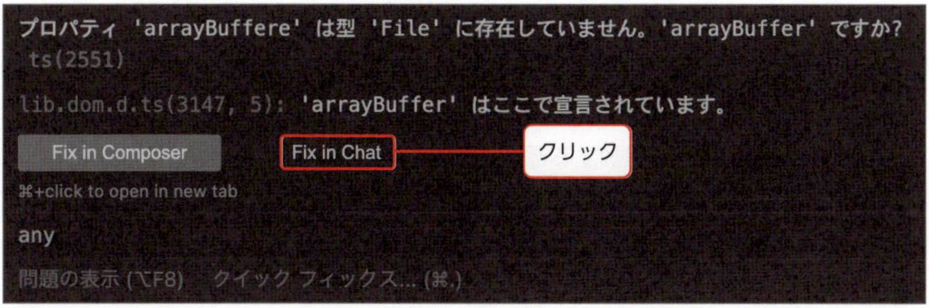

プロパティ 'arrayBuffere' は型 'File' に存在していません。'arrayBuffer' ですか?
ts(2551)
lib.dom.d.ts(3147, 5): 'arrayBuffer' はここで宣言されています。
Fix in Composer　Fix in Chat　クリック
⌘+click to open in new tab
any
問題の表示 (⌥F8)　クイック フィックス... (⌘.)

すると、以下のようにエラーの内容とソースコードがChatに追加され、原因と修正方法が表示されます。

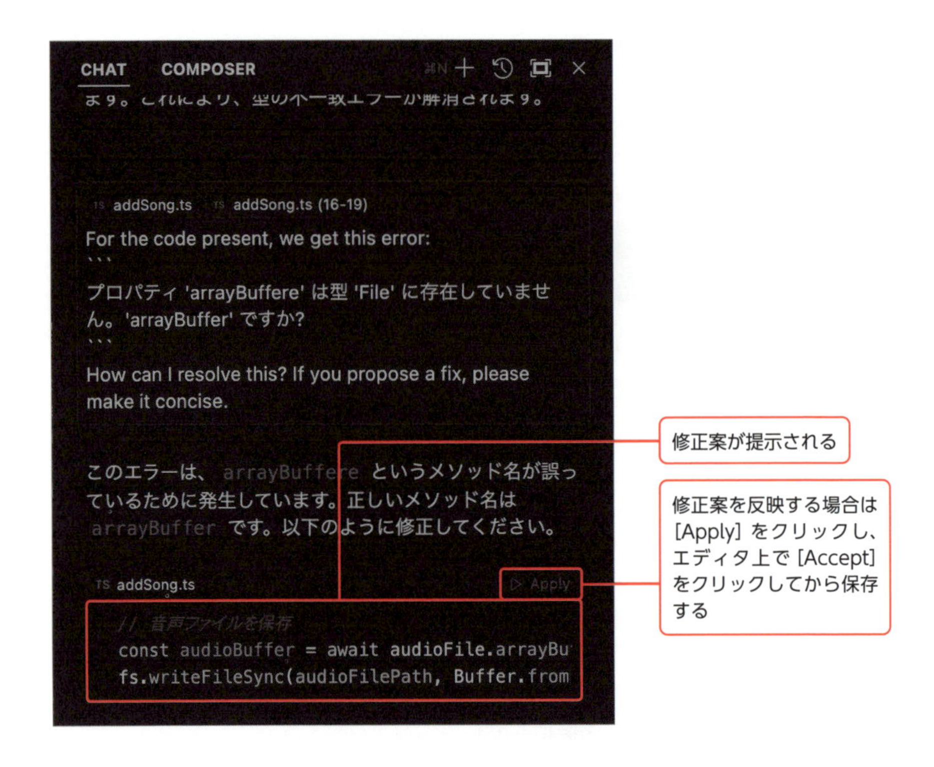

複数のファイルにまたがる問題の場合、このままでは解決できないこともあります。そのような場合は、必要なファイルを適宜@Filesシンボルで追加していきましょう。**カラム名の違いによるエラーが疑われる場合は、prisma/schema.prismaファイルを@Filesシンボルで追加すると修正できる可能性が高まります**。

addSong.tsのテストの実装

次は、src/lib/server/addSong.tsのテストコードを生成します。Ctrl(⌘)+Iキーを押してComposerを開き、@Filesシンボルを使って**docs/requirements.md**、**prisma/schema.prisma**、**src/lib/server/addSong.ts**、**src/lib/server/addArtist.test.ts**を追加します。そして次のようなプロンプトを入力します。

```
addArtistのテストを参考に、テスト用のアーティストを作成した後、曲名、アーティストID、画像、および音声ファイルが正しく保存されていることを確認するテストをaddSong.test.tsファイルに実装してください。
```

プロンプトを送信すると、LLMがテストコードを生成し、ファイル名の末尾に.test.tsとついた新しいファイルに追加してくれます。生成されたテストコードを確認し、[Accept all] ボタンをクリックして反映させます。

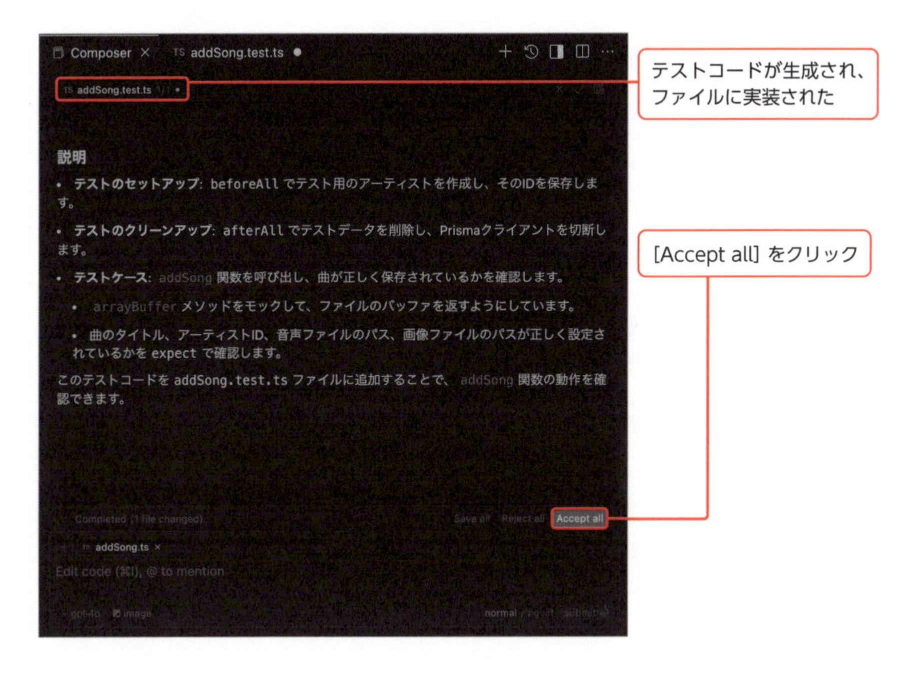

赤い波線が表示される場合は、211ページを参照してエラーを修正しましょう。

201ページでは、まとめてテストを実行しましたが、今回は生成されたテストファイル、src/lib/server/addSong.test.tsを以下のコマンドで実行します。

```
bun run test src/lib/server/addSong.test.ts
```

ターミナルに「pass」(成功) や「fail」(失敗) といった項目が表示されます。テストに失敗した場合は「fail」に数字が表示されます。

```
> bun test src/lib/server/addSong.test.ts
bun test v1.1.26 (0a37423b)

src/lib/server/addSong.test.ts:
✓ addSong > should add a song to the database [6.78ms]

 1 pass
 0 fail
 5 expect() calls
Ran 1 tests across 1 files. [56.00ms]
```

テスト時に発生する主なエラーの種類

テストファイルを実行してエラーが発生する場合、大きく分けて2つの原因が考えられます。

1. テストファイル自体のエラー

テストを記述したファイル内で発生しているエラーです。この場合、テストコードの書き方に問題があるか、テストの実行方法に不備がある可能性があります。

- **文法エラーや構文エラー**：テストコードにタイプミスや構文上の誤りがある
- **モジュールやインポートに関するエラー**：テストで必要なモジュールや依存関係を正しくインポートできていない
- **テストライブラリの使用方法の誤り**：テストフレームワークのAPIの使い方が間違っている

このようなテストファイル自体のエラーの場合は、Chatで質問すれば比較的簡単に解決できるはずです。

2. テスト対象の関数のエラー

テストが正しく書かれていても、テスト対象のコードに問題がある場合、テストが失敗します。この場合、エラーはテスト対象のロジックや動作に起因します。この場合も比較的エラーの解消は難しくないでしょう。

- **バグやロジックエラー**：テスト対象の関数やメソッドが想定通りに動作していない。たとえば、期待される出力が返されない、例外が発生する、処理が正しく完了しないなどが考えられる
- **依存関係のエラー**：テスト対象のコードが、ほかのモジュールや外部リソースに依存している場合、その依存関係がうまく動作していないとテストが失敗する

ここでも基本的には211ページのエラー対応方法と同様に解決できるはずです。

テストのエラーの出力例

テストを実行した結果、エラーが発生した場合は、このような出力が表示されます。この出力から、エラーが発生した箇所や内容を確認できます。

図 6-5-6　エラー出力例

```
 Failed Tests 1 

 FAIL  src/lib/server/addSong.test.ts > addSong > should not add a song without a title
AssertionError: promise resolved "{ id: 11, title: '', …(3) }" instead of rejecting

- Expected
+ Received

- [Error: rejected promise]
+ Object {
+   "artistId": 18,
+   "audio": "/uploads/0abf544b-e396-4f96-ac29-d67f4b2273f1.mp3",
+   "id": 11,
+   "image": "/uploads/6ec85876-3a3b-49a6-99b3-c0ccde730854.png",
+   "title": "",
+ }
```

テストの場所と内容

図 6-5-7　エラー出力例（続き）

```
 ❯ src/lib/server/addSong.test.ts:141:73
    139|     };
    140|
    141|     await expect(addSong('', testArtistId, testImageFile, testAudioFile)).rejects.toTh…
       |                                                                          ^
    142|   });
    143| });

                                                                                  [2/2]

 Test Files  1 failed (1)
      Tests  1 failed | 2 passed (3)
   Start at  18:11:20
   Duration  153ms
                                ⌘K to generate a command
```

エラーの発生場所

テストの結果

エラーが出力されると最初は驚いてしまいますが、エラーの内容を確認すると、エラーの原因がわかります。

1. テストの場所と内容

画面の最初に、エラーが発生したファイル（src/lib/server/addSong.test.ts）とテストケースの内容が示されています。今回のテストケースはaddSong関数に関するもので、具体的には「曲をタイトルなしで追加しようとした場合にエラーが発生することを確認するテスト」が失敗しています。

2. エラーの詳細

今回のエラーはAssertionError: promise resolved "{ id: 11, title: '', ...(3) }" instead of rejectingという内容で、タイトルが空の状態でaddSong関数を実行した際に、エラーがスローされることを期待していたにもかかわらず、promiseが正常に解決されてしまったことを示しています。つまり、addSong関数がタイトルが空の場合でもエラーをスローせず、データが登録されてしまっていることが原因です。

3. エラーの発生場所

エラーが発生した具体的な行は、src/lib/server/addSong.test.tsの141行目です。ここでは、タイトルが空の状態でaddSong関数を実行した場合にエラーがスローされることを期待していますが、実際にはエラーがスローされていないためテストが失敗しています。また、後処理でアーティスト削除を行う箇所でも、外部キー制約違反のエラーが発生しています。

4. テストの結果

画面の下部にはテスト全体の結果が表示されています。3つのテストのうち2つが成功し、1つが失敗したことがTests 1 failed| 2 passedとして示されています。

これらの出力をLLMに送信し、エラーの原因を特定しましょう。この出力によると、テスト自体は正常に実行されているようなので、src/lib/server/addSong.tsのコードを修正する必要がありそうです。今回はCursorのAdd To Chat機能を使って、エラーの原因を修正します。

エラー文にカーソルを合わせて、ターミナルをクリックすると[Add to Chat]ボタンが表示されるので、それをクリックします。表示されない場合も、エラー文を選択すると[Add to Chat]ボタンが表示されます。すると、ターミナルのエラー文がプロンプトに入力されます。

[＋]ボタンからsrc/lib/server/addSong.tsとsrc/lib/server/addSong.test.tsを追加します。

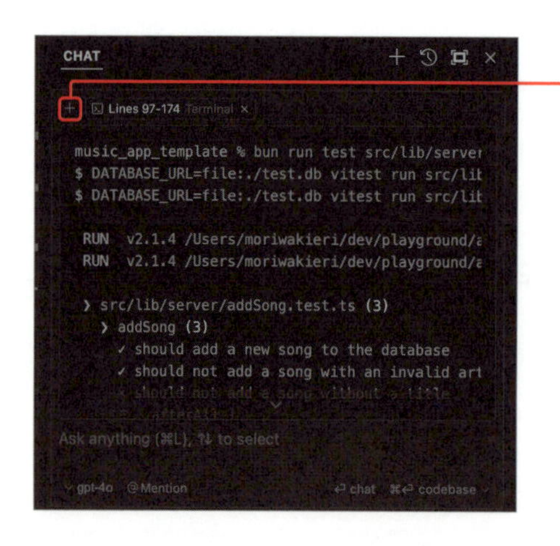

慣れてきた皆さんならここで修正するようプロンプトを追加しようとするかもしれませんが、今回はそのまま Enter キーを押して送信しましょう。LLMは指示がなくて

もエラーメッセージを入力すると暗黙的にエラーを修正する必要があると理解します。
LLMからエラーの原因と修正方法が提案されました。

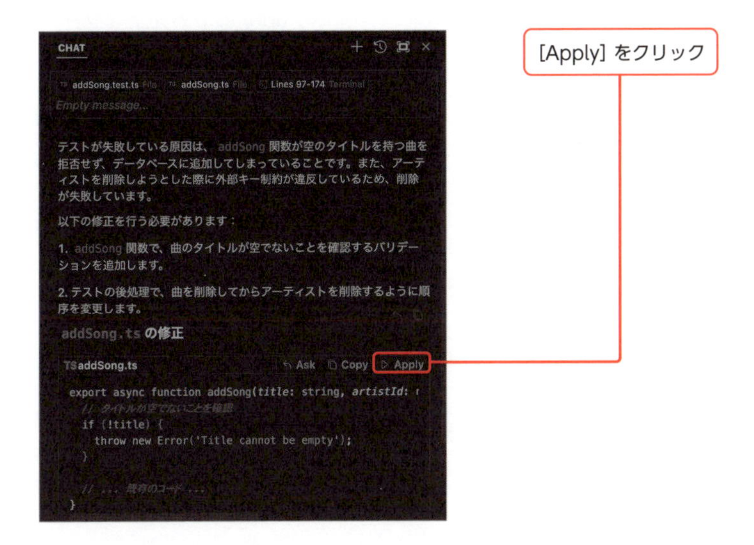

内容を確認して問題なければ [Apply] ボタンをクリックして修正を反映します。修正を反映すると、src/lib/server/addSong.tsのコードが修正されます。修正箇所がわかりやすいように緑色の背景色がついています。右上の [Accept] ボタンをクリックして修正を反映し、Ctrl（⌘）＋Sキーで保存します。

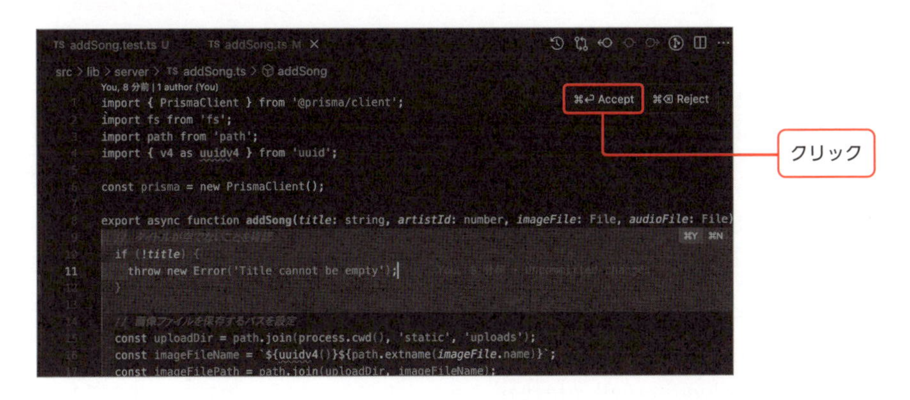

修正を反映したら以下のコマンドを実行して再度テストを行いましょう。

```
bun run test src/lib/server/addSong.test.ts
```

テストがエラーなく終了すれば修正は完了です。LLMを活用することでテストの実装や対象ファイルの修正がスムーズに行えることを実感できたかと思います。どうしても解決できない場合はリポジトリ内のprojects/music_app/にある完全なソースコードを確認してみましょう。

updateSong.tsの実装

src/lib/server/updateSong.tsは、既存の曲の情報を更新する機能を提供します。src/lib/server/addSong.tsと同様に、LLMを活用しながら実装を進めていきましょう。

まず、Cursorでsrc/lib/server/updateSong.tsファイルを開いてください。Ctrl（⌘）+Kキーを押してポップアップを開き、@Filesシンボルを使って以下のファイルをプロンプトに追加します。

・docs/requirements.md
・prisma/schema.prisma
・src/lib/server/updateArtist.ts

次に、以下のプロンプトを入力します。

```
src/lib/server/updateArtist.tsを参考にPrismaを使って既存の曲情報を更新するupdateSong関数を実装してください。曲名、アートワーク、音声ファイルを更新できるようにしてください。
```

プロンプトを送信すると、LLMがコードを生成します。生成されたコードを確認し、[Accept]ボタンをクリックして反映させ、Ctrl（⌘）+Sキーで保存します。赤い波線が表示されている場合は211ページを参考に修正しましょう。

updateSong.tsのテストの実装

src/lib/server/updateSong.tsのテストコードも、LLMを活用して生成します。Ctrl（⌘）+Iキーを押してComposerを開き、@Filesシンボルを使ってdocs/requirements.md、prisma/schema.prisma、src/lib/server/updateSong.ts、src/lib/server/updateArtist.test.tsファイルをプロンプトに追加します。そして次のようなプロンプトを入力します。

```
updateArtistのテストを参考に、テスト用のアーティストを作成したあと、曲名、アーティストID、画像、および音声ファイルが正しく更新されていることを確認するテストをupdateSong.test.tsファイルに実装してください。
```

生成されたテストコードを確認し、[Accept all] ボタンをクリックして反映させたら、作成したテストを以下のコマンドで実行します。テストが失敗する場合は、213～217ページを参考にsrc/lib/server/updateSong.tsの処理またはテストコードを修正しましょう。

```
bun run test src/lib/server/updateSong.test.ts
```

```
bun test v1.1.26 (0a37423b)

src/lib/server/updateSong.test.ts:
✓ updateSong > should update a song in the database [8.34ms]

 1 pass
 0 fail
 5 expect() calls
Ran 1 tests across 1 files. [58.00ms]
```

listSong.tsの実装

src/lib/server/listSong.tsは、データベースから曲の一覧を取得する機能を提供します。src/lib/server/addSong.tsやsrc/lib/server/updateSong.tsと同様の手順で、LLMを活用しながら実装とテストを進めていきましょう。

まず、Cursorで**src/lib/server/listSong.tsファイル**を開いてください。このファイルでは、**すべての曲を取得する**、**IDから特定の曲を取得する**、**アーティストIDから特定のアーティストの曲のみを取得する**の3つの機能を実装します。Ctrl（⌘）＋Kキーを押してポップアップを開き、@Filesシンボルを使って以下のファイルをプロンプトに追加します。

- docs/requirements.md
- prisma/schema.prisma
- src/lib/server/listArtist.ts
- src/lib/type.ts

ファイルが追加できたら次のようなプロンプトを入力します。

```
listArtist.tsを参考にPrismaを使って、以下の仕様を満たすlistSong関数を実装してください。

- すべての曲を取得する
- 複数の曲IDから特定の曲を取得する
- アーティストIDから特定のアーティストの曲のみ取得する
```

生成されたコードを確認し、[Accept] ボタンをクリックして反映させて保存します。赤い波線が表示されている場合は211ページを参考に修正しましょう。

listSong.tsのテストの実装

テストコードは、Ctrl（⌘）＋I キーを押してComposerを開き、@Filesシンボルを使って以下のファイルを追加し、プロンプトを送信します。

- docs/requirements.md
- src/lib/server/listSong.ts
- src/lib/server/listArtist.test.ts

```
listArtistのテストを参考に、テスト用のアーティスト、曲を作成したあと、曲の一覧などのすべての機能が正常に動作することを確認するテストをlistSong.test.tsファイルに実装してください。
```

生成されたテストコードを確認し、[Accept all] ボタンをクリックして反映させたら、作成したテストを以下のコマンドで実行します。

```
bun run test src/lib/server/listSong.test.ts
```

```
> bun test src/lib/server/listSong.test.ts
bun test v1.1.26 (0a37423b)

src/lib/server/listSong.test.ts:
✓ listSong > should return all songs when no ids are provided [6.28ms]
✓ listSong > should return specific songs when ids are provided [1.66ms]

 2 pass
 0 fail
 4 expect() calls
```

テストが失敗する場合は、213〜217ページを参考にsrc/lib/server/listSong.tsの処理またはテストコードを修正しましょう。

#曲管理API ／ #認証

section 06 曲に関するAPIを実装する

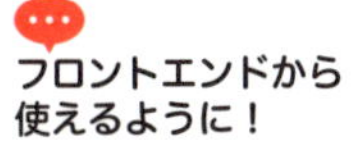

フロントエンドから使えるように！

現状だとAPIを用意していないため、フロントエンドから利用できません。Webアプリケーション上で使えるようにするために、APIとして公開しましょう。

現在の実装を確認する

ここまでに作成したaddSong関数、updateSong関数、listSong関数の機能は図6-6-1の右側のバックエンドのみです。APIを通じて、これらの関数をフロントエンドから呼び出せるようになります。認証が必要な処理は、このうちaddSong関数とupdateSong関数です。これらに対応するAPIはアーティスト同様に、**routes/adminディレクトリ**内に配置し、認証チェックを行います。一方、listSong関数は認証が不要なので、対応するAPIは**routes/apiディレクトリ**内に配置します。

図 6-6-1　APIから関数を呼び出す

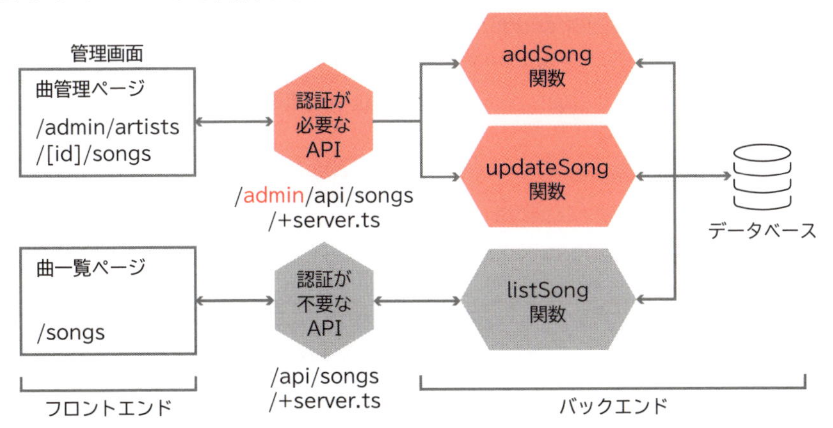

addSong.ts、updateSong.tsのAPI実装

各ファイルに対応したAPIを実装していきましょう。まず、Cursorで**/src/routes/admin/api/songs/+server.ts**ファイルを開いてください。Ctrl（⌘）＋Kキーを押してポップアップを開き、@Filesシンボルを使って以下のファイルを追加し、プロンプトを送信します。

・docs/requirements.md
・src/lib/server/addSong.ts
・src/lib/server/updateSong.ts
・src/routes/admin/api/artists/+server.ts

```
既存のAPIの実装を参考にaddSongとupdateSong関数を使って曲の追加と更新の
APIを実装してください。
```

生成されたコードを確認し、[Accept] ボタンをクリックして反映させて保存します。赤い波線が表示されている場合は211ページを参考に修正しましょう。

listSong.tsのAPI実装

アーティスト一覧と同様に、曲の取得は認証が不要なので、adminディレクトリではなく、/src/routes/api/songs/+server.tsに配置します。

src/lib/server/addSong.tsやsrc/lib/server/updateSong.tsと同じように、/src/routes/api/songs/+server.tsでlistSong関数を呼び出すAPIを実装します。まず、Cursorで**/src/routes/api/songs/+server.ts**ファイルを開いてください。**すべて選択して**からCtrl（⌘）＋Kキーを押してポップアップを開き、@Filesシンボルを使って以下のファイルを追加し、プロンプトを送信します。

・docs/requirements.md
・src/routes/api/artists/+server.ts
・src/lib/server/listSong.ts

```
既存のAPIの実装を参考にlistSong関数を使って曲を取得するAPIを実装してくだ
さい。
```

生成されたコードを確認し、[Accept] ボタンをクリックして反映させ保存します。赤い波線が表示されている場合は211ページを参考に修正しましょう。

以上のように、+server.tsファイルを使ってAPIを実装することで、フロントエンドからバックエンドの関数を呼び出せるようになります。

Point　Gitのコミットメッセージを AIで生成する

AIを活用したツールはすでにさまざまな種類がリリースされています。ここではGitのコミットメッセージをLLMが生成してくれるopencommitというコマンドラインツールを紹介します。

Gitのコミットメッセージは、開発プロジェクトの履歴を追跡するために非常に重要です。しかし、毎回適切なメッセージを考えて入力するのは時間がかかります。このため、曖昧なメッセージや一言のみのコミットメッセージをつけてしまうことが少なくありません。opencommitは、LLMを利用してコードの変更内容を分析し、具体的でわかりやすいメッセージを生成できます。

ここではopencommitのインストール方法を解説します。興味があればぜひ試してみてください。

まず、bunコマンドでopencommitをインストールしましょう。

```
bun add --global opencommit
```

これでocoコマンドが使えるようになります。もしも、エラーが出た場合は表示されたメッセージに従ってください。

次にOPENAIのAPIキーを設定します。

```
oco config set OCO_API_KEY=<OPENAI_API_KEY>
```

コミットメッセージはデフォルトでは英語で生成されます。日本語で生成したい場合は、以下のコマンドを実行します。

```
oco config set OCO_LANGUAGE=ja
```

これで、ocoコマンドを使ってコミットメッセージを生成することができます。

たとえば下のように、test.tsファイルに小文字を大文字に変更する関数を追加する例を見ていきましょう。

```
TS test.ts > ...
1  function toUpperCase(str: string): string {
2      return str.toUpperCase();
3  }
4
```

小文字を大文字にする関数を追加

変更を保存して、サイドバーの［ソース管理］で［すべての変更をステージ］（＋ボタン）をクリックします。

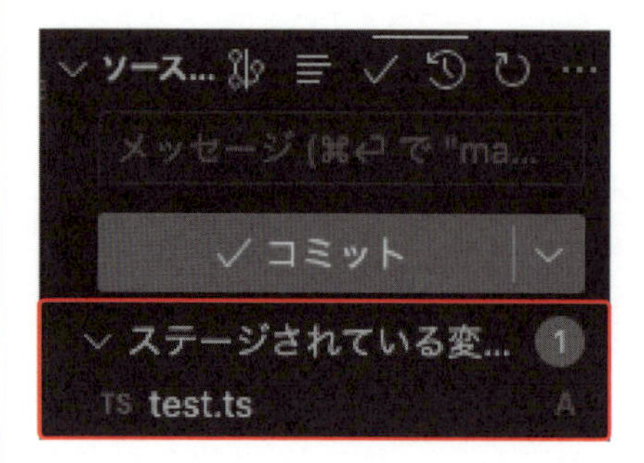

この状態でocoコマンドを実行します。

```
oco
```

実行されると、以下のようにコミットメッセージが生成されます。

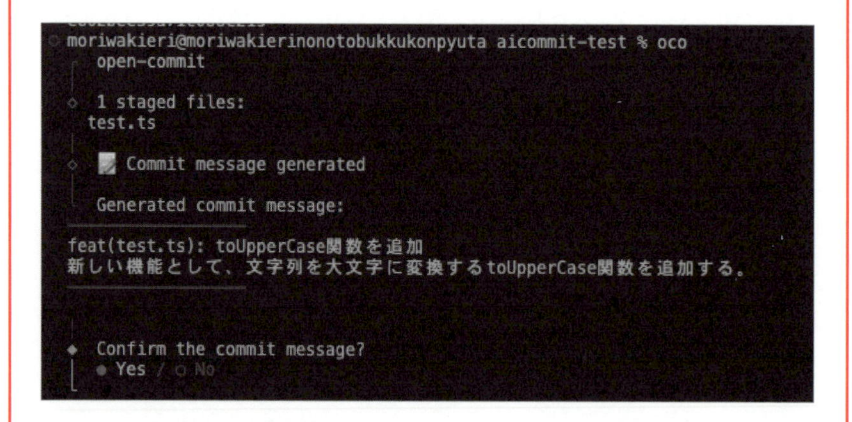

コミットメッセージが生成されたら、このメッセージを Enter キーを押すことでそのままコミットすることもできますし、コミットメッセージの再生成も可能です。さらに詳しい使い方は以下のURLを確認しましょう。
https://github.com/di-sukharev/opencommit

#曲管理／#フロントエンド開発／#API統合／#UI実装／#ChromeDevTools

section 07

管理画面からの曲の追加・更新・一覧取得

ここまでで、管理画面で利用するAPIの実装が完了しました。ここからはこれらのAPIをフロントエンドから呼び出し、実際に動作するようにしてみましょう。

曲の一覧を表示するために、ページの初期化時にlistSong APIを呼び出し、管理画面の曲一覧ページにテーブル形式のUIを実装します。

曲管理画面にはさまざまな機能を実装する必要がありますが、一度に行うのは執筆時点のLLMでは難しいです。したがって、各機能を少しずつ実装していきましょう。

曲追加機能の実装

まずは、曲を追加する機能を実装しましょう。これは、曲追加ボタンをクリックすると、追加する曲情報を入力するフォームをモーダルウィンドウで表示する機能です。

Cursorでsrc/routes/admin/artists/[id]/songs/+page.svelteを開いてください。Ctrl（⌘）＋Kキーを押してポップアップを開き、@Filesシンボルを使って以下のファイルを追加し、プロンプトを送信します。

- docs/requirements.md
- src/routes/admin/api/songs/+server.ts
- src/routes/admin/artists/+page.svelte
- prisma/schema.prisma

曲管理ページで新規曲追加モーダルを表示するボタンと、新規曲を追加するための処理のみをすべて実装しなさい。テーブルは実装してはいけません。

コードが生成されるので、ブラウザで確認してみましょう。新規曲追加ボタンとモーダルが正常に表示されるか確認し、実際に曲を追加してみましょう。

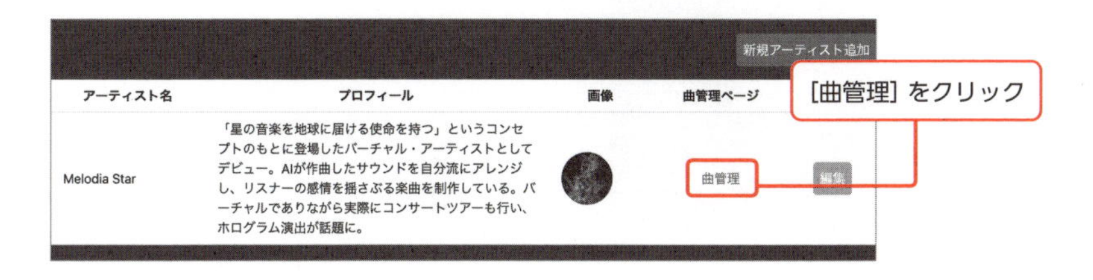

［追加］ボタンをクリックしたときにエラーが出ていないようであれば、**dev.dbファイル**のSongテーブルを開いて、追加した曲が正常にテーブルに追加されているか確認しましょう。以下のように曲が追加されていれば成功です。

［追加］ボタンをクリックしたときにエラーが表示される場合があります。その場合は、Chromeデベロッパーツールで確認してみましょう。

Chromeデベロッパーツールを活用する

Chromeの画面上を右クリックして［検証］を選択するとデベロッパーツールが開きます。Chromeのデベロッパーツールとは、Chromeブラウザに内蔵された強力な開発者向けの機能セットで、Webサイトの構造や動作を詳しく分析・調整できます。ここでは［Console］タブを選択しましょう。

図 6-7-1　Console を選択する

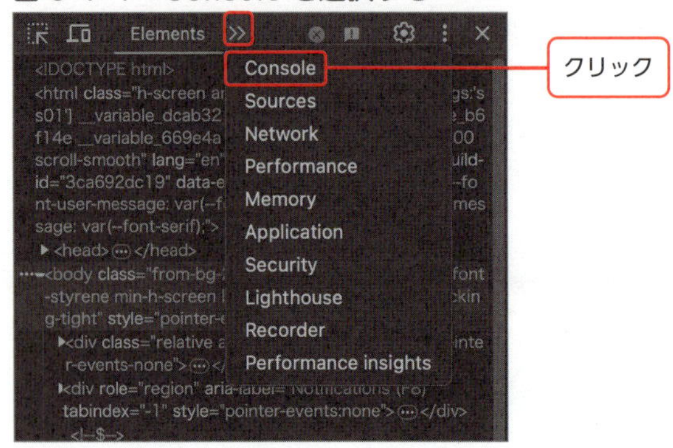

デベロッパーツールの［Console］タブでは、JavaScriptのコードをその場で実行したり、出力結果を確認したりできます。また、ブラウザで想定外のエラーが発生した場合はここにその内容が表示されます。なおJavaScriptの場合は、エラーが発生した後にデベロッパーツールの［Console］タブを開いてもエラーが完全な状態で表示されないことがあります。その場合は、エラーの再現が可能であれば、［Console］タブを開いた状態で再度同じ操作を行うと、エラー内容が表示されます。

フロントエンド開発をするときは基本的に［Console］タブを開いておきましょう。

図 6-7-2　［Console］タブにおけるエラー表示例

上の画像では、src/lib/component/Player.svelteファイルの33行目で、undefinedなオブジェクトのnameプロパティにアクセスしようとしたために発生したエラーであることがわかります。

このエラーをChatやComposer機能に貼り付けて送信すると解決策が表示されることがあります。ぜひ活用しましょう。

Chrome デベロッパーツールでAIを活用する

GoogleのChromeブラウザに搭載されているデベロッパーツールでもAIを活用した機能が追加されています。これらの機能はGoogleが開発するLLMである、Geminiで提供されています。ここではこれらの機能について確認しておきましょう。執筆時点ではChromeのデベロッパーツールにはAIを活用したエラー調査機能と要素の質問機能が搭載されています。

・エラー調査機能の使い方

エラー調査機能は、JavaScriptのエラーメッセージの理解を助けてくれる機能です。［Console］タブに表示されているエラーメッセージの電球アイコンにマウスポインターを合わせると「Understand this error」と表示されます。

▶ Uncaught (in promise) TypeError: Cannot read properties of (reading 'name')
at Object.update [as p] (Player.svelte:33:43)
Show ignore-listed frames
Understand this error AI
クリック

このボタンをクリックするとAIによるエラーの説明と対処方法が表示されます。

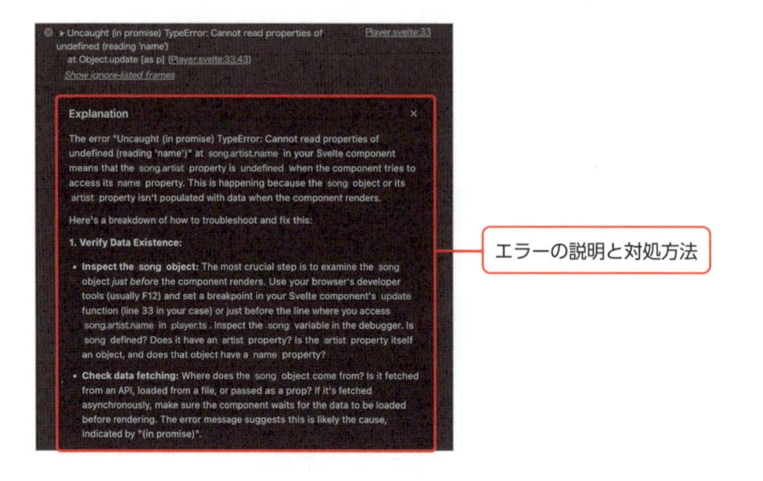

・要素の質問機能の使い方

要素の質問機能は、Webページの特定の要素について、AIに質問できる機能です。[Elements] タブで要素を右クリックし、開いたメニューで「Ask AI」を選択します。するとパネルが表示されるので、ここに質問を入力し送信しましょう。

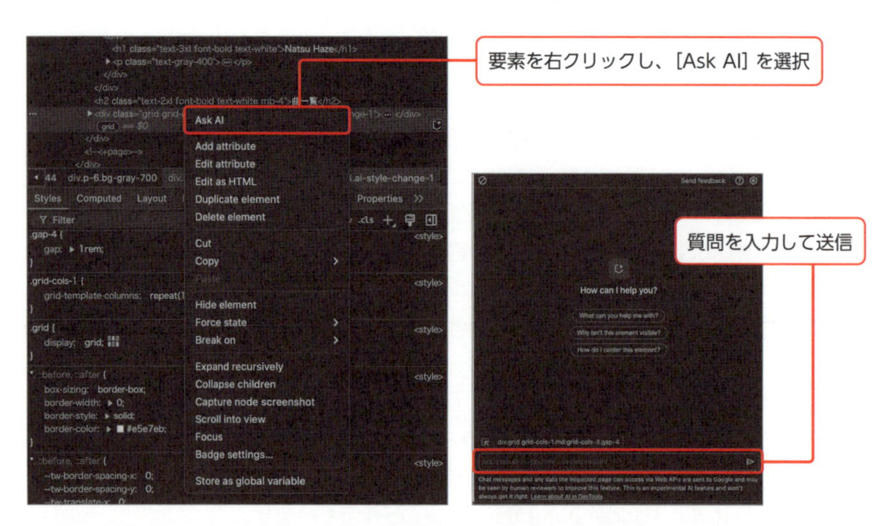

質問内容の回答が出力されました。これらの機能を使うには、執筆時点ではデベロッパーツールの言語設定をデフォルトの英語にする必要がありますが、非常に強力な機能です。ぜひ使ってみましょう。

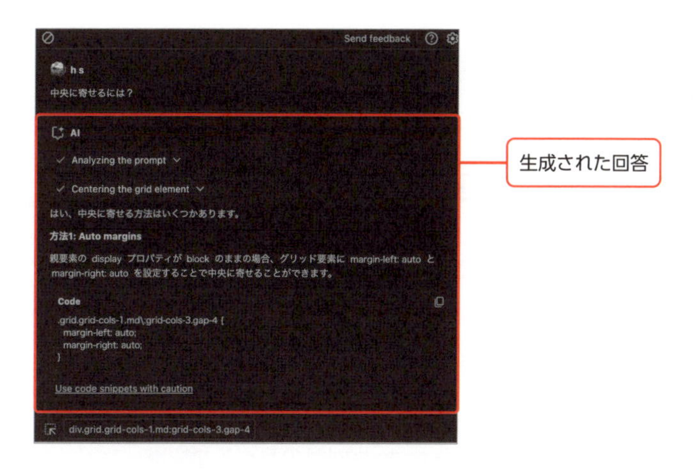

曲一覧の表示

次は曲一覧テーブルの一部機能のみを実装しましょう。まずCursorで**src/routes/admin/artists/[id]/songs/+page.svelte**を開いてください。**すべてのソースコードを選択した状態で**Ctrl（⌘）+Kキーを押してポップアップを開き、@Filesシンボルを使って以下のファイルを追加し、プロンプトを送信します。

- docs/requirements.md
- prisma/schema.prisma
- src/routes/api/songs/+server.ts
- src/routes/admin/artists/+page.svelte
- src/lib/type.ts

```
アーティスト管理ページを参考に曲管理ページで以下の項目を表示する曲一覧テーブルを追加して
- 曲名
- アートワーク
- Audioタグを使った再生プレビュー
```

生成されたコードを確認し、［Accept］ボタンをクリックしたら保存します。

先ほどdev.dbファイルを開いてデータが入っていることを確認しました。うまく曲一覧テーブルが表示されていれば、http://localhost:5173/admin/artists/1/songsにも曲の情報が正常に表示されているということです。

エラーや不具合が発生している場合は

曲データがデータベースに追加されているにも関わらず、曲一覧に正常に表示されない場合は以下の2つの原因が考えられます。

1. 追加したデータを取得できていない（listSong APIが正常に動作していない）
2. 取得できているが、表示できていない（+page.svelteのコードが取得したデータを正常に扱えていない）

1の場合は、ターミナルにエラーが表示されている可能性が高いです。213〜217ページを参照してエラーを修正しましょう。2の場合はAPIからの情報取得に成功していますが、フロントエンドでの表示方法に問題があります。この場合はエラーが表示されない場合があるので「データベースにデータがあるが、情報が表示されない。どこを修正するべき？」などとChatにファイルを追加しながら確認してみましょう。概ね表示されているが、表示が崩れていたり、一部のデータがundefinedとして表示されている場合、+page.svelteのコードでSongデータの取得が想定と異なっている可能性があります。症状をCursorのChatに貼り付けて送信すると、解決策を提案してくれるので、それを参考に修正しましょう。たとえば、以下のように質問します。

```
曲名がundefinedとして表示される。どうすればいい？
```

bun run devコマンドを実行しているターミナルにも、デベロッパーツールのConsoleタブにもエラーが表示されていないことを確認しましょう。

曲編集機能の実装

次は曲一覧テーブルに曲情報などの編集機能を実装しましょう。Cursorで**src/routes/admin/artists/[id]/songs/+page.svelte**を開いてください。**すべてのソースコードを選択**して Ctrl （⌘）＋ K キーを押してポップアップを開き、@Filesシンボルを使って以下のファイルを追加し、プロンプトを送信します。

- docs/requirements.md
- prisma/schema.prisma
- src/routes/admin/api/songs/+server.ts
- src/routes/admin/artists/+page.svelte
- src/lib/type.ts

アーティスト管理ページを参考に曲管理ページで曲情報を編集する機能を追加して。

生成されたコードを確認し、[Accept] ボタンをクリックして反映させたら保存して、デベロッパーツールを開いたまま下の画像のようにブラウザで曲の [編集] ボタンをクリックして、編集フォームが正常に表示されるか確認します。そのうえでフォームから曲情報を更新し、[保存] ボタンをクリックしてみましょう。ブラウザを更新して、曲情報が更新されない場合は、dev.dbファイルを開いて、更新した曲情報が正常にテーブルに反映されているか確認しましょう。もし開発環境のコンソールやデベロッパーツールの [Console] タブにエラーが出ている場合は、227～229ページを参考にしてエラーを解消しましょう。

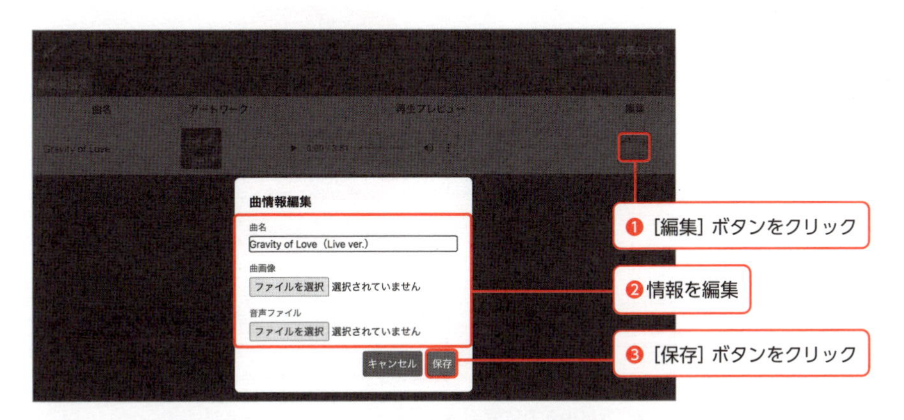

#アプリケーション設計／#APIアーキテクチャ／#フロントエンド／#バックエンド

フロントエンド、API、バックエンドの関係を確認する

ここまでで管理画面とAPIの実装が完了しました。一度全体を整理しましょう。

ここまでの実装を確認する

以下の図は、現在のアプリケーションのアーキテクチャを表しています。左側はフロントエンド、右側はバックエンドを示しており、それらの間にAPIが位置しています。管理画面以外からは、認証が必要なAPI（/admin/api）にはアクセスできませんが、管理画面からは認証が必要なAPIと、認証が不要なAPI（/api/artists など）の両方にアクセスできるようになっています。

図 6-8-1　現在のアーキテクチャ

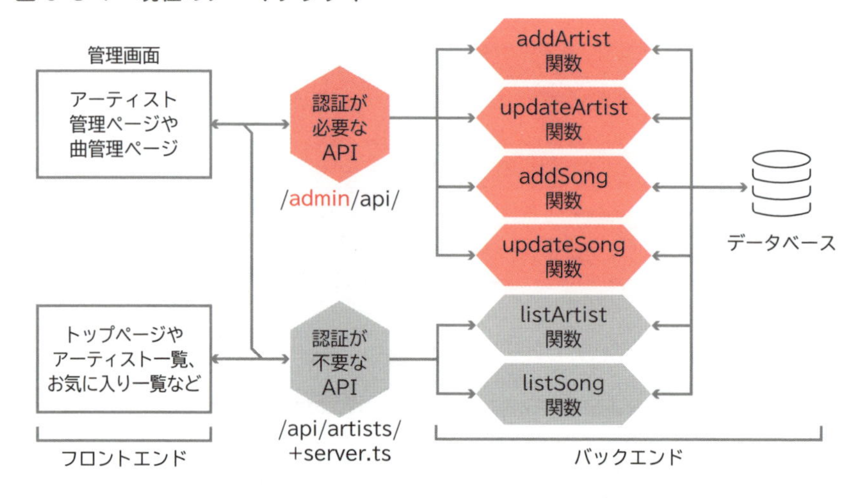

この構造により、管理者はアーティストや曲の追加・更新といった認証が必要な操作を行う一方で、アーティスト一覧の表示など認証が不要な情報にもアクセスできます。バックエンド・フロントエンドをまたぐ機能を実装する際には、「認証が必要か不要か」を意識してAPIを適切に使い分けることが重要です。

また、フロントエンドがバックエンドに直接アクセスするのではなく、APIを介してアクセスする点も重要です。フロントエンドからバックエンドの処理を直接呼び出すことはできません。APIはフロントエンドとバックエンドの仲介役を担い、フロントエンドからのリクエストを受け取ってバックエンドの適切な関数を呼び出し、その結果をフロントエンドに返します。

現在、図の左上に示された管理画面の実装が完了しており、次はフロントエンド開発のうち、左下の一般ユーザー向けの画面を実装していきます。

Strawberry問題とは？

LLMは、膨大なテキストデータから学習することで、驚くほど高度な言語タスクをこなせるようになりました。しかし、一見簡単そうな問題でも、LLMが間違えてしまうことがあります。
たとえば、次のような質問をChatGPTに質問してみます。

```
strawberryという単語に含まれる文字「r」は何個ありますか？
```

すると執筆時点でのLLMでは、この質問に "2" と答えてしまいます。しかし、実際には "strawberry" には3つの "r" が含まれています。LLMは、なぜこのような間違いを犯してしまうのでしょうか？
この現象は "Strawberry問題" と呼ばれ、この問題はLLMの仕組みに起因するものでLLMの限界を示す一例として知られています。しかし、このような問題は68ページで説明したプロンプトエンジニアリング手法である、CoTを活用すると解決できます。

```
Strawberryにrはいくつ含まれるか推論ステップを提示しながら考えなさい。
```

すると以下のように返答され、正しく推論ができました。

```
"Strawberry" に含まれる "r" の数を推論するために、以下のステップで考えます。

### ステップ 1: 単語を確認する
最初に、与えられた単語 "Strawberry" を確認します。この単語は 10 文字で構成されています。

### ステップ 2: 特定の文字 "r" を見つける
次に、単語内で "r" がどこにあるのかを探していきます。これを行うには、1文字ずつ単語を左から右に順番に確認します。
```

```
### ステップ 3: "r" の出現回数を数える
確認していくと、"Strawberry" には以下の文字が並んでいます:

*   1 文字目: S
*   2 文字目: t
*   3 文字目: r → "r" 1つ目
*   4 文字目: a
*   5 文字目: w
*   6 文字目: b
*   7 文字目: e
*   8 文字目: r → "r" 2つ目
*   9 文字目: r → "r" 3つ目
*   10 文字目: y

### ステップ 4: カウントをまとめる
3 回目の "r" を確認できました。

### 結論: "r" の数
"Strawberry" には 3 つの "r" が含まれています。
```

また、この問題に対応する"Program-aided Language Models (PAL)" と呼ばれるアプローチもあります。PALでは、LLMにプログラムを生成させ、その実行結果を回答に利用します。**LLMが単語の文字数を数えることは苦手な一方、単語の文字数を数えるソースコードの生成は得意**という特性を活かしたものです。ChatGPTに以下のように入力して送信してみましょう。

```
Strawberryに含まれる 'r' の数を調べるスクリプトを実行して、結果を教えてください。
```

すると、次ページのようにソースコードを生成したうえで正しい結果を回答してくれます。

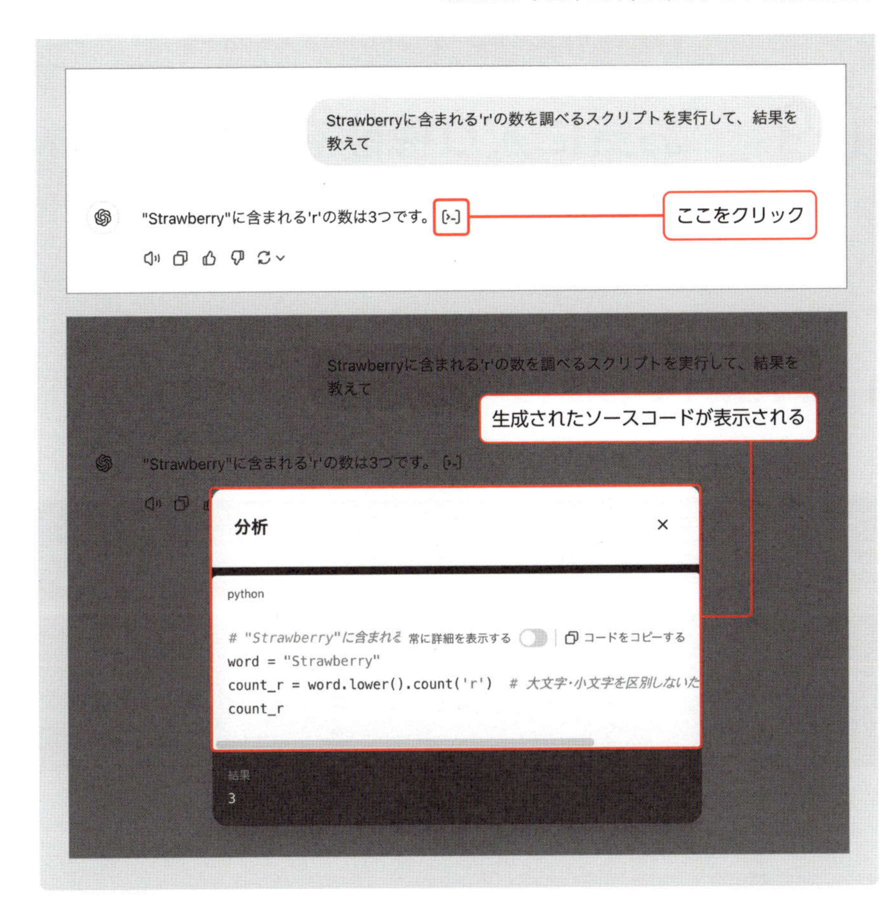

Strawberryに含まれる'r'の数を調べるスクリプトを実行して、結果を教えて
"Strawberry"に含まれる'r'の数は3つです。
ここをクリック
生成されたソースコードが表示される
分析
python
"Strawberry"に含まれる
常に詳細を表示する
コードをコピーする
word = "Strawberry"
count_r = word.lower().count('r')　# 大文字・小文字を区別しないた
count_r
結果
3

#お気に入り機能 ／ #ローカルストレージ ／ #モジュール

お気に入り機能を実装する

曲をお気に入りページに追加しよう！

次は曲をお気に入りに追加する機能の実装を進めていきましょう。

仕様を確認する

docs/requirements.mdファイルに記載されたお気に入り機能の仕様は以下です。

```
41  ## 2.7 お気に入り機能
42  - **機能概要**：ユーザーが曲をお気に入りに追加し、ブラウザのローカルストレージに保存します。データベースには保存しません。
43  - **詳細**：お気に入りモジュールを使用して、お気に入りの追加、削除、取得を行います。`localStorage`を利用して、曲IDを保存します。

117 ## 5.5 ユーザーが気に入った曲をお気に入りに追加し、後で再生する
118 - **操作手順**：
119   1. 曲の「お気に入りに追加」ボタンをクリック
120   2. お気に入りページで曲を選択し、再生ボタンをクリック
121 - **フィードバック**：
122   - 追加成功時に「お気に入りに追加されました」という通知を表示
123   - お気に入りから曲を削除する際に確認メッセージを表示
124
```

この仕様を満たすために、以下のような実装を行います。

- お気に入りの情報は、ローカルストレージに保存し、アプリを閉じても保持されるようにする
- addToFavorite関数で曲をお気に入りに追加する
- removeFromFavorite関数で曲をお気に入りから削除する
- getFavorite関数により、保存されたお気に入り情報を取得する

モジュールとして実装する

大きくなったプログラムですべての機能や処理を1つのファイルにまとめると、コードが複雑になり管理が大変です。たとえば、お気に入り機能のコードをアプリのメイン部分にすべて書き込んでしまうと、何をどこで行っているのかがわかりにくくなります。また、修正や追加が必要になったときに、どの部分を変更すればよいのか探すのにも時間がかかります。そこで、お気に入り機能を**モジュール**として実装します。モジュールとは、特定の機能をまとめた再利用可能なコードの単位のことを指し

ます。例えるなら、おもちゃのブロックのように、独立した部品として機能する小さなコード群だといえるでしょう。

モジュールは、src/lib/moduleディレクトリに配置します。テンプレートにはfavorite.tsという空ファイルが作成されています。このファイルには、お気に入り機能に関わる処理のみを実装します。Cursorでsrc/lib/module/favorite.tsファイルを開いてください。Ctrl（⌘）＋Kキーを押してポップアップを開き、@Filesシンボルを使ってdocs/requirements.mdファイルを追加し、プロンプトを送信します。

```
LocalStorageを使って以下機能を持つ、お気に入りモジュールを実装しなさい。
- お気に入り追加
- お気に入り削除
- お気に入り取得
```

生成されたコードを確認し、[Accept] ボタンをクリックして反映させ、保存します。赤い波線が表示される場合は211ページを参考にして修正しましょう。以上でお気に入り機能の実装が完了しました。

現状は次の図6-9-1で真ん中のFavoriteモジュールのみを実装した状態です。このままでは、お気に入り機能は使えません。曲カードやお気に入りページからお気に入り機能を呼び出すことで、お気に入り機能を利用できるようになります。

図 6-9-1　Favorite モジュールの位置づけ

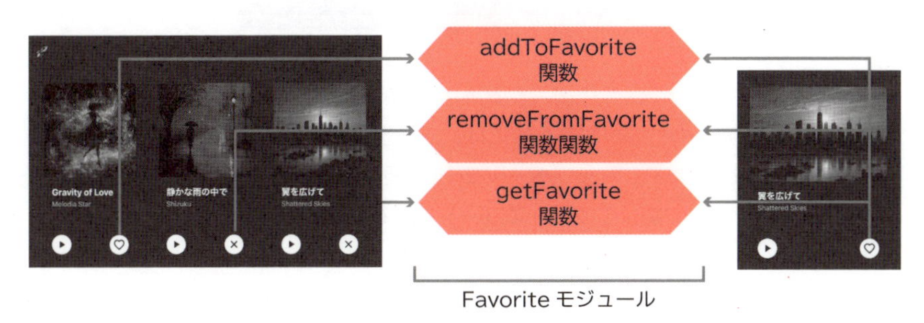

それでは、次のsectionからトップページの実装に進みましょう。

#トップページ ／ #アーティストカード ／ #曲カード ／ #お気に入り機能

section
10 トップページを実装する

トップページでは、アーティストカードと曲カードのコンポーネントを使って、データベースから取得したデータを表示します。また、曲カードからお気に入り機能を呼び出すことで、お気に入り機能を利用できるようにします。

CHAPTER 5ではアーティストカードと曲カードのUIのみを実装しましたが、データの取得、処理の実行は未実装です。ここではそれらを実装します。

アーティストカードをトップページに表示する

以下はアーティストカードの使用例で、3つのアーティストカードが並んでいる状態です。1つのアーティストカードには、アーティストの名前と画像が表示されます。

表示するべきアーティストのデータをAPIから取得する方法を見ていきましょう。アーティストのデータを取得するためには、テンプレートに用意されているAPIエンドポイントを利用します。トップページのUIを担うsrc/routes/+page.svelteファイルをCursorで開き、すべてのソースコードを選択した状態で Ctrl （⌘）＋ K キーを押してポップアップを開きます。@Filesシンボルを使って以下のファイルを追加し、プロンプトを送信します。

・docs/requirements.md
・src/lib/type.ts
・src/lib/components/ArtistCard.svelte
・src/routes/api/artists/+server.ts

/api/artists/からアーティストの情報を取得し、トップページにアーティスト一覧ブロックを追加してアーティストカードを表示しなさい。

生成されたコードを確認し、[Accept] ボタンをクリックして反映させて保存します。カードが大きすぎるなど表示に問題がある場合はCursorのChatや Ctrl （⌘）＋K キーを使って「カードが大きすぎる。カードが大きくなりすぎないように修正して」といったプロンプトを入力し表示を修正してみましょう。なお、アーティストの追加は204ページを参照してください。

曲カードをトップページに表示する

次に、曲カードの実装を進めましょう。曲カードでは、データベースから取得した曲の情報の表示に加えて、曲の再生やお気に入りの機能を実装する必要があります。

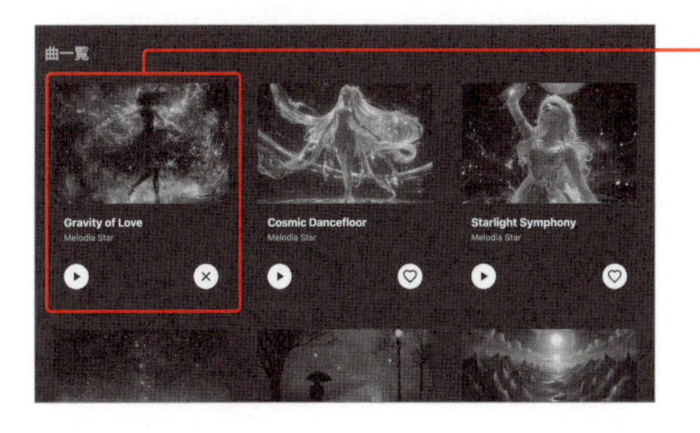

まずは曲の情報を取得してトップページに曲カードを表示します。Cursorで**src/routes/+page.svelte**ファイルを開き、**すべてのソースコードを選択した状態で** Ctrl （⌘）＋K キーを押してポップアップを開きます。@Filesシンボルを使って以下のファイルを追加し、プロンプトを送信します。

- docs/requirements.md
- src/lib/type.ts
- src/lib/components/SongCard.svelte
- src/routes/api/artists/+server.ts
- src/routes/api/songs/+server.ts

/api/songs/から曲情報を取得して、トップページに曲一覧ブロックを追加して曲カードを表示しなさい。

生成されたコードを確認し、[Accept] ボタンをクリックして反映させて保存します。トップページに保存済みの曲の情報が表示されたか確認してみましょう。もし見切れているなど表示に問題がある場合はCursorのChatや Ctrl（⌘）+ K を使って「カードの下部がプレイヤーコンポーネントに被って見切れている。カード下部にスペースを追加し、被らないように表示してください。」のように状況と対応内容を指示するプロンプトを入力し、修正してみましょう。

曲カードからお気に入り機能を呼び出す

表示した曲カードからお気に入り機能を呼び出すためには、src/lib/components/SongCard.svelteファイルからFavoriteモジュールの関数を呼び出す必要があります。まず、Cursorで**src/lib/components/SongCard.svelte**ファイルを開き、**すべてのソースコードを選択した状態で** Ctrl（⌘）+ K キーを押してポップアップを開きます。@Filesシンボルを使って以下のファイルを追加し、プロンプトを送信します。

・docs/requirements.md
・prisma/schema.prisma
・src/lib/module/favorite.ts

```
以下の仕様を守ったうえでお気に入りモジュールを使って、曲をお気に入りに追加、削除できる機能を追加して
- お気に入りに追加されていない曲ではお気に入りに追加するためのボタンを表示
- お気に入りに追加されている曲ではお気に入りから削除するためのボタンを表示
- お気に入りの追加、削除を行ったあとはalertを表示してどのような操作を行ったかをユーザーに知らせる
```

生成されたコードを確認し、[Accept] ボタンをクリックして反映させて保存します。

曲カードのお気に入りに追加ボタンをクリックすると、ローカルストレージにお気に入り曲として追加されます。

ローカルストレージの確認方法

ローカルストレージは、ブラウザ内にデータを保存するための機能です。これにより、ページを閉じてもデータが保持されます。ローカルストレージの内容は、ブラウザのデベロッパーツールで確認できます。デベロッパーツールの [Application] タブを開き、Local Storageからhttps://localhost:5173/のデータを確認します。

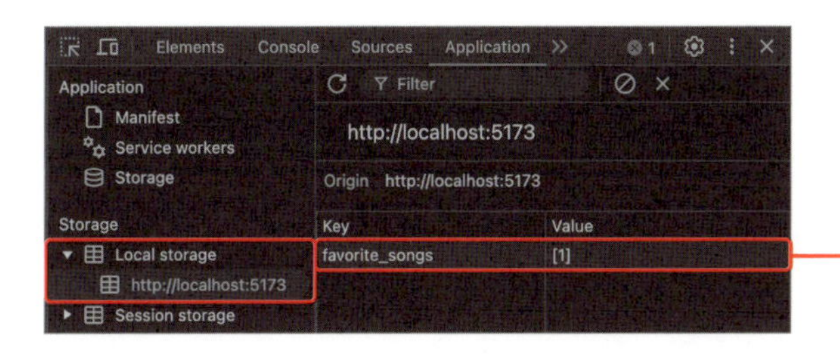

ローカルストレージにidの配列が保存されていることを確認しましょう。サンプルでは、favorite_songsというキーで保存されていることがわかります。

ローカルストレージに保存されていない場合はChat機能で修正してみましょう。Ctrl（⌘）＋Lキーを押してChat機能を開き、@Filesシンボルを使って以下のファイルを追加し、プロンプトを送信しましょう。

- docs/requirements.md
- src/lib/module/favorite.ts
- src/routes/favorite/+page.svelte
- src/lib/components/SongCard.svelte

> ローカルストレージにお気に入り曲を追加する機能を追加したが、お気に入りに追加ボタンをクリックしても、Chromeのデベロッパーツールを開いてもローカルストレージに情報が追加されていない。修正方法を教えて。

このように問題を再現する手順を具体的に記載して、問題を修正しやすくしましょう。

お気に入りに登録していない曲は「お気に入りに追加するボタン」が表示され、お気に入りに登録すると、「お気に入りから削除するボタン」に表示が切り替われば成功です。表示が切り替わらない場合は、Chatから修正の指示を出してみましょう。

> お気に入りに追加しても表示が変わらない。お気に入りモジュールを使って、お気に入りに追加されているかどうかで表示を出し分けなさい。

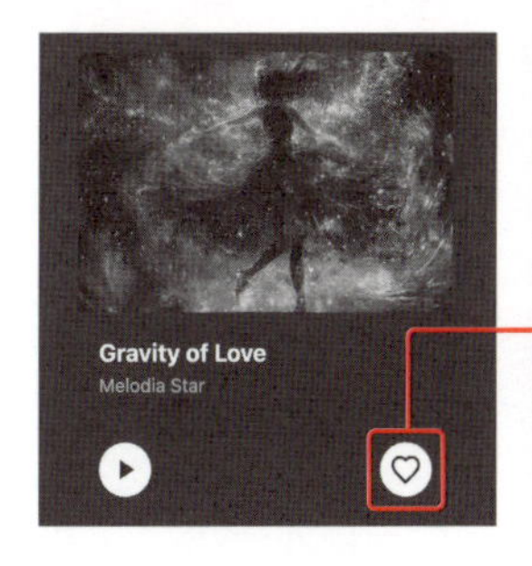

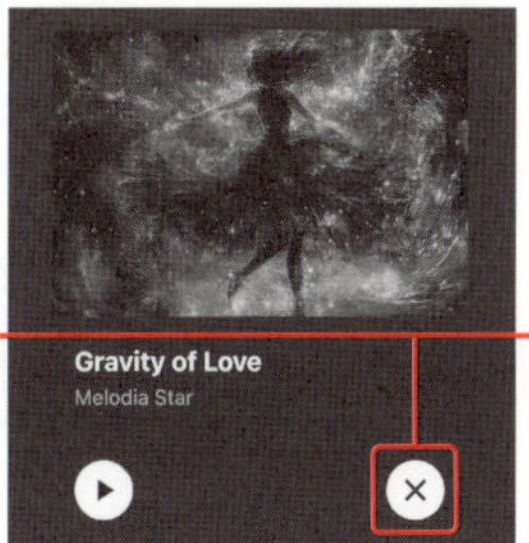

以上で、トップページの実装が完了しました。アーティストカードと曲カードを使って、データベースから取得したデータを表示し、曲のお気に入り機能を実装できました。後ほど、お気に入り登録した曲を一覧表示するページを実装します。

正常にアーティスト、曲が表示されているのかを確認しましょう。この時点では再生機能は利用できませんが、お気に入りには追加できるはずです。

データベースに追加したすべてのアーティスト、曲が表示され、お気に入りに曲が追加できるかを確認しましょう。

Point ChatGPTのカスタム指示を活用する

ChatGPTには、「カスタム指示（Custom Instruction）」という機能があります。これは、ChatGPTの振る舞いを自分の好みや目的に合わせてカスタマイズできる機能。適切に使うことで、ほしい回答を引き出しやすくなったりプロンプトを書く手間を減らしたりできます。

カスタム指示の設定方法

カスタム指示は設定画面から設定できます。まずは、設定画面を開きましょう。

パーソナライズをクリックし、［カスタム指示］をクリックしましょう。なお、初回は［カスタム指示を導入する］というメッセージが表示されるので［OK］ボタンをクリックします。「ChatGPTをカスタマイズする」という画面が表示されるので、ここでカスタム指示を追加しましょう。

ここで表示される2つの入力欄に指示などを入力することでさまざまな方法で活用できます。

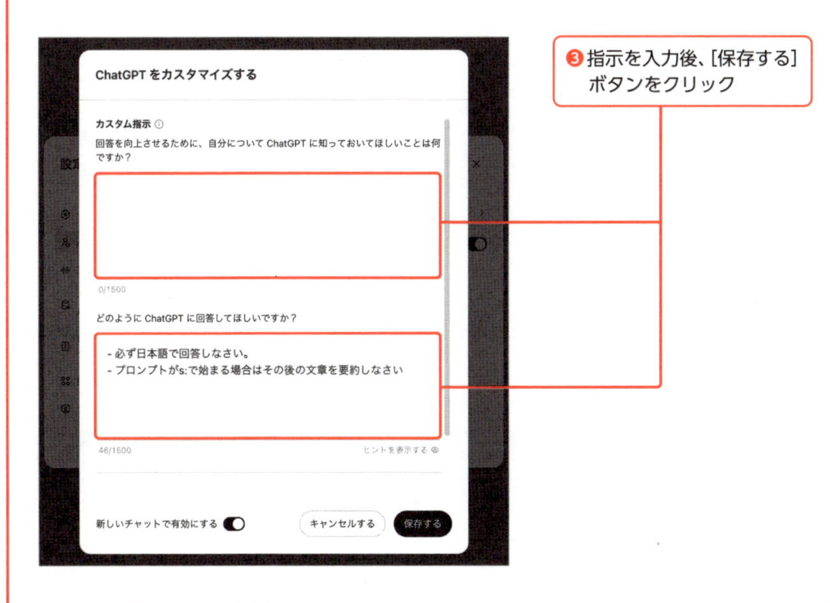

カスタム指示の具体例

カスタム指示の使い方を具体的に見ていきましょう。

たとえば、「どのように ChatGPT に回答してほしいですか？」という欄に「必ず日本語で返答しなさい。」というカスタム指示を設定しておけば、英語のエラーメッセージをそのまま貼り付けても、ChatGPTが日本語で説明してくれます。これにより、言語の壁を感じることなくChatGPTを利用できるようになります。

また、「プロンプトがs:で始まる場合はその後の文章を要約しなさい。」というカスタム指示を設定すると、「s:」で始まるプロンプトに対してのみ、ChatGPTが文章を要約してくれるようになります。よく使う処理を自動化できるので、効率的に作業ができます。

実際にプロンプトの冒頭に「s:」をつけて送信した例を見てみましょう。

要約しなさいという指示はプロンプトに入れていませんが、カスタム指示の内容を読み取り、要約されました。

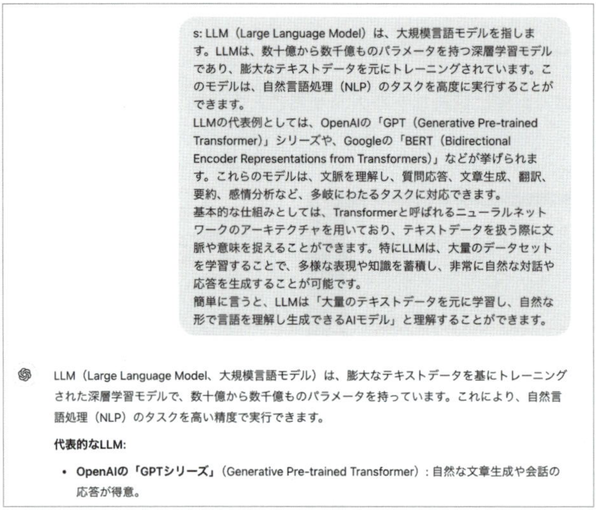

s: LLM（Large Language Model）は、大規模言語モデルを指します。LLMは、数十億から数千億ものパラメータを持つ深層学習モデルであり、膨大なテキストデータを元にトレーニングされています。このモデルは、自然言語処理（NLP）のタスクを高度に実行することができます。
LLMの代表例としては、OpenAIの「GPT（Generative Pre-trained Transformer）」シリーズや、Googleの「BERT（Bidirectional Encoder Representations from Transformers）」などが挙げられます。これらのモデルは、文脈を理解し、質問応答、文章生成、翻訳、要約、感情分析など、多岐にわたるタスクに対応できます。
基本的な仕組みとしては、Transformerと呼ばれるニューラルネットワークのアーキテクチャを用いており、テキストデータを扱う際に文脈や意味を捉えることができます。特にLLMは、大量のデータセットを学習することで、多様な表現や知識を蓄積し、非常に自然な対話や応答を生成することが可能です。
簡単に言うと、LLMは「大量のテキストデータを元に学習し、自然な形で言語を理解し生成できるAIモデル」と理解することができます。

LLM（Large Language Model、大規模言語モデル）は、膨大なテキストデータを基にトレーニングされた深層学習モデルで、数十億から数千億ものパラメータを持っています。これにより、自然言語処理（NLP）のタスクを高い精度で実行できます。

代表的なLLM:

- **OpenAIの「GPTシリーズ」**（Generative Pre-trained Transformer）：自然な文章生成や会話の応答が得意。

別の例として、「落ち込みやすいので間違ったことを言ってしまっても励ましてください。」というカスタム指示を設定しておくと、ChatGPTの対応がより優しくなります。このようにアイデア次第でさまざまな活用が可能です。

パーソナライズされた回答

「回答を向上させるために、自分について ChatGPT に知っておいてほしいことは何ですか？」の欄には自分の立場や状況などを入力しましょう。

たとえば、「私は20歳の大学生で、経営学部で学んでいます。」と入力すれば、プログラムについて丁寧に解説される可能性が高まりますが、「私は45歳の情報工学部の教授です。」と入力されていれば、同じ質問でも知識があることを前提とした回答になるでしょう。

以上のようにChatGPTのカスタム指示を活用するとさらに求めている回答を得られやすくなります。ぜひ活用してみましょう。

#アーティストページ ／ #API統合 ／ #UI実装

section 11

アーティストページを実装する

アーティストごとの曲一覧ページを作る！

アーティストページの実装は、トップページとほぼ同じ手順で進めることができます。ここでは、特定のアーティストの情報と、そのアーティストに関連する曲の一覧を表示します。

アーティストページを表示する

ここまでの手順どおりに実装されていれば、トップページに表示されているアーティストカードをクリックすればhttp://localhost:5173/artists/1のようなURLでアーティストページに遷移するはずです。

アーティストページへ遷移しない場合は、以下の手順でアーティストカードにリンクを設定しましょう。Cursorでsrc/lib/components/ArtistCard.svelteを開き、**すべてのソースコードを選択した状態で**Ctrl（⌘）+Kキーを押してポップアップを開きます。@Filesシンボルを使ってdocs/requirements.mdファイルを追加し、プロンプトを送信します。

アーティストカードにアーティスト詳細ページへのリンクを設定する

これでアーティストカードにアーティスト詳細ページへのリンクが設定されます。ブラウザからアーティストページに遷移できるかを確認しましょう。

アーティストページを実装する

アーティストページの実装に入ります。まずは、Cursorでsrc/routes/artists/[id]/+page.svelteファイルを開きます。**すべてのソースコードを選択した状態で**Ctrl（⌘）+Kキーを押してポップアップを開き、@Filesシンボルを使って以下のファイルを追加し、プロンプトを送信します。

・docs/requirements.md
・prisma/schema.prisma
・src/lib/type.ts
・src/lib/components/SongCard.svelte
・src/routes/api/artists/+server.ts

・src/routes/api/songs/+server.ts
・src/lib/server/listSong.ts
・src/lib/server/listArtist.ts

```
以下の仕様に従って、アーティストページを実装してください。
- 画面上部にはアーティスト画像を左に表示し、右にアーティスト名、アーティストプロフィールを表示する。ArtistCardは使用しない
- アーティスト情報の下にSongCardを利用してアーティストの曲一覧を表示する
- アーティスト情報は/api/artists/から取得する
- 曲情報は/api/songs/から取得する
```

生成されたコードを確認し、[Accept] ボタンをクリックして反映させて保存します。ブラウザで表示を確認しましょう。

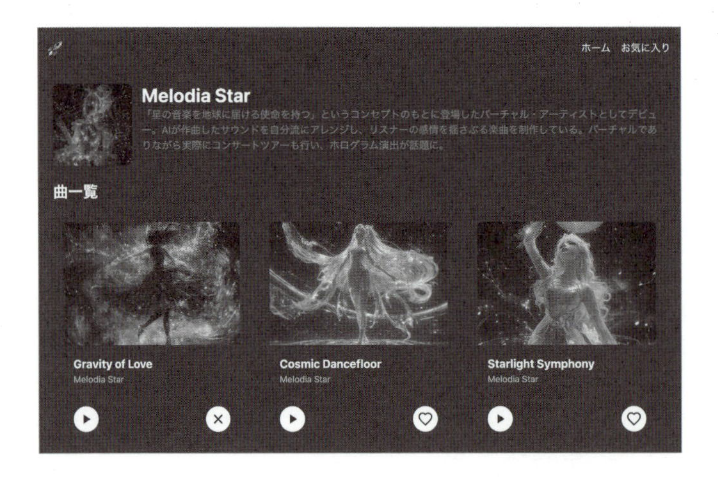

このように、アーティスト名、アーティストプロフィール、アーティストの曲一覧が表示されているはずです。

以上で、アーティストページの実装が完了しました。トップページと同様に、APIからデータを取得し、コンポーネントを使って表示できました。

GPT-Engineer

Webブラウザから利用できるGPT-Engineerというエージェント型ツールがあります。lovable（https://lovable.dev/）にアクセスし、GitHubアカウントかGoogleアカウントでサインアップ後に、トップページにプロンプトを入力すると、コードを自動的に生成し、実行結果を表示してくれます。

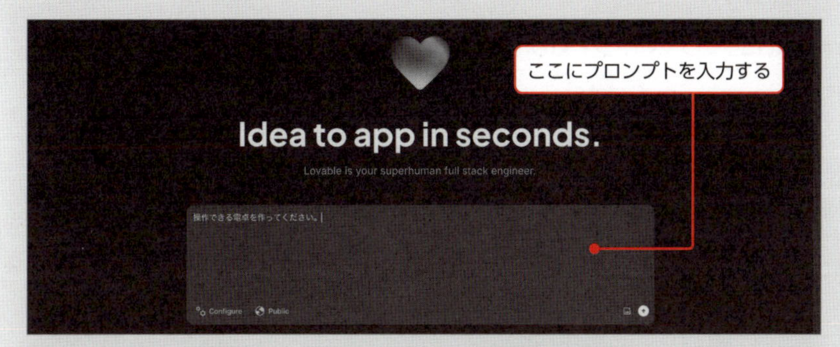

上の例は、「操作できる電卓を作ってください。」と入力した結果です。画面左側には、入力したプロンプトと、それを受けてどのようなプロセスで何を生成するかが表示されています。また、[Click to view code] をクリックすると画面がコードに切り替わります。右側には実行結果が表示され、ブラウザ上で操作することができます。

さまざまなツールを活用してコードを生成することで、AI活用のヒントが得られるでしょう。

#お気に入りページ ／ #APIの呼び出し

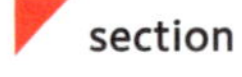

section 12 お気に入りページを実装する

お気に入りにした曲が一覧されるページを作ろう！

お気に入りページは、お気に入りに登録した曲カードを表示するページです。CHAPTER 5ではお気に入りページのUIを実装しました。ここでは、実際にお気に入り登録している曲を取得して表示する処理を実装します。

お気に入りページへのリンクを確認

ヘッダーのお気に入りリンクをクリックすると、お気に入りページに遷移します。

図 6-12-1　現在のお気に入りページ

遷移しない場合は、ヘッダーコンポーネント（**src/lib/components/Header.svelte**）にリンクが設定されていない可能性があります。このファイルをCursorで開いて**すべてのソースコードを選択した状態で** Ctrl（⌘）＋ K キーを押してポップアップを開き、@Filesシンボルを使って以下のファイルを追加し、プロンプトを送信します。

・docs/requirements.md
・src/lib/components/Header.svelte

> ヘッダーにお気に入りページへのリンクを設定する

お気に入り登録している曲を取得して表示する

section 09で作成したFavoriteモジュールにはお気に入りを取得する関数が実装されています。この関数を使って、お気に入り登録している曲を取得して表示します。

まずは、Cursorで**src/routes/favorite/+page.svelte**ファイルを開きます。**すべてのソースコードを選択した状態で** Ctrl（⌘）＋ K キーを押してポップアップを開き、@Filesシンボルを使って次ページのファイルを追加し、プロンプトを送信します。

- docs/requirements.md
- src/lib/type.ts
- src/lib/server/listSong.ts
- src/routes/api/songs/+server.ts
- src/lib/module/favorite.ts
- src/lib/components/SongCard.svelte

```
以下の仕様に従ったうえでFavoriteモジュールを使って、お気に入りに登録されている曲を表示するページを実装しなさい。
- お気に入りに登録されている曲がない場合は「お気に入りに追加されている曲はありません」と表示すること。
- 曲情報はAPIから取得すること。
- 曲はSongCardを使って表示する。
```

生成されたコードを確認し、[Accept] ボタンをクリックして反映させて保存します。

お気に入り登録した曲がない場合は「お気に入り登録している曲はありません」と表示されるはずです。次に、トップページの曲カードからお気に入り登録し、お気に入りページに反映されることも確認します。

図 6-12-2　お気に入りが追加されていない場合

図 6-12-3　お気に入りが追加された場合

お気に入りページでも曲カードコンポーネントを使っているため、ページ内から直接お気に入りの登録・解除が可能です。このようにコンポーネント化することで、複数ページ間で一貫したUIと機能を簡単に共有できる利点があります。

#再生機能／#モジュール／#テスト

再生機能を実装する

音楽配信アプリケーションの仕上げとして、再生機能を実装します。ここでもモジュールを作成して、再生、停止、音量調整などの機能を実装していきます。

再生機能を確認する

再生機能は、以下のような機能に整理できます。

・曲の再生・停止
・音量の調整
・曲の状態の表示（再生中か停止中か）
・音量の表示

これらの機能をお気に入り機能と同様に、Playerモジュールを使って実装します。

Playerモジュールの確認

Playerモジュールには、曲の再生・停止、音量の調整、曲の状態の表示、音量の表示、再生位置の表示などの機能をまとめて実装します。

仕様書の要件を満たすために、以下のような実装を行います。

再生機能

・playSong関数は、指定された曲を再生
・現在の再生状態をisPlaying変数に保持し、UIと同期する
・再生中の曲の情報をcurrentSong変数に保持し、アプリ全体で共有する
・再生が開始されたら、currentAudio変数に音声オブジェクトを格納する

停止・一時停止機能

・stopSong関数で再生を停止
・曲の再生が終了したらisPlayingをfalseにして停止状態にする
・一時停止の場合は、再生を一時的に止めるだけで、再開時は同じ位置から再生する
・明示的に停止を指示した場合は、再生位置を先頭に戻す

音量調整機能

- 音量はcurrentVolume変数で管理される
- setVolume関数で音量を変更でき、その値は保持される
- 音量の変更はすぐに反映され、ユーザーに変化がわかるようにする

Playerモジュールの実装

では実際にPlayerモジュールを実装していきましょう。Cursorでsrc/lib/module/player.tsファイルを開きます。Ctrl（⌘）＋Kキーを押してポップアップを開き、@Filesシンボルを使って以下のファイルを追加し、プロンプトを送信します。

- docs/requirements.md
- prisma/schema.prisma
- src/lib/type.ts

```
以下の機能を関数で提供するPlayerモジュールを実装して。
ただし、表示するデータはSongWithArtist型でsongプロパティから受け取って表示しなさい。
- 再生機能: 指定された曲を再生する
- 停止機能: 再生している曲を一時停止する
- 音量調整機能: 再生している曲の音量を変更する
- 現在位置取得機能: 再生中の曲の現在の再生位置（秒単位）を取得する
- 総再生時間取得機能: 再生中の曲の総再生時間（秒単位）を取得する
```

生成されたコードを確認し、[Accept] ボタンをクリックして反映させて保存します。エディタ上に赤い波線が表示されている場合は、211ページを参考に修正しましょう。

以上でPlayerモジュールの実装が完了しました。

Playerモジュールのテスト

作成したPlayerモジュールが正常に動作するかテストしましょう。LLMを使ってテストコードを生成します。

Ctrl（⌘）＋Iキーを押してCursorのComposer機能のポップアップを開き、@Filesシンボルを使って以下のファイルを追加し、プロンプトを送信します。

・docs/requirements.md
・src/lib/module/player.ts

```
既存のテストを参考にplayer.tsファイルのPlayerモジュールのテストコードを
新しいファイルに生成してください。
```

生成されたコードを確認し、[Accept all] ボタンをクリックして反映させて保存したら、以下のコマンドでテストを実行します。

```
bun run test src/lib/module/player.test.ts
```

エラーが出た場合は、213〜217ページを参考に修正しましょう。

生成されたコードを確認し、[Accept] ボタンをクリックして反映させて保存します。

曲カードからPlayerモジュールを呼び出す

先ほど実装した再生モジュールを曲カードから呼び出すために、Cursorで**src/lib/components/SongCard.svelte**ファイルを開きます。**すべてのソースコードを選択した状態で**Ctrl（⌘）＋Kキーを押してポップアップを開き、@Filesシンボルを使って以下のファイルを追加し、プロンプトを送信します。

・docs/requirements.md
・prisma/schema.prisma
・src/lib/module/player.ts
・src/lib/server/addArtist.ts

```
Playerモジュールを使って曲の再生機能を実装して。
```

生成されたコードを確認し、[Accept] ボタンをクリックして反映させて保存します。トップページやお気に入りページ内に表示される曲カードの再生ボタンをクリックすると、Playerモジュールが呼び出され、曲が再生されることを確認してみましょう。もし停止ができない、再生ボタンが停止ボタンに切り替わらない、などの不具合が生じる場合はその内容をChatに入力して修正してください。

再生コンポーネントの実装

CHAPTER 5では、src/lib/components/Player.svelteファイルに再生コンポーネントのUIのみを実装しました。このままでは再生機能が呼び出せないため、再生機能を実装しましょう。曲カード同様に、先ほど作成したPlayerモジュールを再生コンポーネントから呼び出して再生機能を実装します。まずは、Cursorで**src/lib/components/Player.svelte**ファイルを開きます。**すべてのソースコードを選択した状態で**Ctrl（⌘）+Kキーを押してポップアップを開き、@Filesシンボルを使って以下のファイルを追加し、プロンプトを送信します。

・docs/requirements.md
・prisma/schema.prisma
・src/lib/module/player.ts

```
Playerモジュールを使って曲の再生機能を実装して。
```

生成されたコードを確認し、［Accept］ボタンをクリックして反映させて保存します。再生コンポーネントの再生ボタンをクリックすると、Playerモジュールが呼び出され、曲が再生されること、再生中の曲の情報が表示されることを確認しましょう。

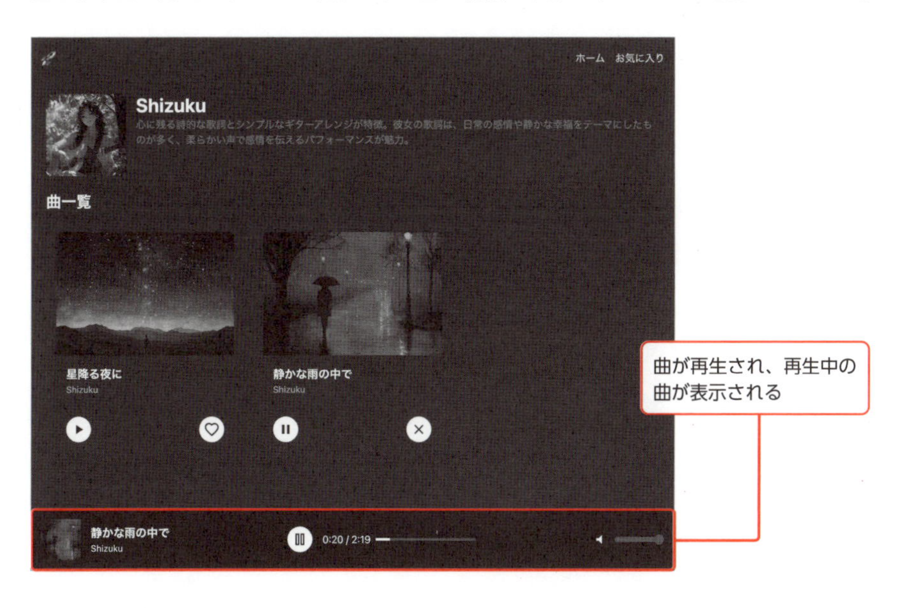

正常に動作しない場合は、ここまでに解説したエラーの修正方法や、デベロッパーツールを活用して修正しましょう。発生している状況や問題、あるべき姿をそのまま言葉にしてLLMに入力すれば、そのように直してくれるはずです。一度でうまくいかなくても繰り返し、少しずつ表現を変えながら試してみてください。

以上で、再生コンポーネントの実装が完了しました。Playerモジュールと連携することで、現在再生中の曲の情報を表示し、再生の制御を行うことができました。再生コンポーネントの実装では、Playerモジュールの機能をどのように活用するかがポイントになります。Playerモジュールの変数や関数の役割を理解し、適切に呼び出すことが重要です。

LLMを活用して、Playerモジュールの機能や再生コンポーネントの実装方法について質問しながら進めることで、効率的に開発できます。適切な質問を行い、得られた回答をコードに反映させていきましょう。

以上で、トップページ、アーティストページ、再生コンポーネントに実際のデータや処理を組み合わせた実装が完了しました。これらの機能を組み合わせることで、音楽再生アプリケーションとしての基本的な機能が実現できました。今後は、さらに機能を追加したり、ユーザビリティを向上させたりすることで、より魅力的なアプリケーションに仕上げていくことができるでしょう。

#機能追加 ／ #再生数カウント機能追加

section
14 完成後に機能を追加する

再生数カウント機能を追加しよう！

プロジェクトを一度リリースしたら終わりではありません。リリース後も、継続的に改善を行うことが大切です。ここでは、機能追加の方法について見ていきましょう。

追加する機能を整理する

アプリケーションの機能追加は、開発において避けては通れないプロセスです。ここでは、音楽再生アプリに再生数カウント機能を追加する手順を通じて、機能追加の基本的な考え方と進め方を学んでいきましょう。

現在のアプリケーションでは、アーティストの曲を再生する機能は実装されていますが、その再生数を把握する方法がありません。そのため、**どの曲が人気があるかわからない**という問題が存在しています。そこで、今回は再生数をカウント、表示する機能を**既存の機能を壊さずに**実装する流れを見ていきましょう。

デグレードの防止

「デグレード（Degrade）」とは、新しい機能を追加したり、既存の機能を変更したりした際に、正常に動作していたほかの部分に予期せぬ影響が出て、動作が不安定になったり、バグが発生したりする現象を指します。たとえば、ある機能を改善した際に、関連する別の機能が動作しなくなる場合や、追加機能の影響でシステムのパフォーマンスが低下する場合もデグレードの一例です。この現象を「デグレ」と略すこともあります。

デグレードが発生しやすい場面

デグレードが発生しやすいのは、以下のようなケースです。

- **既存コードの変更**：ほかのモジュールが依存しているコードを改修した場合
- **新しい機能の追加**：新機能が既存の構造やフローに干渉する場合
- **複数の機能が密接に関係している場合**：複数のモジュールが相互に依存している部分での改修や追加

デグレードを防ぐためのアプローチ

こうしたデグレードを防ぐためには、テストの実施に加え、コンポーネント化やモジュール化も効果的です。

アプローチ① 影響範囲の予測

新しい機能を追加する際に、ほかの要素や動作にどのような影響が出るかを事前に予測し、デグレードが発生するリスクを考慮することが重要です。影響範囲を明確に把握することで、適切な対策や設計の見直しが可能になります。

アプローチ② テストコードの作成

新機能や修正ごとにテストコードを必ず作成し、既存の動作に影響を与えていないか確認しましょう。ユニットテストや結合テストを組み合わせることで、各モジュールや機能が期待通りに動作するかを検証できます。

アプローチ③ コンポーネント化・モジュール化

これまで皆さんが行ってきたコンポーネント化やモジュール化は、再利用しやすくなるだけでなく、デグレードの防止にも役立ちます。機能を独立させておくと、ほかの部分に影響を与えずに新しい機能を追加・変更できるため、システム全体が安定しやすくなります。また、処理を意味のある単位でまとめておくことで、影響範囲が限定され、デグレードが発生しても原因を把握しやすい設計が実現できます。

これらの対策を講じたうえで、機能追加や修正時には適切なテストを実施することが重要です。テストによって機能追加や変更後もほかの部分が正しく動作することを確認できるため、デグレードのリスクを大幅に軽減できます。

今回は既存の機能と衝突しにくい内容の機能追加ですが、デグレードが発生しにくい内容であっても、必ずテストを作成し、動作を確認してから実装を進めるようにしましょう。

仕様の明確化

機能追加の第一歩は、追加する機能の仕様を明確にすることです。再生数カウント機能の場合、以下のような点を決めておく必要があります。

- カウント対象: 曲単位で再生数をカウントするのか、アーティスト単位か
- 再生の定義: 再生ボタンを押した時点でカウントするのか、一定時間以上再生された場合にカウントするのか

・表示箇所：再生数をどこに表示するか。アーティストページ、曲カード、両方か
・保持方法：再生数をデータベースに保存するのか、ログから集計するのか

今回は、曲単位で再生数をカウントし、再生ボタンを押した時点でカウントアップ、曲カードのみに表示、リアルタイムでデータベースに保存する、という仕様で進めることにしましょう。

データベース設計の見直し

再生数をデータベースに保存するためには、既存のデータベーステーブルに再生数のカラムを追加する必要があります。まずはテーブルの構造を変更しましょう。

テーブルの構造を変更するためにCursorでprisma/schema.prismaを開きましょう。model Song{}部分を選択してから Ctrl （⌘）＋ K キーを押してポップアップを開き、以下のように入力します。

> 曲ごとに再生数を保存する機能を追加します。再生カウントを保存するカラムを追加してください。

playCountのようなカラム名で再生回数を保存するカラムが追加されるはずです。

図6-14-1　再生回数を保存するカラムの追加

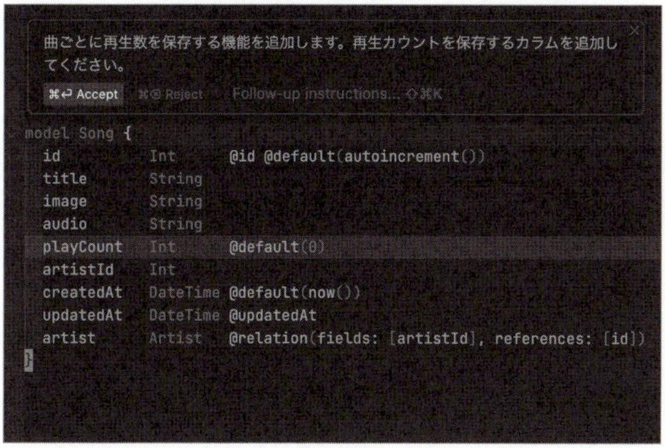

```
曲ごとに再生数を保存する機能を追加します。再生カウントを保存するカラムを追加してください。
⌘⏎ Accept   ⌘⌫ Reject   Follow-up instructions... ⇧⌘K

model Song {
  id          Int      @id @default(autoincrement())
  title       String
  image       String
  audio       String
  playCount   Int      @default(0)
  artistId    Int
  createdAt   DateTime @default(now())
  updatedAt   DateTime @updatedAt
  artist      Artist   @relation(fields: [artistId], references: [id])
}
```

テーブル定義が変更されたので、次ページのコマンドを実行し、テーブルに反映させましょう。

```
bun prisma db push
```

dev.dbを開き、カラムが追加されていることを確認しましょう。

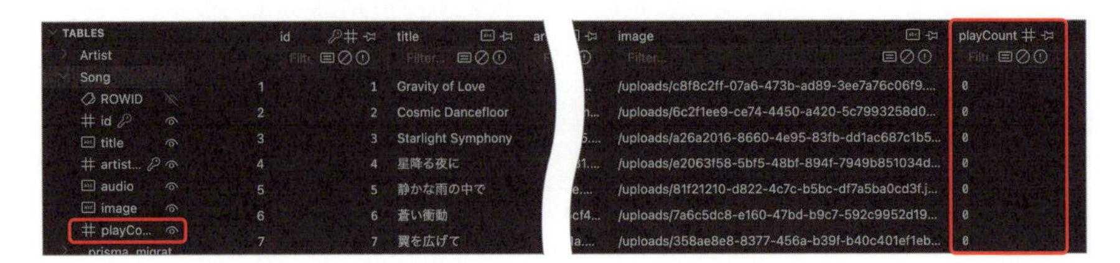

ここで実行したbun prisma db pushコマンドは、Prismaのスキーマファイル（prisma/schema.prisma）に定義されたテーブル構造に基づいて、実際のデータベースにテーブルを作成または更新します。

バックエンドの実装

再生数を表示するためには曲の再生開始時に前の項目で作成したカラムの値を1カウントアップします。この処理は曲の再生開始時にカウントアップを行う専用のAPIを呼び出すことで実現します。開発ステップは次のようになります。

1. src/lib/server/addSong.ts等と同様にsrc/lib/server/incrementPlayCount.tsで特定の曲の再生数をカウントアップする
2. 曲が増えるかどうかのテストを実装し、今までで実装したテストで失敗しているものがないかを確認する
3. src/lib/server/incrementPlayCount.tsをAPIから呼び出せるようにする
4. 再生が開始されるたびに用意したAPIを呼び出す

incrementPlayCount.tsの作成

まずは、再生数をカウントアップするための**src/lib/server/incrementPlayCount.ts**をComposer機能を使ってサーバーサイドに実装します。Ctrl（⌘）+ I キーを押してポップアップを開き、@Filesシンボルを使って**prisma/schema.prisma**を追加、さらに@Foldersシンボルを使って**src/lib/server/ディレクトリ**を追加して以下のようなプロンプトを入力します。

```
SongテーブルにテーブルにplayCountカラムを1カウントアップする
incrementPlayCount関数をincrementPlayCount.tsファイルに実装して。
```

ここでは [Accept all] をクリックし、保存しておきましょう。

テストの作成

次に、src/lib/server/incrementPlayCount.tsのテストを作成します。Ctrl（⌘）＋Iキーを押してComposerを開きます。再度@Foldersシンボルを使って**src/lib/server/ディレクトリ**を追加、@Filesシンボルを使って**src/lib/server/incrementPlayCount.ts**を追加して以下のようなプロンプトを入力します。

```
incrementPlayCount.tsのテストを実装してください。再生数が正しくカウントアップされることを確認してください。
```

テストコードが生成されたら、[Accept all] をクリックして保存したうえで以下コマンドを実行して、新しいテストだけでなく、デグレードが発生していないか、すべてのテストをパスすることを確認します。

```
bun run test
```

ここでは、incrementPlayCount関数が再生数を正しくカウントアップし、データベースに保存できているかをチェックします。また、ここで今までのテストもすべて実行し、既存の処理が壊れていないことを確認しておくことが重要です。機能追加によって既存の部分が影響を受けていないかを都度チェックすることは安全に機能追加を行うために重要です。もしテストが失敗した場合は、原因を特定し、修正を行ってください。

APIの実装

incrementPlayCount関数を外部から呼び出せるようにするため、APIエンドポイントを実装します。src/routes/api/song/[id]に処理を追加しましょう。ここで、[id]は動的なパラメータで、個別の曲IDを表します。これにより、特定の曲の再生数をカウントアップするAPIエンドポイントを作成できます。

Composer機能を使って、APIエンドポイントの実装を生成してみましょう。Ctrl（⌘）＋Iキーを押してComposerを開き、@Fileシンボルを使って**docs/requirements.mdファイル**を追加、さらに@Foldersシンボルを使って**src/lib/serverフォルダ**を追加して、以下のようなプロンプトを入力します。

```
src/routes/api/song/[id]/+server.tsのPUTメソッドの処理を作成してください。リクエストから曲IDを取得し、incrementPlayCount関数を呼び出して再生数をカウントアップしてください。
```

作成が完了したら［Accept all］をクリックして保存しましょう。次はフロントエンドからこのAPIを呼び出してみます。

フロントエンドの実装

先ほど作成したバックエンドのAPIを、フロントエンドから呼び出す処理を実装する必要があります。再生数のカウントアップ自体はバックエンドで行いますが、実際に曲が再生されるのはフロントエンドです。したがって、曲の再生が開始されたタイミングで、フロントエンドからバックエンドのAPIを呼び出すことで、リアルタイムに再生数を更新できます。

以下の修正を行います。

- Playerモジュールの修正：再生開始時にバックエンドのAPIを呼び出す処理を追加する
- SongCardの修正：再生数が曲カード内で表示できるようにする

以下のように、再生数が曲カード内で表示できるようにするのがゴールです。

図 6-14-2 曲カード内に再生数を表示する

APIを呼び出して再生数をカウントアップする

まずはPlayerモジュールを改修して、再生開始時にAPIを呼び出すようにします。現在、曲の再生開始処理はsrc/lib/module/player.tsのplaySong関数内で行われています。この関数内の適切な箇所に、APIの呼び出し処理を追加しましょう。

Cursorで**src/lib/module/player.ts**を開きます。**すべてのソースコードを選択した状態で**Ctrl（⌘）+Lキーを押してChatを開き、@Foldersシンボルで**src/routes/api/song/[id]ディレクトリ**を追加して、以下のプロンプトを入力します。該当のフォルダが候補に表示されない場合はパスを入力しましょう。

```
playSong関数で、曲の再生開始時に再生数をインクリメントするAPIを呼び出すように変更して。
```

生成されたコードに問題がなければChatで［Apply］ボタン→［Continue］ボタンをクリックして反映してから［Accept］ボタンをクリックしましょう。これで、再生数のカウントアップ処理が実装されました。

完了したら曲を再生して、ターミナルにも、ChromeのデベロッパーツールのConsoleにもエラーが表示されていないことを確認しましょう。

これで再生数のカウントアップの実装が完了しました。次は曲カードに再生数を表示するように設定しましょう。

SongCardに再生回数を表示する

src/lib/component/SongCard.svelteを修正して、再生数を表示するようにします。

まず、Cursorで**src/lib/component/SongCard.svelteファイル**を開き、すべてのコードを選択した状態でCtrl（⌘）+Kキーを押します。@Filesシンボルで、**prisma/schema.prisma**を追加し、以下のようなプロンプトを入力します。

```
再生数を表示するように変更してください。再生数は曲のタイトルの下に、"再生数：XX回"のような形式で表示してください。
```

生成されたコードを確認し、問題がなければ［Accept］ボタンをクリックし、保存します。変更が正しく反映されたか確認するために、ブラウザを再度読み込んでみましょう。再生数がSongCardに表示されていること、もう一度再生すると再生数が増えること、そして既存のUIが崩れていないことを確認できれば、実装は成功です。

これで、再生数のカウントアップと表示の実装が完了しました。機能追加の際は、データベース設計の見直し、バックエンドの実装、フロントエンドの実装という流れで進めるのが一般的です。また、機能追加による既存機能への影響がないかをこまめにチェックすることも重要です。

Point .cursorrulesファイルで共通ルールを追加する

.cursorrulesファイルは、Cursor AIを活用した開発において、プロジェクト固有のルールをAIに教えるための特別なファイルです。このファイルをリポジトリのルートディレクトリに配置することで、Cursor AI環境でのAIの動作をカスタマイズできます。

開発者は.cursorrulesファイルにプロジェクトの要件やコーディング標準などの指示を記述することで、AIがそれらに沿ったコードを生成するように調整が可能です。たとえば、以下のようなルールを設定できます。

```
- テストツールはVitestを利用する
- テストは実際のデータを使用し、モックは利用しない
- テストファイルは対象のtsファイルと同じディレクトリに配置する
```

すでに記載されている内容は変更せずに実際に上記の内容を追加してみましょう。

このように.cursorrulesファイルを活用することで、プロジェクトに関わるチームメンバー全員が統一されたルールのもとでAIを活用した開発を進められます。

なお、.cursorrulesの有効化はCursorの設定画面から行えます。ルールを適用したい場合は有効に、一時的に無視したい場合は無効にするなど、状況に合わせて柔軟に対応しましょう。

図6-14-3 Cursorの設定画面の［Rules for AI］

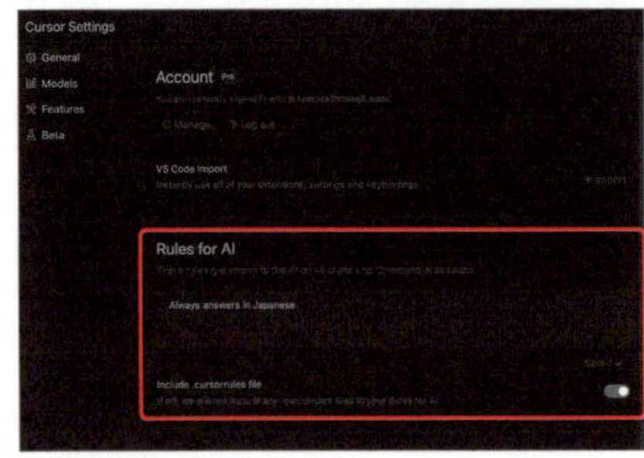

APPENDIX

AI駆動開発に役立つ情報

#プロンプトエンジニアリング

プロンプトの参考サイト

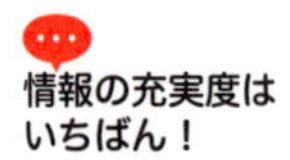

CHAPTER 2のsection 05でプロンプトの書き方を解説しました。ここでは、より深くプロンプトを学ぶための参考になるサイトを紹介します。

OpenAIが公開するプロンプトエンジニアリングガイド

ChatGPTを開発するOpenAIが公開しているプロンプトエンジニアリングについての情報です。

図 A-1-1　OpenAI Platform - Prompt engineering

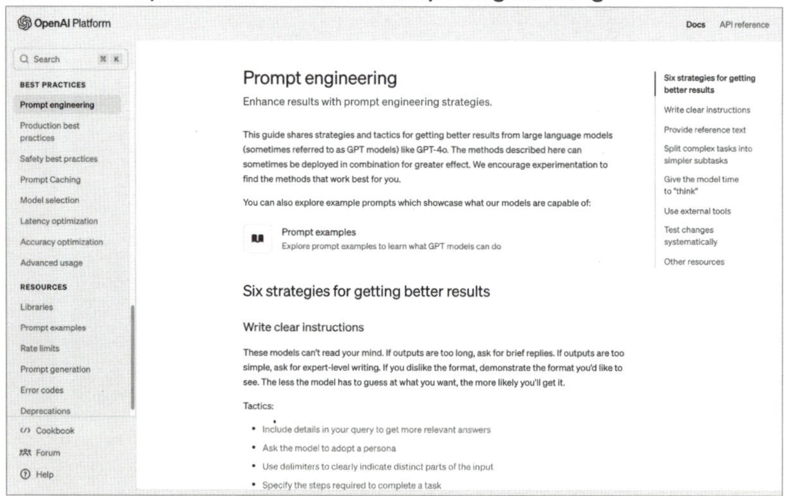

https://platform.openai.com/docs/guides/prompt-engineering

「https://platform.openai.com/docs/overview」にアクセス後、左側のメニュー一覧から［Prompt engineering］をクリックすると、プロンプトのコツが解説されたページが表示されます。以下はそのページに記載された6つのコツの意訳です。参考にしてみてください。

明確な指示を書く

LLMは、出力する内容が少ないほど意図する結果を生成しやすくなります。

参考テキストを提供する

LLMは専門的な内容やURLなどに関する質問については、間違った回答を生成することがあります。そのため回答の参考になる情報を与えると期待する回答が得られやすくなります。

複雑なタスクをより単純なサブタスクに分割する

本書においても、複雑なコンポーネントはモジュール化してブロックのように組み合わせるという手法を紹介しました。LLMも同様に、複雑なタスクを一度に実行させるより、タスクをサブタスクに分解して出力を得て、その出力を利用して次のサブタスクの入力とすることで能力を発揮しやすくなります。

モデルに「考える」時間を与える

複雑なタスクを解決させる場合は、最終的な答えを出すまでの過程を示すことで、LLMは能力を発揮しやすくなります。68ページのPointで詳しく説明しています。

外部ツールを使用する

LLMの弱点を補うためには、外部ツールの出力をLLMに与えることが有効です。たとえば、83ページで説明したRAGを用いることで、LLMに質問と関連したドキュメントについて教えることができます。また、OpenAIのCode Interpreterのようなコード実行エンジンは、計算をしたりコードを実行したりする際に役立ちます。

評価を行い改善する

生成結果を確認したうえで、必要に応じてプロンプトを変更するといった調整が必要です。しかしプロンプトを変えることで部分的によい結果になっても全体としてはよくない結果になることもあります。生成結果をどのように評価するかルールを作成して運用することが大切です。

ほかにもあるプロンプトエンジニアリングの参考サイト

OpenAI以外にもさまざまなプロンプトエンジニアリングを解説したサイトがあります。たとえばClaudeを開発するAnthropicは、ユーザーガイドとしてプロンプトエンジニアリングのドキュメントを公開しています。ブラウザで「doc/claude」で検索して表示されるサイトの「プロンプトエンジニアリング」のコーナーでは詳細な解説が行われています。また、有志が運用するPrompt Engineering Guide（https://www.promptingguide.ai/）では具体的なテクニックが紹介されています。

ChatGPTに教えてもらう

上に挙げたサイトは、英語であったり専門性が高いものが含まれていたりして、ハードルの高さを感じるかもしれません。そういう場合は、自分のレベルに合わせた解説をChatGPTなどにしてもらうとよいでしょう。下の画像はChatGPTに「私はエンジニアではないビジネスパーソンです。プロンプトエンジニアリングのテクニックを具体例とともに教えてください。」と質問した例です。

図 A-1-2　ChatGPT によるプロンプトエンジニアリングの解説例

メモリを更新しました

プロンプトエンジニアリングは、AI（特にLLM）に最適な指示を出して望む結果を引き出すための技術です。以下に、ビジネスパーソン向けに役立つ具体例を挙げながらテクニックを紹介します。

---

1. 明確で具体的な指示を出す

AIは曖昧な指示には対応しづらいです。何をしてほしいのか、具体的に伝えましょう。

例:

× 「売上レポートを作って」
✓ 「2023年10月の売上データをもとに、上位3商品の売上推移をグラフで説明してください」

---

2. 出力形式を指定する

出力形式を決めると、AIの回答が使いやすくなります。

例:

× 「マーケティング戦略を教えて」
✓ 「中小企業向けのオンラインマーケティング戦略を、箇条書きで3つ教えてください」

---

3. 役割を設定する

AIに「〜として行動してください」と伝えると、回答がその役割に合ったものになります。

例:

× 「市場分析を手伝って」
✓ 「あなたはマーケティングコンサルタントです。新商品の市場分析のポイントを3つ挙げてください」

---

4. 例を与える

具体例を示すと、AIがより適切な出力を行いやすくなります。

例:

× 「いいスローガンを考えて」
✓ 「新しいコーヒーブランドのスローガンを考えてください。例: '毎朝の幸せ、一杯の香り'」

---

5. 手順や制約を設定する

どのように答えてほしいか、手順や条件を伝えるとより精度が上がります。

例:

× 「新製品のプレゼンを作って」
✓ 「以下の手順で新製品のプレゼンを作成してください: 1) ターゲット層 2) 特徴 3) 他社との差別化ポイント」

#Cursor Pro

Cursor Proへのアップグレード方法

Cursor Proの試用期間を終えてもなお同等の機能を使いたい場合は、サブスクリプションに登録しましょう。

サブスクリプションに登録する

85ページの図3-3-1で紹介したダッシュボードを表示して、[UPGRADE TO PRO] をクリックします。

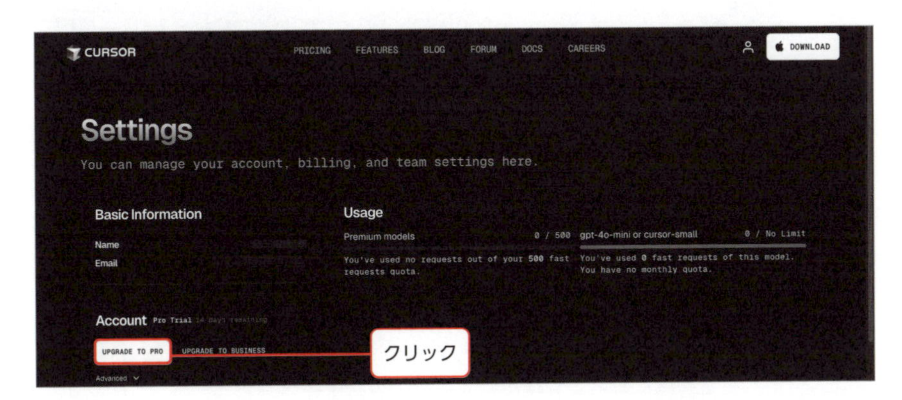

Cursor Proへの申込みページが表示されるので、支払い方法を選択して必要事項を入力後、[申し込む] をクリックします。

サブスクリプションをキャンセルする

有料プランを解約したい場合は、サブスクリプションをキャンセルします。なお、サブスクリプションは月割のため、キャンセルしても申し込み日起算で1か月間は引き続き利用可能です。末日が到来すると解約となります。キャンセルするには、ダッシュボードを表示して［Account］欄の［MANAGE SUBSCRIPTION］をクリックします。

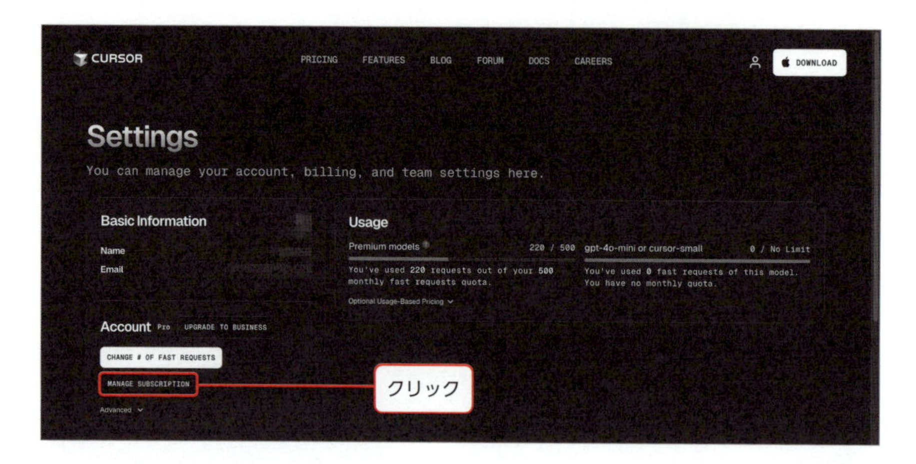

表示された画面で［サブスクリプションをキャンセル］をクリックします。なお、キャンセルしても登録したカード情報などは保存されます。

INDEX

記号・数字

A・B・C

D・E・F・G・H

I・J・L・M・N・O・P

R・S・T・U・V・W

ア・カ行

サ・タ・ナ行

ハ・マ・ラ行

■著者

田村 悠（たむら はるか）

1990年東京都生まれ。株式会社ノアク代表取締役。
ベースフード株式会社に一人目のエンジニアとして参画。10年間のWeb開発経験を活かし、0→1フェーズのAI関連サービスを多数開発・運用。2024年5月、株式会社ノアクを設立。AIシステムやアプリケーションの開発、AI研修、コンサルティングサービスを行う。著書に『LangChain完全入門 生成AIアプリケーション開発がはかどる大規模言語モデルの操り方』（インプレス）がある。趣味はキャンプ、温泉、旅行

X:@harukaxq

■謝辞

本書の完成にあたり、以下の方たちへ心から感謝を申し上げます。
まず、妻・絵理の献身的な支えがなければ、この本を仕上げることはできませんでした。その深い理解と温かい協力に、改めて感謝いたします。
また、本書で紹介するサイトに掲載する楽曲生成にご尽力いただいたイデ ヨウスケ氏、purini氏にも、特別な謝意を表します。お二人のお力添えが、本書の価値をいっそう高めてくださいました。

■スタッフリスト

カバーデザイン　西垂水 敦・岸 恵里香（krran）
カバーイラスト　山田 稔
本文デザイン・DTP　リブロワークス・デザイン室
校正　株式会社聚珍社

制作担当デスク　柏倉真理子
デザイン制作室　今津幸弘
編集協力　今井あかね

副編集長　田淵 豪
編集長　柳沼俊宏

■商品に関する問い合わせ先
このたびは弊社商品をご購入いただきありがとうございます。本書の内容などに関するお問い合わせは、下記のURLまたは二次元バーコードにある問い合わせフォームからお送りください。

https://book.impress.co.jp/info/

上記フォームがご利用いただけない場合のメールでの問い合わせ先
info@impress.co.jp

※お問い合わせの際は、書名、ISBN、お名前、お電話番号、メールアドレス に加えて、「該当するページ」と「具体的なご質問内容」「お使いの動作環境」を必ずご明記ください。なお、本書の範囲を超えるご質問にはお答えできないのでご了承ください。

- 電話や FAX でのご質問には対応しておりません。また、封書でのお問い合わせは回答までに日数をいただく場合があります。あらかじめご了承ください。
- インプレスブックスの本書情報ページ https://book.impress.co.jp/books/1124101047 では、本書のサポート情報や正誤表・訂正情報などを提供しています。あわせてご確認ください。
- 本書の奥付に記載されている初版発行日から 3 年が経過した場合、もしくは本書で紹介している製品やサービスについて提供会社によるサポートが終了した場合はご質問にお答えできない場合があります。

■落丁・乱丁本などの問い合わせ先
FAX 03-6837-5023
service@impress.co.jp
※古書店で購入された商品はお取り替えできません。

AI 駆動開発完全入門
ソフトウェア開発を自動化する LLM ツールの操り方

2025 年 1 月 21 日　初版発行

著　者　田村 悠
発行人　高橋隆志
編集人　藤井貴志
発行所　株式会社インプレス
〒 101-0051　東京都千代田区神田神保町一丁目 105 番地
ホームページ　https://book.impress.co.jp/
印刷所　株式会社暁印刷

ISBN 978-4-295-02083-7　C3055

Printed in Japan